移动设备系统
开发与设计原理

孟繁锋 主编 / 孟繁疆 张喜海 副主编

清华大学出版社
北 京

内容简介

本书以移动便携设备系统为着眼点,在对其本质归属——嵌入式系统的必要知识进行回顾学习的基础上,系统、全面地介绍了针对移动便携设备系统设计开发的相关知识,包括设备系统的常用控制实现形式、设备系统设计开发的主要步骤流程、设备系统人机界面硬件接口设计、基于人类认知的图形用户界面设计、设备系统交互设计的数据可视化问题以及设备系统的主要测试技术等。

本书适合作为高等院校计算机、物联网等专业高年级本科生、研究生的教材,同时可供希望针对性了解移动便携设备系统设计开发的业余开发人员、相关领域的广大科技工作者和研究人员参考。

图书在版编目(CIP)数据

移动设备系统开发与设计原理/孟繁锋主编. --北京:清华大学出版社,2016

ISBN 978-7-302-43780-2

Ⅰ. ①移… Ⅱ. ①孟… Ⅲ. ①移动通信—通信设备—系统设计 Ⅳ. ①TN929.5

中国版本图书馆 CIP 数据核字(2016)第 100105 号

责任编辑:张　玥　赵晓宁
封面设计:傅瑞学
责任校对:时翠兰
责任印制:刘海龙

出版发行:清华大学出版社
　　　　网　　　　址:http://www.tup.com.cn,http://www.wqbook.com
　　　　地　　　　址:北京清华大学学研大厦 A 座　　　　邮　　编:100084
　　　　社　总　机:010-62770175　　　　邮　　购:010-62786544
　　　　投稿与读者服务:010-62776969,c-service@tup.tsinghua.edu.cn
　　　　质　量　反　馈:010-62772015,zhiliang@tup.tsinghua.edu.cn
　　　　课　件　下　载:http://www.tup.com.cn,010-62795954
印　刷　者:北京富博印刷有限公司
装　订　者:北京市密云县京文制本装订厂
经　　销:全国新华书店
开　　本:185mm×260mm　　　印　张:17.5　　　字　数:402 千字
版　　次:2016 年 9 月第 1 版　　　印　次:2016 年 9 月第 1 次印刷
印　　数:1~2000
定　　价:39.50 元

产品编号:061414-01

前 言

PREFACE

写这本书的想法来源于我近几年所讲授的一门较新的计算机类专业课程——便携设备系统设计开发,最直接的目的是为这门课程配置一本适用的教材,因为当我最初接受这门课程的教学任务时,未能找到一本直接对应课程的合适配套教材,因而只能选择其他内容相近的教材来代替,但是由于之前学期已经给学生讲授过"嵌入式系统"这门课程,需要避免大量的重复内容,并且还要大致符合我对这门课程的教学理念,因此最后只能勉强选择了一本书作主教材,并辅以另外几本教材作为必要的内容补充。经过对这门课程的几轮讲授以后,关于课程讲授内容的选择、设置及组织等问题,我有了进一步的理解与感悟,又积累了一些与课程主题相关的中外资料,再加上多年来积累的一些实践知识和理解,终于萌生了自己写一本针对"便携设备系统开发"课程的教材的想法。

作为"嵌入式系统"的后续课程,"便携设备系统设计开发"这门课程首先应当与"嵌入式系统"课程有所区别和延续:移动便携设备系统归属于嵌入式系统这个大类,因此嵌入式系统的几乎所有基础知识都适用于移动便携设备系统,不同的是由于特定的应用要求,移动便携设备系统的设计开发相比其他类别的嵌入式系统设计开发会有更多的条件限制,新课程要针对在这些条件限制下的开发来设置内容;其次,在嵌入式系统理论基础上,"便携设备系统设计开发"课程应倾向实践内容,并将重点放在系统设计层面上,并由此借鉴引入一些较为新鲜的学科技术方法以辅助实现更加完美的设计。

为了在针对性讲解移动便携设备系统设计开发相关内容的同时,兼顾相关可资利用的新技术的介绍,本书的内容可以说是一个多专业门类的综合体,除了传统的嵌入式系统基础知识、针对移动便携设备系统的常见控制形式和实现方式以及设计开发相关理论技术(包括硬件系统的各种设计模式)、用于移动便携设备系统的接口技术知识、系统测试等专业内容,还借鉴引入了国外一些相关优秀教材上的优秀内容、独特观点、新鲜知识内容,如有益于交互设计的信息可视化内容、UI的认知与设计内容等,以期为学生带来更多启发和引导。但是正因为内容门类较杂,一本书不可能做到面面俱到地深入各个细节层面,因而就未奢望能够让学生一蹴而就,仅凭这本书就学习到相关内容的精髓,现实的期望是能够起到引领入门、拓宽知识面、眼界的作用,学生可再具体参阅相关深入内容的书籍来学习。

本书共8章。第1章为概述,介绍移动便携设备系统的定义及特点、应用、发展等相关知识;第2章为预备知识,着重介绍移动便携设备系统的基础——嵌入式系统的相关必要知识;第3章主要介绍实现移动便携设备系统的几种由简到繁、由低到高的常见控制形式;第4章对移动便携设备系统的设计开发过程,包括相关的基础理论进行了讲解;第5

章介绍针对移动便携设备系统的人机界面接口的模式、原则等设计问题;第 6 章为移动便携设备系统图形界面设计,从人类视觉感知及大脑认知的角度出发,对图形界面设计中能够得到的一系列启示及常见的设计准则进行了讲解说明;第 7 章为数据可视化呈现,这也是一门与图形界面交互设计相关的新兴计算机学科,本章讲解数据可视化的概念、过程、方法、交互应用方式及技术展望等内容;第 8 章主要介绍关于移动便携设备系统测试的相关针对性的技术内容。

东北农业大学孟繁疆和张喜海参与了本教材的编写工作。另外,在教材的编写过程中还得到了东北农业大学赵俊颖、魏晓莉、赵语的帮助,在此一并表示感谢。

作为一本正式出版的教材,在我作为课程对应教材使用的同时,也希望能够有助于面临同样课程教材选择问题的同仁,因此我对这本教材的编写是格外用心的,所有内容尽量做到"有据可查",对于偶尔出现的,查找到的一些互相矛盾的概念、定义和说法也尽我所能进行了对比分辨,以求去伪存真,但毕竟是第一次自己写正式的教材,并且本人能力有限,因此难免会有一些不尽如人意的、违背初衷的缺点和不足,在此编者恳请读者批评指正。

作者

2016 年 7 月

目 录
CONTENTS

第 1 章

概　述

本章学习目标
- 掌握移动便携设备系统的概念、特点；
- 了解移动便携设备系统的应用领域及方法；
- 了解移动便携设备系统的发展趋势。

　　本章对移动便携设备系统相关内容进行学习探索。首先对移动便携设备系统的定义、特点及历史等内容进行介绍；然后进一步阐述移动便携设备系统的应用情况；最后对移动便携设备系统的发展及趋势给出了说明及设想。

1.1　引　言

　　人类从未停止对未来科技无止境追逐的脚步，尤其近现代更是加快了步伐，这其中主要原因之一是源于摆脱繁重手工劳作的向往以及对舒适生活的追求，于是有了人工控制的机械化、电气化，进而自动控制的电气化。

　　随着计算机技术的产生与发展，人类又拥有了实现智能化控制的能力，早期由于技术水平限制，常见做法是将大型设备与计算机相配套，但某些体积、实时性或其他条件受限的应用情况下，这显然不是一个最优的方案。不满足于此，人们继续追求一种能够内嵌于受控设备并行使计算机智能控制功能的、可专用的系统方案。大规模集成电路时期来临后，随着微处理器及相关技术的发展，区别于通用多用途计算机系统的嵌入式系统这一计算机科学领域的重要分支终于逐渐成熟并分化出来，且占有日益重要的地位。

　　嵌入式系统是嵌入式计算机系统的简称。就像计算机科学领域的许多概念一样，有关嵌入式系统的定义并不唯一，不同文献以各自的关注视角给出了不同的版本。但通常从广义上来说，嵌入式系统就是包含可编程计算机，但本身并非通用计算机的任何设备[1]。电气和电子工程师协会（Institute of Electrical and Electronics Engineers，IEEE）更具体地从应用的角度上给出的较权威的定义是：用于控制、监视或者辅助操作机器和设备的装置（原文为：Devices used to control, monitor or assist the operation of equipment, machinery or plants）；而文献[2]给出的定义则指出嵌入式系统是一种基于微处理器的系统，构建它的目的是为了控制某个或一系列功能，而不是设计用来被终端用户像在 PC 上一样编程的（用户可以对功能做出选择，却不能通过增加、移除软件的方式变更系统功能）；维基百科综合几种文献给出的定义[3]认为，嵌入式系统是一种存在于比其更大的机械或电子系统中的，具有专用功能的计算机系统，常有实时计算的附加限制，包含硬件和机械部分并作为完整设备的一部分嵌入。

总之，可以认为嵌入式系统是软件和硬件的综合体，并且涵盖作为执行机构的机械电子等附属装置。在国内，目前得到最广泛认同的定义是：嵌入式系统是以应用为中心、以计算机技术为基础、软件硬件可裁剪、适应应用系统对功能、可靠性、成本、体积、功耗有严格要求的专用计算机系统。总的来说，这是一个比较综合、全面的定义。

现代日常生活中，我们周围经常充斥着大量各种类型的机械、电子系统，鉴于目前自动化、智能化的流行趋势，尽管你有可能意识不到，但不管是便携的、移动的还是固定的设备装置，它们都有可能包含着嵌入式的系统！手机之所以能够满足通信、记录及娱乐需求，家电之所以能够根据指令或环境状态自动按特定步骤调整运行，电梯、扶梯之所以能够安全平稳地按照指令将我们送达目的层，现代汽车之所以能够感知车辆自身各部分状态以自动调整运行、确保行驶安全，现代化生产线之所以能够检测筛选原材料或部件，并源源不断地正确装配生产出合格的产品，凡此种种都少不了嵌入式系统的身影。

显而易见，移动便携设备系统这一技术领域根植于嵌入式系统技术，属于其面向便携应用的一个重要应用分支。

1.2 移动便携设备系统定义

移动便携设备（Mobile Portable Devices），简而言之，就是能够随身移动携带，并且具有信息交互界面，可在手掌上操作的、可用电池供电的各种具有复杂计算或执行能力的设备。因此虽然可以拿在手上的用电设备很多，但从定义可知，本书所指的通常意义上的移动便携设备是必须具有复杂计算能力的、能够执行复杂任务处理的电子设备，且在当前技术环境下尤指内嵌嵌入式芯片并可能载有操作系统（方便与用户交互）的设备，如各种智能/非智能手机、曾经的商务通、PDA（Personal Digital Assistant，个人数字助理）、条码扫描设备、多功能遥控器、音/视频数码设备、智能测距测温设备等，而诸如手电筒、玩具枪或者mini电扇之类的设备，虽然也是用电池供电的电器，却不属于移动便携设备的行列。由于应用目的不同，移动便携设备的实现形式是多种多样的，按信息连接方式分，可有独立式、近距离信息交换式（蓝牙、NFC等）、局部网络连接式（Wi-Fi、ZigBee等）、通信网络传递式等；按交互及操作方式分，可有纯按键式、按键＋屏幕反馈式、按键＋触摸屏幕式、按键/触摸屏幕复合式（可下压屏幕）；按设备用途分，可有专业用途式、设备控制式、多媒体通用式等；按可移动范围分，可有无线控制式、有线控制式、自主应用式等。现代生产生活中，随着科学技术的进步及设备移动化、小型化、便携化的发展趋势，移动便携设备系统所占比例越来越大，各个领域都出现了越来越多种类移动便携设备的身影，如图1-1所示。

移动便携设备系统的出现源于人们在电子技术开始飞跃发展的时代背景下，萌生的对常用电子设备小型化、便携化的期望和需求，从最初为了应对"开发一种与桌面计算机HP-9100相同功能的、能放进口袋的设备"的挑战，而基于晶体管集成电路实现的便携设备雏形，即HP-35型科学计算器（世界上第一种便携式科学计算器，惠普公司于1972年

图 1-1 各种移动便携设备系统

推出,见图 1-2),以及电子游戏掌机始祖"Mattel Electronics Handhold Games",到借助嵌入式系统实现更加专业化、智能化的控制及数据采集管理的便携应用,再到今天借助无线网络成为新的移动计算领域的代表,而在很多领域挑战通用计算机的地位,移动便携设备系统已逐渐发展成为嵌入式系统的重要应用分支。

现代意义的移动便携设备系统大发展始于 20 世纪 80 年代,当时基于 8/16 位及后来的 32 位微控制器的嵌入式系统技术已经迅速发展起来,应用到军事、工业及日常生产生活中的各个领域,使得由于空间、功耗、环境等条件上的种种限制而不便于或无法配置通用计算机的很多控制应用终于能够得以实现自动化控制(如汽车电子系统、军用制导系统等),也使某些已借助通用计算机实现了自动化控制,但因工作性质而需要时常搬动(非固定位置)的设备进一步摆脱了通用控制计算机

图 1-2 HP-35 便携科学计算器

的束缚,实现了自主自动化和小型化。在此期间,对便携性、功耗、性能等有着特殊要求的各种移动便携设备系统也终于借助嵌入式系统软硬件技术的支撑,由原来众多的美好愿望及概念逐步走向现实,进入人们的生产生活中,改变并丰富了我们的工作及生活。

1.3 移动便携设备系统特点

综合而言,作为嵌入式系统大家族的一类子集,移动便携设备系统不仅继承了嵌入式系统的较强实时性、低功耗、面向特定应用、软硬件可裁剪,但存储空间有限、无自举开发能力等共性特点,通常还具有以下独特之处。

1. 便携灵活

移动便携设备系统最突出的特点正是其出现的原因,正如其名称所描述,具有其他类型电子设备系统所缺乏的使用灵活及时、便于掌握、口袋携带的特性。这种便携性是凭借其高效的电池、新型高性能的芯片群、小巧可被手握的尺寸体积、轻盈的重量等设计元素而综合实现的。携带这类设备的用户可以随时通过图形交互界面对系统进行操作,以达到期望的目的,如播放音/视频文件、获取传感信息、文档处理、网络交互、无线通信等。与之相比,传统的台式电子设备将操作用户限制在设备所在的相对固定的地点环境中工作,由于设备通常占有较大体积与重量,平时很少变换设备位置,如常用的 PC、台式测试仪器等。虽然有些设备已被进一步小型化,可移动和携带,如笔记本电脑等,但其重量,尤其是体积,距离掌握、口袋携带的要求仍有一定差距。可以说,移动便携设备系统的出现和发展逐渐促成了过去以设备为中心到现在以人为中心思想的转变。为了更好地体现以人为中心的思想,移动便携设备系统不仅需要在功能、性能上下功夫,还要考虑用户的使用舒适性体验,这就要灵活应用人体工程学,从用户交互界面设计、产品外形、握持舒适度等方面下功夫。

2. 形式多样化

嵌入式系统在日常生产生活中有着越来越广泛的应用,虽然其应用目的不同,却都有着类似的传统应用形式,即嵌入于设备、电器内部发挥作用,而人们只关注设备、电器的外在功能,却不关注这些功能的来源,因此这些嵌入式系统未能被大多数人所知晓。作为嵌入式系统的一个最重要的子类,各种形式的移动便携设备系统由于其外在的智能处理特性,而成为大多数普通消费者心目中多样化嵌入式系统设备的代表。常见的移动便携设备系统有各种功能/智能手机、数码相机/摄像机、数码录音笔、个人数字助理设备、MP3/MP4 播放器、专业/非专业导航仪、平板电脑等。随着嵌入式软硬件技术的发展,它们都在各自的主功能外扩展各种其他的流行功能,以至于相互之间发生了功能用途的重叠与竞争,而有些设备已经逐渐被淘汰出局。随着时代的进步,很多闻所未闻的新应用形式的移动便携设备持续登场,将这种竞争延续下去。

3. 功能模块化

为了满足不同应用领域、不同层次的应用需求,以及具有不同侧重点的同态应用的需求,拓展多元化市场,移动便携设备系统通常被设计成功能模块化结构。这种模块化不仅包括硬件方面的,还包括软件方面的。硬件方面如扫码模块、3G 模块、RFID 模块、蓝牙模块、指纹识别模块、摄像头模块、加速度传感器模块、Wi-Fi 模块、GSM 通信模块等;软件方面主要是可更换操作系统、可导入新应用程序等。在产品策略上,常用的模块配置方式主要有两种:一是在出厂之前就根据已确定的、产品系列将要提供出售的不同档次型号,预先配置好软硬件系统模块;二是在出厂销售时提供带有预留模块扩展接口的基础版本,用户按需另行购置需要扩展的模块,包括第三方通用模块或是原厂模块。通常第一种方式以消费电子类产品居多,这类产品的用户大都是非专业用户,一般要求即买即用,而第二种方式常见于专用应用,用户大都是专业人士,固定的配置不能满足他们的需求,以及对未来升级的考虑。但这两种方式也不是水火不容的,两者结合的配置方式也屡见不鲜。有些消费级产品厂商考虑到研发时已经出现的一些新型但还未成熟的技术可在以后合适的时间推出扩展模块,就可能会在产品出厂时预留通用/专用扩展接口,并以此作为卖点吸引消费者,以增强竞争力。

4. 更低功耗

为了满足移动便携设备系统的口袋便携性需要,又不失使用持久性,设备所配电池的体积受到了严格的限制,从而一定程度上限制了电池容量,因此移动便携设备系统在设计实现上的一个要点就是将系统运行功耗尽可能降到最低,一般从硬件、软件两个方面来解决。硬件方面,要设计合理的电路板布局走线以减少线路损耗,尽量选用低功耗的芯片、器件,同时还要保证性能指标的要求;软件方面,由于指令的执行最终是耗费功率的物理过程,因而要尽量选用高效的移动操作系统,或将不理想却又别无选择的系统改造得更高效,而所固定搭载的应用程序也选用执行效率高的版本。

5. 信息安全

由于移动便携设备系统的便携属性,系统的信息安全性面临着较为严峻的挑战。一方面,人们在满足了文件、电话本等个人重要信息的存储需求后,又进一步渴望手上的智能设备具有电子支付功能,以实现随时随地支付,提高办事效率。逐渐地,"移动支付"的概念开始流行,相关支付软件开始在各类智能移动便携设备上被安装应用,但便携也意味着增加了遗失或被盗的可能性,从而增加了文档、身份、密码、隐私等信息泄露的风险。另一方面,由于目前移动便携设备系统通常都具有配套的移动操作系统,因而同台式计算机类似,有感染各种病毒、木马的危险,且越是常用的、开放式的主流移动操作系统,越易遭受感染,轻者文件损坏、丢失,重者隐私、密码等重要信息被窃取。由于上述因素,移动便携设备系统面临更多信息安全要求,因而也就比其他类型嵌入式系统更加注重信息安全的防护措施。随着信息处理技术的不断发展,数据安全、加密、身份认证等各类信息安全技术已趋于成熟,当前智能化的移动便携设备系统也普遍拥有了过去只有台式计算机才具备的可观的计算及存储性能,有能力实现大部分信息安全算法技术。而与台式计算机相比,由于移动便携设备系统软硬件之间的联系更灵活、更紧密,因而具有便于软硬件配合实现信息安全的优势。特别地,为了应对某些金融级别或安全敏感的便携式信息安全应用,还可以选用加强安全功能的嵌入式处理器作为核心,以从最基础的底层硬件层次上提升信息安全防护等级。

1.4　移动便携设备系统的典型应用

多年来,伴随着嵌入式系统的蓬勃发展,移动便携设备系统经历了单机自动化、智能化、多机网络化等发展阶段,并分化形成了一些典型的重要应用领域,下面给予简要介绍。

1. 办公/学习辅助

这是移动便携设备系统最广大、最丰富的应用领域,包括各时期从高端到低端、从高性价比到高性能的各种品牌、类型的 PDA、电子词典、便携学习机等产品,以及数码记录笔等一些高档小众个性化的产品,它们被开发出来的目的除了盈利(终极目的)之外,还要借助已经发展起来的先进电子及软件技术,对人们的办公及学习生活提供有力协助,以满足人们对提高工作效率的渴望。

PDA(Personal Digital Assistant,个人数字助理),国内常称为掌上计算机,此概念由美国 Apple 公司执行总裁 John Sculley 于 1992 年 1 月提出,并于 1993 年年初正式发布世界上第一款 PDA 产品——Newton Message Pad,如图 1-3 所示,但由于它的速度慢、体积大、营销不力等原因,这一款产品在商业上很不成功。

图 1-3　世界上第一款 PDA 产品——Newton Message Pad

第一个得以广泛流行的 PDA 产品,当属 Palm Computing 公司开发的 Palm Pilot 系列产品,其成功源于该公司先期产品遭遇失败后,针对"PDA 产品对用户真正有用的功能"的分析,通过分析发现在当时的技术及市场环境下,PDA 产品应用主题不应是替代用户的桌面计算机,而是替代传统"纸张"的一些简洁功能,并由此确定了两个简单的基本原则。一个原则是简化手写辨认系统的沉重负担,因为当时由机器来应付人们复杂难懂的字迹,是不实际且增加系统运算负担的做法,而让人学习新笔法来配合机器是可行的,为此还特别发明了 Graffiti 输入法,以特殊但简单的新创笔法输入英文、数字、符号等,方便用户有效率地输入资料,同时也降低了系统运算负担;另一个原则是尺寸要做到能放在衬衫口袋中才好。另外,为使新产品达到简单化目标,所有多余的或者可被列为"选用"的功能都去掉了。最终,第一代轻巧随身的 PDA 产品 Palm Pilot 在 1996 年 4 月面世,产品采用了摩托罗拉龙珠系列嵌入式处理器结合自主开发的 Palm OS 这种嵌入式系统结构,搭配具有触摸功能的非彩色液晶屏以及配套手写笔,并内建了 4 个简单、实用的功能,包括"日程管理"、"电话簿"、"待办管理"、"记事本"等,当时售价约 2000 元人民币,该产品推出后的 18 个月内,就卖了 100 万台。随着后续几种型号的推出,用户也由较专业的使用者发展到普通用户(图 1-4)。另外,Palm OS 架构开放的程序开发平台,吸引了众多的开发者对 Palm 设备的性能和应用潜力进行挖掘,为其开发了各种共享或免费的优质应用软件,总数累计达到万余种,将 Palm 设备的优势发挥到了极致。

由于主要面向非专业用户,PDA 能否成功的核心在于所搭配的嵌入式操作系统。继在桌面操作系统领域凭借 Windows 系列产品取得成功后,微软(Microsoft)公司注意到了移动便携设备市场的可观前景和 Palm 取得的成功,于 20 世纪 90 年代中后期基于自身优势,针对日趋完善的 Palm OS 推出了 Windows CE 1.0 操作系统,并且邀请众多的硬件公司支持生产类似的产品(如卡西欧的蛤壳式 PDA),由于缺乏经验,第一代系统在各方面表现并不尽如人意,但后来陆续推出了多代新版本,且分化出了专用于移动便携设备的 Windows Mobile 系统平台,将基于微软 Windows Mobile 的 PDA 特称为 PocketPC(内含

(a) Palm m505　　　　　　　(b) Palm TX　　　　　　(c) Palm Tungsten C

图 1-4　几种不同时期的 Palm 设备

Pocket Word、Pocket Excel 等日常办公软件的袖珍预装版)，进而凭借 Windows Mobile 平台与桌面 Windows 系统相似的布局、风格及操作，彩色界面、网络及多媒体娱乐功能支持等优势，获得了众多软硬件厂商的加盟支持，如 HP(惠普)、Compaq(康柏，后并入惠普)、Casio(卡西欧)、Dell(戴尔)以及我国的联想、宏基等，最终巩固了 PocketPC 的成功地位。一些 PocketPC 设备如图 1-5 所示。

图 1-5　几种 PocketPC 设备

由于定位原因，Palm 的前期产品通常忽略多媒体功能，且内嵌较低性能的微处理器，因而也具有低功耗的特点；相反地，PocketPC 则强调多媒体功能，因而均采用彩屏设计，这就需要内嵌较高性能的微处理器，功耗自然较高。上述策略的结果是，虽然 Palm 系列产品内嵌的处理器速度通常较低，其小巧的、低资源要求的应用软件的运行效率却并不输于 PocketPC 上运行的软件，而且低功耗的 Palm 系列产品待机时间远高于彩屏、支持多媒体的 PocketPC 产品。为了在市场上更具竞争力，Palm 也在不断地调整策略，其后期型号开始采用类似于 PocketPC 所内嵌的 RISC 处理器，且 Palm OS 也寻求硬件厂商支持，出现了 IBM 的 Workpad、Sony 的 Clie 和 TRGpro、Handspring 等 Palm 系统 PDA。另外，Palm 产品的接口能力也被增强，红外线与蓝牙成为基本配备，并提供 SD 卡扩充槽、Wi-Fi 等，彩色液晶屏也出现在设备上。尽管如此，在多媒体性能上，PocketPC 始终要优于 Palm，且在操作界面与应用性能上，具有与桌面 Windows 操作系统类似界面与操作特性的 PocketPC，让用户更熟悉、更易学会。

自 20 世纪 90 年代后期开始，我国市场上陆续出现了一些相对低端的学习辅助类移动便携设备,如电子字典(文曲星、快译通等)、学习机等,这些设备的特点是操作系统封闭、应用程序是预装固化、功能固定、通信功能不完备,经过逐代改进才具备了软件升级和资料下载等功能。但由于种种原因,相对高档的 Palm 系列产品在我国的知名度始终不高。大众对高级掌上计算机(PDA 的国内通称)的广泛认知始于 20 世纪 90 年代末期出现并开始流行的"商务通"(图 1-6),相对于 Palm 系列 PDA,"商务通"更加针对中国人的习惯,并强调高科技与人性化的结合、产品的实用和易用,宣称在产品上废弃一切使用率低于 5% 的功能,很多人都会记得"呼机、手机、商务通,一个都不能少"这个当时铺天盖地的广告语,但这也从一个侧面反映出当时的"商务通"及其他同类产品的局限性,即缺乏与外界交互通信的功能。进入 21 世纪后,微软推出的 Windows CE 系统经历若干次升级后,在功能和易用性上终于后来者居上,并广泛地授权给国内外多家知名厂商,使得当时国内市场上销售的大部分掌上计算机都是采用 Windows Mobile 系统平台的 PocketPC 产品,这些产品的软件和系统均可升级,且功能比较完备,通信功能有所增强,多媒体功能较突出。

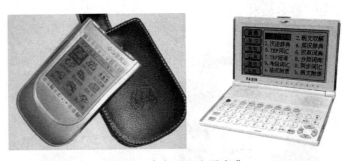

图 1-6 商务通和电子字典

近年来,各种网络通信技术得到巨大发展,嵌入式处理器的性能也日渐强大,人们不再满足于"PDA+手机"这种烦琐的搭配,而是希望将两者合一、减轻重量、提高便携性,于是综合 PDA 功能的智能手机开始逐渐流行,而各种形式的 PDA 开始没落,传统的 PDA 操作系统也遭到了挑战。但一些专业用途的 PDA 随着新技术的发展,不断地集成蓝牙、Wi-Fi、ZigBee、RFID 等各种流行的无线通信接口模块,从而凭借其所具备的较全面的数据传输通信手段而进一步迎合应用需要,巩固市场地位。

在学习辅助方面,还有一种值得一提的便携移动设备就是图形计算器(也称数学图像计算器),这是一种能够绘制函数图像、解联立方程组以及执行其他各种操作的便携计算器,有些型号甚至有彩色显示或三维尺规作图功能。由于大多数图形计算器还能编写数学类程序,也能实现电子游戏。图形计算器通常用在数学教学中,有时也扩展到数理综合性的应用中,提供一种直观手段或实验研究环境。由于图形计算器不仅具有携带方便、支持设备间数据交换等特点,还具有计算、函数几何图形绘制、列表与电子表格、记事本、数据与统计等丰富的辅助功能,并且含有专用嵌入式操作系统,因此它有别于普通计算器,属于一种较高档的便携移动设备,典型型号包括卡西欧公司的 FX-CG 系列图形计算器、德州仪器公司 TI-Nspire 系列图形计算器等,如图 1-7 所示。

图 1-7 卡西欧 FX-CG20 图形计算器和德州仪器图形计算器

2. 工商业应用

在工业领域中,对于制造或物流企业内部货品、设备及运输工具等的精确统计与跟踪曾经是一个比较棘手的问题,虽然在电子计算机得到普及之后,各大企业终于能够借助计算机及配套的各种专用管理软件来对内部物料、资源、人力等实施更加科学有效的管理,但管理数据的更新来源最初仍然是人工统计的结果,存在客观或人为的误差及更新不及时的问题,且很难精确到个体对象。随着商业竞争的日益激烈,企业迫切需要一种解决方案能将数据管理的精度向前延伸到统计对象个体,并且保持良好的数据更新率,以进一步提高生产及物流效率、减少内耗,实现更加高效精确的管理。近些年来,物品编码系统已日渐成熟,并随之出现了基于各种编码系统对唯一编码的物品进行非接触电子识读记录的编码扫描器、RFID(Radio Frequency IDentification,射频识别)读写器等工业级 PDA设备(也称智能数据采集系统,见图 1-8),借助物品编码系统,结合具备各种编码识读功能并可实时、无线地上传扫描数据的工业级 PDA,企业的每一个物料资源个体均能得以唯一标识并被跟踪记录,最终较好地解决了上述问题。与民用消费类 PDA 相比,工业级PDA 的特点是坚固、耐用,普遍具备 IP64 工业级密封标准,具有一定防水、防摔、防尘能力,可以用在高温、粉尘、磨损等恶劣环境中,同时针对工业使用特点做了很多优化,具有较完备的工业标准数据接口,支持 RFID 读写和条码扫描功能。有的工业级 PDA 设备还具有较强的硬件拓展性,允许用户根据自己的特殊需求附加各种功能模块,如超高频模块、温度传感器模块、微型打印机、读卡模块、身份证模块等。

图 1-8 工业级 PDA 设备

在商业领域,工业级 PDA 也开始发挥重要的作用。例如,对于日常水、电、气的收费,以往虽然已经实现了数据的计算机存储,但都是收费员手工记录后统一转录至工作计算机,有时由于某些原因只能进行估抄,不能精确统计,因而工作效率仍然不高,换用 PDA 抄表系统后,对于每一个用户,收费员只需用设备扫描预先粘贴的编码,然后将抄得的数据输入 PDA 完成对应存储,或直接近距离读取预置 RFID 信息,从而一次性获得全部信息。这种利用 PDA 的抄表形式能够减轻收费员的工作负担、减少出错概率,且有利于收费单位依据对资源消费的精确统计分析进行更精细化的调度管理。另外,饭店/酒店目前流行起来的 PDA 点菜系统也是一个很成功的商业应用例子,其实现方式是利用 PDA 上预装的菜单记录管理软件对客户菜单进行编码记录,并通过 PDA 的无线通信模块将菜单数据无线上传至厨房的接收设备。

在软、硬件实现技术上,工业级 PDA 目前普遍采用 Windows CE 系统作为其嵌入式移动便携设备操作系统,而因为一般不涉及大规模数值运算或复杂控制,工业级 PDA 通常会采用中档、成熟的嵌入式微处理器,辅以完备的各种有线/无线的工业标准数据通信接口,并主要强调设备整体的防护性、数据安全性及应用稳定性。

3. 便携量测

在很多工程实践中,作为设计、实施或判断依据,常需要对位置、距离、温度、光照度、物质含量等进行精确测量,这些测量要求中有些是多年来传统的领域要求,使用传统手工方式即可测得,而有些却是随着设计科学、工艺科技的发展而提出的新要求。这些新要求中,有的待测内容需要使用非手工的、特殊的科学手段才能获取,而有的待测内容虽然是温度、长度等常规物理量,却处于高热、有毒等危险环境中,不能轻易使用传统手工方式测得。为应对新的量测要求,陆续出现了一些基于物理、化学或电子的科学量测手段,但最初这些手段往往需要借助通用计算机或其他台式设备,且从准备到获得数据的操作过程比较烦琐复杂。随着嵌入式计算系统技术的飞速发展,人们终于能够摆脱通用计算机等台式设备的束缚,将较高精度的灵敏量测传感器与合适性能的嵌入式控制计算系统软硬件相结合,以一种更智能、更便捷的形式实现各种量测要求。目前常见的移动量测设备包括:用于测绘的全站仪,测量距离的各种激光、超声波测距仪,测量温度的各种非接触式红外测温仪,测量气体中一氧化碳、二氧化碳、臭氧等含量的气体探测仪,以及测量光照度的便携照度仪、测量工件内部损伤的超声波探伤仪、测量模拟/数字电信号的便携数字示波器等,如图 1-9 所示。另外,随着美国 GPS、俄罗斯格洛纳兹、中国北斗等卫星导航定位系统的普及,能够接收导航卫星信号并借此进行定位导航的各种便携移动导航仪也得到了广泛普及。现在即使是传统手工方式可测量的参数也因为存在着工具误差及人为误差的因素而转为使用便携的移动量测设备。这些移动量测设备在各种工程应用中发挥着重要作用,并反过来极大地促成了设计科学、工艺科技的进一步发展和提高。

4. 多媒体娱乐

多媒体娱乐相关领域是移动便携设备在消费电子领域发展的又一个重点方向,凭借嵌入式系统软硬件技术的日益强大,这类移动便携设备得以由最初的各种概念模型到功能简单的实现,再到如今强大的性能及功能,一路发展过来,不断地满足着人们永无止境的追求,今天包括高质量音/视频播放、游戏等已经成为人们日常生活中较重要的组成部

(a) 激光测距仪　　　　　(b) 照度仪　　　　　(c) 超声波探伤仪

图 1-9　几种便携量测设备

分。其中,掌上游戏、MP3/MP4、平板计算机、电纸书等是比较典型的代表。

掌上游戏机(Handheld Game Console),又名便携式游戏机,是指方便携带的、可以随时随地提供游戏及娱乐的游戏设备,由于应用场景一般是在坐车、排队的较短时间内娱乐,所以具有流程短小、节奏明快的特点,通常没有复杂的情节,存储介质通常包括 ROM卡带、SD/MMC 记忆卡、UMD(Universal Media Disc,通用媒体光盘)或硬盘等。掌上游戏机的出现起源于 1976 年美国 Mattel 公司开发的 Mattel Electronics Handheld Games系列,而任天堂于 1980 年首发的 Game & Watch 开启了掌上游戏机的流行时代。在发展的早期,限于较低的硬件水平,掌上游戏机的画面及声音不尽如人意,且大都属于不可扩展式,每台主机只能玩一款游戏,如图 1-10 所示。

(a) Mattel Football　　(b) Game&Watch　　(c) Game Boy　　(d) Sony PSP

图 1-10　几种不同时期流行的掌上游戏机

随着嵌入式处理器的出现与发展,掌上游戏机厂商能够得以利用这一有力武器一代代地提升产品功能及性能,以满足玩家日益提高的需求。20 世纪 80 年代至今,掌上游戏机产品得到了全方位的长足发展,经历了嵌入式核心由 8 位到 16 位、32 位再到多核;显示屏由小到大、由单色到 4、8、16 至更多级灰度,再到低级伪彩色最后真彩色;游戏存量由单一到多再到游戏可烧录、可下载;功能由单一游戏到看、听、读、写等额外多媒体功能兼备再到多机网络交互;信息连接由独立到有线连接再到红外连接、无线网络连接等进化过程,如图 1-10 所列举的几种掌上游戏机。如今,大屏、流畅、省电、多功能、多连接、网络化成为推动掌上游戏机发展的核心理念。掌上游戏机领域比较著名的厂商有任天堂、索尼、世嘉、NEC、SNK、BANDAI、Gamepark 等。近年来得益于发展得较强大的嵌入式处理器及相关嵌入式技术,主流掌上游戏机普遍能够配有具有 3D 图形处理能力的多核处理器、高清真彩触摸显示屏、大容量内存、蓝牙 Wi-Fi 等局域无线连接手段、2G/3G 移动通信网络、高清摄像头、动作传感器、卫星定位模块等。例如索尼最新的 PSVITA、PSP (PlayStation Portable)系列、任天堂 Nintendo DS 系列及 nVIDIA(英伟达)SHIELD。但不容忽视的是,由于发展方向的逐渐重叠,掌上游戏机已经受到了功能愈发多样化、性能愈发强大的智能手机带来的冲击,正在努力找寻化解威胁的突破口。

平板计算机(Tablet Personal Computer,简称 Tablet PC)是一种以低功耗、高性能嵌入式处理器为核心,专用嵌入式操作系统为基础,以触摸屏作为基本输入设备,小尺寸平板化、方便携带的个人移动产品,是嵌入式系统软硬件技术高度发展后的产物,也是目前移动便携设备系统的最高级形态,其正式概念是微软公司在 2002 年提出的,但平板计算机的最终实现不是短短几年间就一蹴而就的,其概念雏形源于 20 世纪 60 年代末。即使在平板计算机概念被微软正式提出时,由于还没有一个适于平板计算机操作方式的移动便携设备操作系统存在,加之当时的硬件技术水平也还未发展到一个全新的阶段,使得所设计制造出来的移动便携设备更类似于一个屏幕能够手写的小尺寸笔记本计算机,且操作未能较好地适合常见的移动应用场景,没有突破人们对计算机这一概念的传统认知,因而仍旧还不能算作真正意义上的平板计算机,但却是向理想目标迈出的重要一步。

值得注意的是,在最初设想到概念提出之间的较长时间里,工程师们从未放弃对这一理想设备的不懈追求,尝试着设计并实现了许多具有相似概念的商业产品。例如,1989 年 9 月,GRiD Systems 曾经上市了一款基于 MS-DOS 操作系统的称为 GRiD Pad 的平板式计算机设备(图 1-11);1991 年,Go Corporation 也制造了一款称为 Momenta Pentop 的平板式计算机,并于 1992 年又推出了一款名为 PenPoint OS 的专用操作系统,而 IBM ThinkPad 系列的原始型号也都是平板式计算机。但这些早期的平板式计算机与目前流行的平板计算机,甚至微软的 Tablet 相比还存在较大差距。上述这些尝试后来被苹果公司的设计人员所借鉴,他们重新定义了平板计算机的概念和设计思想,并于 2010 年发布了真正意义上的平板计算机——配套 iOS 移动操作系统的苹果 iPad,取得了巨大的成功。iPad 的成功带动了巨大的市场需求,使得各 IT 厂商高度重视起这种高级的便携移动设备,他们从效仿 iPad 的概念及设计起步,推出了自己的基于(开放的、主要用于便携移动设备的)安卓操作系统平台的各种平板计算机,如三星的 Galxy Tab211、Galxy Note10.1 等以及谷歌的 Nexus7 等、联想的 A1、亚马逊的 HD Fire 等,并随着嵌入式处理器芯片的升级逐年地更新换代。另外,一些二、三线国内外 IT 厂商也纷纷加入这一行列,参与不同消费层次市场的火热竞争之中。

(a) Dynabook　　　　　　　　(b) GRiD Pad

图 1-11　早期的概念型平板设备

在软件上,由于平板计算机具有完整的嵌入式图形界面操作系统,可以安装应用程序以实现功能扩展,因而对市场争夺的关键之一在于第三方软件支持率及丰富程度的竞争,目前占主导地位的苹果 iOS 及安卓操作系统都维持着较为丰富的第三方支持软件数量,且为了争取更大的利益,大多数流行的应用程序都会以一式两份的形式分别开发出两种操作系统下运行的版本。近年来,桌面操作系统领域的老大——微软也推出了兼顾桌面与平板计算机的 Windows 8 操作系统,凭借着兼容传统 Windows 应用程序的优势,参与到平板计算机操作系统的竞争中来。在硬件上,外形尺寸方面,当前平板计算机具有体积小、重量较轻,可长时间便携使用,方便随身携带的特点;功能方面,拥有桌面通用计算机的大部分功能,采用触摸操作输入方式,且支持手写(笔、手指)输入,人机交互界面更加友好;性能方面,已普遍内嵌多核微处理器,具备较好的数据、图形处理能力;数据交互连接方面,可拥有 Edge/3G/4G/Wi-Fi 等无线网络模块,可以在覆盖上述信号的区域进行无线网络连接,实现网页浏览、互动交流、下载上传等互联网功能。另外,平板计算机还普遍配有高素质摄像头及各种状态传感器模块、GPS 导航定位模块等。

近年来兴起的电纸书设备是一种显示效果类似于纸张的移动便携式电子阅读器(图1-12),它属于一种阅读专用的 PDA,不同于搭载普通液晶屏幕的电子书或其他兼顾文本阅读功能的便携电子设备,其特色在于所配置的称为电子纸(E-Paper)的屏幕。电子纸通常基于最新的电子墨水显示技术,舒适环保、不伤眼睛。一般的平板显示器不仅要通电维持屏幕刷新显示,还要使用背光灯照亮像素,但电子纸具有记忆性,显示内容时图像固定、无须持续刷新,只有画面变化时(如从黑转白)才耗电,电源关闭后显示画面仍然保留,非常省电,且如同普通纸一样可以反射环境光,反射率更接近报纸水平。由于原理上的问题,电子纸目前的缺点是屏刷新翻页速度慢,因而不支持视频播放,且不能显示彩色图片。电纸书设备的特点如下:

图 1-12　电纸书设备

① 节能环保。一次充电,电纸书普遍可连续待机 15 天以上,无须天天充电。

② 保护视力。无闪烁,字号可缩放,可长时间阅读而不伤眼睛。

③ 强光可看。电子纸显示屏反射率低,即使在阳光直射下也可阅读,便于户外阅读。

④ 全视角阅读。高清晰度,接近纸张的显示效果,阅读视角可接近 $180°$。

⑤ 轻巧便携。可方便地放置于口袋中,可随时随地阅读。

⑥ 海量书籍存储。通常配置较大存储空间,而 1GB 存储卡即可存储 5 亿文字。

现代城市中,生活节奏的加快使得人们普遍没有大块完整的时间来进行阅读,渐渐远离了读书习惯,因而迫切需要能够整合零散时间实现连贯阅读的新型阅读设备,电纸书的出现正好在一定程度上满足了人们回归深阅读的需要。另外,电纸书将逐渐成为一种全新的、低碳的出版发行方式。目前市场上较为著名的电纸书品牌有亚马逊 Kindle 系列、索尼 Sony Reader、艾利和 iriver Story、汉王相关系列产品以及 Barnes & Noble 公司的 NOOK 等。早期的电纸书产品都是低级灰度分辨率、封闭操作系统的设备,且夜间阅读同读纸质书一样需要外部光源照明,但近年来随着电子纸技术及电子技术的进步,不仅产品的灰度分辨率以及对比度得以大幅提升,有些产品还内嵌了开放的安卓操作系统,还有的产品配置了便于夜间读书的隐藏式背光灯。

5. 通信工具

移动电话,简称手机,即可以在较广范围内使用的便携式电话,是现代生活中不可或缺的通信设备。为了实现接打电话功能及其他附属功能,手机通常需要内嵌负责通信信号处理及总控的多个专用及通用嵌入式微控制器;而为了正确地接收用户指令并准确地向用户传递反馈信息,实现友好的用户交互,以提高用户使用体验,各种规格档次的显示屏成为手机的必备元素,因而手机是最典型的移动便携设备之一,且大有取代其他消费类移动便携设备之势。到目前为止,手机的发展已经开始告别功能手机(Feature Phone)阶段,而进入到了智能手机(Smart Phone)阶段。

在第一代移动电话网络(1G)时代,价格昂贵而又较为笨重的模拟移动电话只是少数富人的专用品。第二代数字移动通信网络(2G)得以建成并成功运营后,具有稳定通话质量和合适待机时间、上屏幕下按键形式、或翻盖或直板的轻便型数字式功能手机开始出现在人们的视野中,由于通信及嵌入式相关软硬件技术的飞跃发展,以及这种发展所带来的成本价格下降等因素,功能手机终于开始在普通消费者中逐渐普及。随着电子技术的发展,功能手机经历了由单色屏、单功能到具有彩色屏、多媒体、多功能的发展历程。各代典型的功能手机如松下(Panasonic)G520、爱立信(Ericsson)T39、诺基亚(NOKIA)8210、摩托罗拉(Motorola)Razr V3、西门子(Siemens)6688 等。最初功能手机的主要甚至全部功能就是拨打电话,随着通信技术的发展,收发短信及保存电话本也成为必备功能。在当时及接下来的多年时间里,嵌入式软硬件技术的飞速发展促成了很多新型数字化随身移动设备的出现,如 MP3/MP4 播放器、手写输入的 PDA、电子字典、数码相机/摄像机、高分辨率掌上游戏机、便携 GPS 导航仪等,这其中每种设备都被设计得尽量精巧便携,然而由于功能不重合,在外出旅行等情况下,可能需要同时携带多种便携移动设备,例如 PDA、MP3/MP4 播放器及数码相机、便携 GPS 导航仪这样的组合,这就带来了一个困扰性的问题:这些精巧的便携设备放在一起却成了一个不小的负担,即使可以接受这个负担,还需要额外考虑各自的充电器,以及容得下这些设备同时充电的扩展电源插排,然而当需要舍弃一个设备以减轻负担时,通常会觉得难以取舍。因而人们越来越希望开发一种瑞士军刀似的移动便携设备,可将手机与身边常用的移动便携设备功能整合在一起。由于自身性能所限,功能手机的发展虽然以解决上述问题为重点目标之一,却只能随着系统性能的进步一代代逐步集成多种额外功能,于是主流的功能手机借助嵌入式软硬件核心的更新换代,一代代逐渐增加了简单文档阅读功能、MP3 播放功能、游戏功能、视频播放功能、照相/录像功能、GPS 导航功能等。当然,由于功能手机的性能有限,所集成的各模块功能与专业设备相比大打折扣,通常仅适合于业余或应急使用。功能手机的弱点是运算能力较差、软件程序固化、不能随意安装卸载。虽然后来某些较高级的功能手机通过对 Java 的支持而具备了安装 Java 应用程序的功能,但在封闭、简单的手机操作系统下,一些 Java 程序的操作友好性及运行效率大打折扣。

在经历了 2.5G、2.75G 后,移动通信网络技术进入到 3G 时代,在功能手机封闭的软硬件框架结构下,凭借对器件性能的升级及软件系统的更新所能实现的功能已逐渐挖掘到最大限度,不能充分满足网络化、信息化的 3G 时代背景下,消费者日益高涨的对应用程序的多样性、可扩展性及网络信息交互能力等的需求。此时全屏触摸加少数功能键形式的智能手机迅速普及开来,逐渐取代了功能手机的主流地位。智能手机可看作为一种较高性能的移动便携计算设备,通常基于开放的嵌入式移动便携设备操作系统,由于可以自由下载安装第三方应用软件,智能手机能够拥有丰富的功能。有些附加手机通信功能的通用 PDA 设备也可算作为智能手机的一员。智能手机的移动操作系统有谷歌的安卓(Android)系统、苹果的 iOS 系统、诺基亚的塞班(Symbian)S60 系统、RIM 的黑莓(BlackBarry)操作系统、微软的 Windows Phone 操作系统等,各操作系统之间应用软件互不兼容。经过多年的优胜劣汰,如今占据主流位置的操作系统是谷歌的安卓(Android)系统、苹果的 iOS 系统及微软的 Windows Phone 操作系统。世界首款智能手机是 2000 年摩托罗拉推出的一部具有触摸屏及配套中文手写识别输入系统的 PDA 手机天拓 A6188,内嵌摩托罗拉 16MHz 龙珠处理器,采用 PPSM(Personal Portable Systems Manager)操作系统,支持 WAP 1.1 无线上网,如图 1-13 所示。

图 1-13　摩托罗拉天拓 A6188

最初的智能手机功能并不多,后来的机型集成了媒体播放器、数码相机及闪光灯(手电筒)、网络袖珍摄像机、GPS 导航、NFC、重力感应水平仪等功能,成为一种功能多样化的移动便携设备。很多智能手机还拥有高分辨率触摸屏和网页浏览器,从而可以显示标准网页以及移动优化网页。通过 Wi-Fi 或移动 3G/4G 网络,智能手机还能实现高速数据访问、云端访问等。近年来,移动 App 市场及移动商务、手机游戏产业、社交实时通信网络的高速发展也促进了人们对智能手机的选用。在智能手机普及的今天,每个人都可以从中找到适合自己的功能,其中有对软件程序的依赖,也有对多媒体游戏的需求。这是智能手机多元化的体现。

6. 数码记录

常见的移动便携设备系统还包括一些便携掌上数码记录设备,如数码相机、数码摄像机、录音笔等,这类设备通常由传统的模拟音/视频记录装置设备发展而来,由于需要实现用户操作的接收处理及图形界面反馈、执行音/视频数字流信号的实时编/解码、存取及播放任务,这些便携掌上数码记录设备普遍会内建较高性能专用嵌入式处理器及封闭或开放的嵌入式移动操作系统。

数码相机(Digital Camera,DC)是一种利用电子传感器把光学影像转换成电子数据，并储存在数码存储设备中的照相机。从20世纪90年代第一代商用数码相机推出以来发展到现在，凭借其小巧轻便、即拍即得、使用成本低、相片便于保存与后期编辑等诸多优点，数码相机已经取代传统相机，得到广泛普及。目前大部分数码相机还兼具录音、摄录动态影像等功能。

与模拟信号的摄像机相比，数码摄像机(Digital Video,DV)图像解析度更高，色彩更为清晰，后期剪辑方便，价格也更为便宜，因而逐渐走进了千家万户。从第一台数码摄像机诞生至今的将近20年时光中，数码摄像机发生了巨大变化，存储介质从磁带到DVD再到硬盘，总像素从80万提高到400万，影像质量从标清(720×576)发展到高清HDV(1440×1080)。但近年来，由于更加便携的数码相机纷纷加入了高清摄像功能，人们为了进一步减轻携行负担，除非出于专业目的或特别的需要，一般会选择只携带各类数码相机，因而数码相机正在挤占数码摄像机的市场空间。

数码录音笔属于一种便携的数字录音器，造型如笔型，携带方便，同时拥有多种功能，如激光笔功能、FM调频、MP3播放等。与传统录音机相比，数码录音笔是通过数字存储的方式来记录音频的，即通过对声音模拟信号的采样、编码，将其转换为数字信号，并进行一定的压缩后进行存储。而数字信号即使经过多次复制，声音信息也不会受到损失。数码录音笔的主体是存储器，其内部主要组成通常包括低功耗嵌入式内核与闪存，有些高级数码录音笔还提供外置存储卡接口，整个产品具有重量轻、体积小的特点。作为相对较专业的便携录音设备，数码录音笔在保证高质量的录音效果同时，通常还会提供声控录音等多种有用的专业功能，并具备较长的录音时间。

虽然其他类型移动便携设备如手机、PDA、平板计算机等也纷纷整合了录音、数码拍照、摄像功能，但由于在光学成像元件、CCD尺寸、处理器优化等方面与专用的数码相机/摄像机相比差距甚大，这些附属摄像/照相模块的成像素质方面仍然无法满足要求较高、较专业的摄影摄像应用，只能作为日常随手记录的工具，因而专业便携数码记录设备的市场竞争空间仍然相当可观。而在录音素质及附属功能上，专业的便携数码录音笔的优势目前也是不可替代的。

1.5 移动便携设备系统的发展

移动便携设备系统发展到今天，已经成为一个囊括广大应用的、品类繁多的产品家族，从最初相对今天而言厚重简陋的"新式便携设备"，发展到了如今功能丰富、性能出色、外形及交互操作更加符合人机工程学的、更加小巧而强有力的设备，且已经逐渐渗透进我们日常工作、学习中，成为提高效率的不可或缺的便利助手。仪器、电器设备的小型化、便携化是当前以至可预见的将来的流行大趋势，因而几乎毫无疑问，这类小巧强劲的设备必将随着软硬件科技的进步，继续壮大门类发展下去。本节试从应用的角度对移动便携设备系统未来的发展趋势分以下几方面给予分析。

1. 安全性成为普遍属性、基本性能

近年来,很多人的办公手段正在悄然从桌面逐渐转向专用 PDA、平板计算机、智能手机等移动便携设备上,这使得原本就形势严峻的桌面办公安全问题延伸到了移动便携设备系统上。因其移动属性,使得丢失或被盗风险增大,而因其信息交互常用的无线手段,使得信息泄露的风险也大大增加,因而安全形势面临着重大的挑战。如何应对这个挑战,为将来日益增长的移动办公应用奠定安全基础,是摆在嵌入式硬件厂商以及移动便携设备开发者面前的一个值得关注的问题。以往安全性措施通常是作为附加功能安装在移动便携设备上,而将来可能有必要将对安全性的支持作为通用芯片级或软硬件系统级的必备基础功能。

2. 更高性能更低功耗的趋势

随着科学技术水平的提高,人们对移动便携设备的性能期望也越来越高,为了满足消费者的需要,各种移动便携设备不断引入新的、更加强劲的嵌入式硬件,以及更新材料、更高分辨率、更大尺寸的显示屏,以达到更高性能、更好使用体验。但与此同时,也一定程度上增大了系统的功率消耗,例如以往单色灰度屏的移动便携设备充满电的使用时间能够达到几个星期,而现在彩色屏充满电的使用时间却普遍只有一两天时间。从用户的角度而言,也普遍盼望手上的设备能够有更长的使用时间,因而有必要在维持与上一代一致的使用时间的基础上,进一步降低功耗。目前比较流行的嵌入式处理器如 ARM Cortex-A 系列等已经开始实现功耗不升而性能提升的芯片升级,而低耗高能的新型显示屏是未来有待解决的问题。另外,移动便携设备使用时间的问题还可通过快速充电技术,或提供其他供电方式如高效太阳能组件、超级电容等方式来间接解决。

3. 人机界面信息呈现方式的变革

如何在尺寸相对有限的屏幕上提供更丰富内容,始终是系统设计中需要考虑的一个重大问题。一般来说,应当从交互操作流程的设计上来解决对设备系统操作的易学性、易懂性及便利性,而从显示方式技术上去解决多媒体信息呈现问题。对于后者,目前一种比较流行的做法是搭载高分辨率大屏幕来呈现更多信息,这种解决方案虽然比较受一部分消费者欢迎,但因为其带来的效果必然是增大了掌上设备的尺寸,因而也有一部分人不喜欢这种方式,因而主流的智能手机品牌如三星为了兼顾两者,提供大屏的 Note 系列与小屏的 S 系列产品,而苹果近来也改变了以往的策略,开始提供大小屏搭配产品。但这只能算是一种目前技术状态下的权宜之策,将来的目标应当是将看似不可调和的大小屏幕的矛盾一并解决,而目前可想到的方式包括技术已接近成熟的投影方法,或配合定制眼镜利用虚拟现实呈现的方法,甚至像科幻片里呈现的那种 3D 悬浮虚拟影像方法等。

4. 更智能、更高计算能力

作为人们手中的便利助手,移动便携设备系统除了要提供较好的性能,还需要在功能智能化上下功夫。智能化程度的提高有助于提高设备的易操作性,也有利于减少用户的

操作负担,从而能够降低功能执行的用户参与度,提高成功完成复杂任务的能力以及用户对设备的使用体验。智能化的关键在于移动便携设备系统的核心——嵌入式微处理器,而对于嵌入式处理器而言,智能化的基础其实是高性能计算能力,只有具备了这种能力才能进一步实现更多的复杂智能算法,进而实现设备功能的智能化。

5. 实现自编程能力

目前各类移动便携设备系统,尤其是平板计算机、智能手机等综合性智能设备,虽然性能已经接近前一代通用计算机,但仍然只是一个应用型设备,即只能运行已安装软件完成播放、控制、编辑等功能。相信未来随着嵌入式硬件性能的进一步增强及显示方式的革新,逐渐会出现支持编程开发环境,可自编程的综合性智能移动便携设备,从而实现随时随地的系统开发。

6. 习惯偏好跟踪

与台式计算机较为明显的可共享属性相比,移动便携设备系统作为随身电子产品具有更强的私密属性,因而未来应利用这一特点提供更人性化的机主辨识及个性服务功能。例如,通过各种机载传感器及智能的处理核心来感知、记录机主的日常生活工作习惯或偏好,或者追踪应用程序的操作记录,并根据追踪结果智能地实现某些应用的个性化处理,如定时提醒、定时开启应用程序、打开常用网页等,当然这又涉及机密安全性问题。

未来移动便携设备系统的发展方向仍将主要集中于两条相对的路线:一条是专业专用的发展路线;另一条是功能集成化的发展路线。

对于专业专用的发展路线,主要还是针对各类专业工程应用领域,在这些领域中应用的移动便携设备系统,为了保证主要功能的较高性能以及设备的更长工作时间,必须舍弃其他不必要的功能。这类移动便携设备的用途大多集中在精确的量测、探测及定位等方面,如专业红外、超声测距仪、专业 GPS、大气环境监测仪器、土壤及植物要素的检测仪器等。为了更好地保证工作成果的优良质量,往往要求这类专业便携仪器设备尽可能地易于操作,并能够更精确、更可靠、更便捷地完成任务,而为了能够适应可能的极端工作条件,并保证较低的失效率,往往还需要设备具备较强的安全稳定性、较低的功耗、较高的抗干扰性及防护指标。

对于功能集成化的发展路线,主要针对日常消费电子领域,随着早期嵌入式系统软硬件技术的发展,市场上陆续出现了各种不同功能用途的新式便携消费电子产品,其后一些较成功的产品类型都各自赢得了一部分消费市场,并形成了多家产品相互竞争的局面。起初这种竞争多发生在同类产品之间,但随着同类产品普遍发展得较为成熟,且新一代嵌入式硬件系统在实现原有主功能之外仍能保有一定的性能冗余,为了使已经比较成熟的产品变得更加具有竞争力,也为了进一步拓展市场范围,一些公司开始将其产品附加了主功能之外的其他消费领域的流行功能,使产品多能化,以吸引更多的、尤其是正在寻求其所附加功能对应产品的消费者,以及希望减少身上便携设备数量(从而也减少充电负担)以减轻出行负担,却又严重依赖这些设备功能的消费者的注意,如手机添加照相功能、电纸书添加音乐播放功能、数码相机添加摄像功能等。于是,竞争开始扩展到不同类别产品之间。现在以及将来的较长一段时间内,各种消费类移动便携设备的发展将始终处于功能集成、综合竞争的阶段。这个阶段竞争的主题是在加强、提高主功能的同时,兼顾多种附加功能的有机整合。当然简单的功能堆砌是不可取的,必须将思路放在如何选择确定用户最需要的附加功能,以及附加诸功能的性能实现到何种程度才能满足设备性能余量与用户要求的最佳平衡,从而最大限度地吸引消费者。目前市场的暂时赢家是综合通信、网络互联、拍照摄像、日常办公辅助、音/视频浏览编辑、定位导航等功能于一身的智能手机产品。

1.6　本章小结

- 从广义上来说,嵌入式系统就是包含可编程计算机,但本身并非通用计算机的任何设备。
- 移动便携设备系统是能够随身移动携带,并且具有信息交互界面,可在手掌上操作的、可电池供电的各种具有复杂计算或执行能力的设备。
- 移动便携设备系统特点包括便携灵活性、形式多样化、功能模块化、更低功耗、严峻的信息安全环境等。
- 移动便携设备系统的典型应用包括办公/学习辅助、工商业应用、便携量测、多媒体娱乐、通信工具、数码记录等。
- 移动便携设备系统的发展趋势:安全性成为普遍的基本性能属性、更高性能更低功耗趋势、人机界面信息呈现方式的变革、更智能、更高计算能力、实现自编程能力及习惯偏好跟踪。
- 未来移动便携设备系统的发展方向仍将主要集中于专业专用、功能集成化这两条相对的发展路线。

思 考 题

[问题 1-1]　根据你的理解,归纳出一个对移动便携设备系统的定义。

[问题 1-2]　移动便携设备系统与嵌入式系统的关系及异同点是什么?

[问题 1-3]　举几个移动便携设备系统应用的例子。

[问题 1-4]　你觉得对于移动便携设备系统,省电和多功能哪个更重要?

[问题 1-5]　回想一下你最早用过的移动便携设备是什么?在什么时候?

[问题 1-6]　你认为移动便携设备系统将来的发展趋势是怎样的?

第2章

预备知识

本章学习目标

- 了解和掌握嵌入式系统基础概念；
- 了解各种类型嵌入式系统的应用。

为了更好、更深入地了解和掌握移动设备系统的设计和开发知识，本章主要回顾和学习一些关于嵌入式系统的重要基础知识。

2.1 基 础 概 念

既然移动便携设备系统源自嵌入式系统，那么想要更好、更充分地理解和学习移动设备系统设计开发的相关技术，回顾学习有关嵌入式系统的一些重要概念和基础知识是必要的。

2.1.1 冯·诺伊曼体系结构与哈佛体系结构

无论是现代通用计算机系统，还是嵌入式计算机系统，它们通常都是构建于一个或多个微处理器或微控制器的中央处理芯片基础之上，因此这些微处理器/微控制器的体系结构也成为计算机系统的核心结构基础，占有相当重要的地位。经典计算机系统理论中，大部分微处理器/微控制器的构造通常都可以归属于两种截然不同的体系结构之一，即冯·诺伊曼体系结构和哈佛体系结构，如图 2-1 所示。这两种体系结构产生于计算机科学技术发展的早期阶段，并随着计算机科学技术的发展而相辅相成地进化发展。

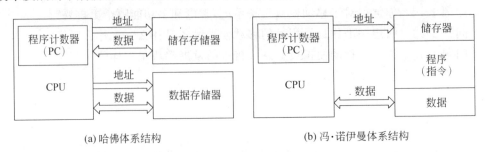

(a) 哈佛体系结构   (b) 冯·诺伊曼体系结构

图 2-1 计算机体系结构

1944 年，美国哈佛大学教授霍华德·艾肯(Howard Aiken)受 19 世纪英国发明家查尔斯·巴贝奇(Charles Babbage)的分析机设计启发,研制成功一种基于继电器的机电式计算机,全称自动循序控制计算机(Automatic Sequence Controlled Calculator,ASCC),它号称是第一部被实际建造出来的全自动万用型计算机,并且其性能非常可靠。当年夏天,这部计算机在哈佛大学开始投入使用,并被重新命名为 Mark I,如图 2-2 所示。该计算机摆脱了通过接插线板人工录入数据的困扰,创新性地采用了打孔卡片装置等方式分别完成指令及数据的输入输出,减轻了操作员的操作负担,方便了程序的再编制,提高了操作效率。虽然时间久远,但综合所收集到的历史资料,可知这个巨大的机电式计算机将字长为 23 位十进制数的指令记录在打孔卡片上,数据的操作处理则由穿孔纸带及机电式计数器实现,而输出可通过电传打字机完成。为了实现上述设计,总共使用了 3 个穿孔纸带阅读器、两个穿孔卡片阅读器、一个卡片纸带打孔机以及两个电传打字机。虽然这部巨大的由继电器与齿轮巧妙构成的机械电子式计算机不能算作真正意义上的、全电子式的通用计算机,但其所采用的颇具开创性的设计思想,即"将指令和数据分开读取处理,指令不能作为数据而从数据通道输入"却由此被命名为哈佛体系结构,并在计算机科学领域的进步过程中得到了继承和不断发展。

图 2-2　ASCC(Mark I)

随着计算机科学技术的快速发展,今天普遍认识的哈佛体系结构概念,其核心思想虽然是不可变更的(否则就是另外一种体系结构了),但从实现角度来说,已经脱离了最初的较原始的技术基础,转而建立在微处理器概念的背景下。具体来说,更现代的定义描述哈佛结构为一种将程序指令存储和数据存储分开,并且不允许指令和数据并存于同一存储模块的基于微处理器的体系结构。在实际设计中,通常需要对应安排两条或更多条独立的、互不关联的总线,分别作为中央微处理器与每个存储器之间的专用通信路径。工作时,中央微处理器访问程序指令存储器以读取对应指令内容,经指令解析后获得数据地址,然后访问数据存储器中对应地址以读取目标数据,从而进行下一步操作。由于程序指令和数据分开存储,因此在体系结构设计上可赋予指令和数据以不同的位宽度,如 Microchip 公司经典的 PIC 系列单片机就被设计成程序指令位宽度为 12/14/16 位、数据位宽度为 8 位的这种组合。

20 世纪 40 年代,美籍匈牙利数学家冯·诺伊曼(Von Neumann)由于在所参与的曼哈顿工程中需要进行大量的运算工作,从而有机会分别使用了当时被认为最先进的两台计算机:Mark I 和处于测试状态的 ENIAC。其中 ENIAC(Electronic Numerical

Integrator And Computer,电子数值积分计算机)是以真空管为电子元件的全电子式计算机,于 1946 年正式建成,最初是为了进行弹道计算而设计,但能够通过改变控制板内的接插线路组合来解决其他计算问题,如曾经利用其进行过氢弹相关数据的计算。在使用 ENIAC 的过程中,冯·诺伊曼发现了它的两个严重的缺陷:①采用十进制运算而间接导致逻辑元件多,结构复杂,可靠性低;②没有内部存储器,运算操纵指令分散化地通过大量电路部件的连接实现,这些实现运算的电路部件如同一副数量巨大的积木,每当需要实施一项新的计算任务时,都必须像搭积木一样耗费人力把大量运算部件搭配连接成对应的解题布局,即使一项几分钟或几十分钟的计算任务,也要花费几小时甚至数天的时间来重新准备。针对这两个问题,诺伊曼等人通过不懈的思考和探索研究,于 1945 年 6 月联名发表了一篇关于"存储程序通用电子计算机方案"的长达 101 页纸的著名报告——*First Draft of a Report on the EDVAC*,其中提出了存储程序逻辑架构,即把程序本身当作数据来对待,程序和该程序处理的数据用同样的方式存储,并确定了存储程序计算机的五大组成部分和基本工作方法。图 2-1(b)是冯·诺伊曼体系结构的示意图。依照冯·诺伊曼体系结构实现的计算机应当具有下列功能:

(1)能够把需要的程序和数据输入至计算机中。

(2)必须具有长期记忆程序、数据、中间结果及最终运算结果的能力。

(3)能够完成各种算术、逻辑运算和数据传送等数据加工处理的能力。

(4)能够按照要求将处理结果输出给用户。

(5)程序和数据统一存储并在程序控制下自动工作。

根据上述功能要求,完整的冯·诺伊曼体系结构的计算机应当具备下述五个组成部分:

(1)必须有存储器,以记忆程序和数据。

(2)必须有控制器,以控制程序的执行。

(3)必须有运算器,具有算术运算和逻辑运算能力,以完成数据的加工处理。

(4)必须有输入设备,以输入数据和程序。

(5)必须有输出设备,以输出处理结果。

值得一提的是,冯·诺伊曼体系结构是基于对 ENIAC 缺点的思考中得出的,即 ENIAC 先于冯·诺伊曼体系结构的提出而存在,因而虽然充满争议地号称"世界第一部通用电子计算机",ENIAC 却与很多人想象的不同,它并不属于冯·诺伊曼体系结构的计算机。

在关于 EDVAC 草案报告的基础上,EDVAC(Electronic Discrete Variable Automatic Computer,离散变量自动电子计算机)开始建造,最终这部真正的、二进制的冯·诺伊曼体系结构电子计算机于 1949 年建成,1951 年服役(图 2-3(a))。但在这之前,世界上第一部遵循冯·诺伊曼结构的全电子式存储程序计算机的桂冠却被英国曼彻斯特大学的 SSEM(Small-Scale Experimental Machine,小规模实验机器)所摘得(图 2-3(b)),这部计算机于 1948 年首次成功启动并正确运行了所存储的程序。冯·诺伊曼体系结构所定义的存储程序计算机要求使用二进制来表示指令和数据,程序和数据的存储同样基于二进制地址,这种将程序代码视为数据而统一存储的方式简化了计算机的存储结构及执行方式,并在一定程度上降低了电路实现结构的复杂程度,进而降低了计算机的实现难度和建造成本。由于具有结构简洁、合理等优点,在计算机科学发展的进程中,冯·诺伊曼结构及其改进结构始终发挥着极其重要的作用,被视为现代计算机的基础。

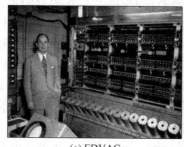 

(a) EDVAC (b) SSEM

图 2-3 早期冯·诺伊曼型计算机

一直以来,大多数通用计算机,特别是 PC(个人计算机)都是以冯·诺伊曼体系结构或其改进结构的中央处理器为核心的存储程序型计算机。但任何事物都不可能永远保持完美。伴随着现代电子技术的迅速发展,构成现代计算机的核心组件——中央处理器的速度成倍增长,一个称为冯·诺伊曼瓶颈(Von Neumann bottleneck)的问题也逐渐显露出来:现代计算机中,随着微处理器及存储技术的迅速发展,冯·诺伊曼体系结构的CPU(Central Processing Unit,中央处理器)与主板内存之间数据传输的带宽(bandwidth,单位时间内能够在线路上传送的数据量)相对于日益增长的内存容量而言已经太小,且这个带宽与 CPU 自身处理速率相比也是不堪重负,这就形成了一个限制数据流量与处理速度的瓶颈。在某些情况下,例如 CPU 需要执行一些指令在巨量数据中进行操作时,窄小的瓶颈通道会极大地限制数据流量,从而严重影响整体效率,而 CPU 也将会在数据输入或输出内存时闲置。

随着微处理器及存储器设计制造技术迅猛发展,CPU 速度以及内存容量的增长速率远大于双方之间的流量,导致冯·诺伊曼体系结构的瓶颈问题越来越严重,影响到了计算机的处理性能。为了缓解这个问题,使计算机整体性能的增长能够跟上 CPU 和内存容量的增长步伐,人们提出了一些尝试改进的措施。有人想到了增加总线通道位宽的办法,但这样做会带来一个新的问题,即增大了微处理器打包传输数据的复杂度,并带来信号串扰问题;还有人想到通过提高总线通道的接口时钟频率(即加快数据传输的节奏)来缓解瓶颈效应,但与芯片内部不同,电路主板上对信号的最快传递速率的物理极限相对较低,从原设计的较高速率基础上进一步提高是很困难的。总之,尽管人们在问题显露初期就开始提出各种改进措施,但无论如何,冯·诺伊曼体系结构中指令数据共用存储器的特点注定了程序指令的顺序存取执行特性及指令/数据存取的单通道特性。

那么是否可以跳出这种经典体系结构的思路来解决问题呢?其实前面介绍的另一种重要的体系结构——哈佛体系结构,因其指令和数据分开存储,可以同时读取的特征而天然地避免了这个问题,能够极大地提高数据吞吐率。但由于其在硬件实现上的相对复杂性以及随之带来的成本问题,早期并未如同冯·诺伊曼体系结构那样占据相对重要的地位,直到微处理器技术出现后,由于在芯片内部实现这种体系结构相对更容易些,且可靠性提高、更易控制成本,这种体系结构才崭露头角,成为颇受瞩目的又一发展方向。

为了更好地解决冯·诺伊曼结构恼人的瓶颈问题,哈佛体系结构的思想逐渐被借鉴到了冯·诺伊曼体系结构的微处理器设计中,即在 CPU 与主板内存间加入一级或多级高速缓存(cache),用来存放当前频繁使用的程序指令或数据,以利于 CPU 快速访问处理。而为了最大化效率,这种缓存通常是在 CPU 芯片中实现的。这样的微处理器实际上在内部结构来看已经接近于一种改进型的哈佛结构了。另一种较有效的改进措施是采用多条指令重叠操作,以充分利用 CPU 而尽量避免其处于空闲等待状态,这种技术称为多级流水线技术(Intel 首次在 486 芯片中开始使用),该技术属于准并行处理实现技术,但当处理分支指令(如 if-then-else)时易导致流水线失败,因而随后又加入了分支预测(branch prediction)技术,即 CPU 通过分支预测算法来判断程序分支的进行方向,从而最大限度地减小更多级流水线的失败概率。

以 Intel 经典的 x86 系列处理器为代表,来看一看冯·诺伊曼体系结构的改进历程:最初的 8086 处理器是纯粹冯·诺伊曼型的,译码、执行和退出三级流水线组成了 x86 处理器指令执行的基本模式;1982 年加入几个字节大小的指令缓存,处理器可以一次性从内存读取更多指令并放在指令缓存中,消除了之后每次取指往返内存和处理器的时间,极大地提高了效率;1985 年的 386 处理器又引入了数据缓存,且扩展了指令缓存的设计,数据缓存和指令缓存都从几个字节扩大到几千字节,进一步提升了性能;1989 年推出的 i486 处理器引入了五级流水线,于是 CPU 中每一级流水线在同一时刻都运行着不同的指令,这个设计使得 i486 比同频率的 386 处理器性能提升了不止一倍;1993 年 Intel 推出的奔腾(Pentium)处理器相对 i486 处理器再一次对流水线做出了更多修改,主要是增加了第二条独立的超标量流水线,主流水线工作方式类似于 i486,第二条流水线则并行地运行一些定点算术之类的较简单的指令,而且该流水线能更快地进行运算;1995 年 Intel 推出了奔腾 Pro(Pentium Pro)处理器,采用了诸多新特性以提高性能,包括乱序(Out Of Order,OOO)执行的部件以及猜测执行,流水线扩展到了 12 级,而且引入了“超标量流水线”的概念,使得可以同时处理许多指令;在 1995—2002 年间,乱序执行部件经过了数次重大改进,处理器中加入了更多的寄存器。单指令多数据(Single Instruction Multiple Data,SIMD)的引入使得一条指令可以进行多组数据运算,现有的缓存变得更大而且引入了新的缓存,这些改变又一次提升了整体性能,但并没有从根本上影响数据在处理器中的流动方式;2002 年发布的奔腾 4 处理器引入了超线程技术,乱序执行部件的设计使得指令被执行的速度比处理器能够提供指令的速度更快;2006 年 Intel 发布了酷睿(Core)微架构(酷睿 2),但处理器频率不升反降,而且超线程也被去掉了,通过降低时钟频率,每一级流水线可以做更多工作,乱序执行部件也被扩展得更宽,各种不同的缓存和队列都相应做得更大;2008 年 Intel 开始用酷睿 i3、i5、i7 来命名新的处理器,新处理器重新引入了超线程。

虽然对于各种经过不断改进的冯·诺伊曼体系结构处理器,在其内部现在已经变得更像是改进的哈佛体系结构,但其体系结构的基础仍旧是冯·诺伊曼型的,因为在通用计算机领域,相对于冯·诺伊曼体系结构,纯粹哈佛体系结构的独特存储方式不适合外围存储器的扩展：能想象你得在哈佛体系结构的计算机上安装两块硬盘，一块装程序，一块装数据，内存装两根，一根暂存指令，一根暂存数据吗？这还没考虑陌生的操作系统和软件的安装及操作、数据与程序的区分和存储问题呢！显然，目前来说哈佛体系结构的主要用武之地不在通用计算机领域，而是在嵌入式领域。

相对于常见的"冯·诺伊曼体系结构计算机"，对于哈佛体系结构有关的一般称谓是"哈佛体系结构微处理器"，这也反映出当前哈佛体系结构的应用领域通常是在嵌入式系统。事实上，区别于通用计算机系统，典型的嵌入式系统核心目前以基于哈佛体系结构的微处理器或微控制器为主，且芯片内部通常集成了所需的存储器及一些重要的输入输出标准端口，这种哈佛体系结构单芯片布局有利于满足嵌入式系统一贯追求的小尺寸、精简、高效能、低功耗、实时性等要求。另外，由于 DSP(Digital Signal Processing，数字信号处理)算法中大量处理工作都花费在数据及指令信息存取上，包括采样数据信号、滤波器系数以及作为操作指令的算法程序，为了提高性能，嵌入式 DSP 芯片大都采用适于这种操作特性的哈佛体系结构，且通常在片内安排至少 4 套总线：服务于指令程序的数据总线及地址总线，服务于数据存取的数据总线及地址总线。这种分离的多总线结构可允许处理器同时地、分别地获取指令字和操作数据，而杜绝了互干扰问题。总之，两种结构的种种特性促成了"冯·诺伊曼体系结构之于通用计算机，哈佛体系结构之于嵌入式系统，两者又相互融合"这种主流应用格局的形成与发展，当然也不排除少部分例外。

2.1.2　CISC 与 RISC

CISC(Complex Instruction Set Computer，复杂指令集计算机)技术和 RISC(Reduced Instruction Set Computer，精简指令集计算机)技术是截然不同的两种主流计算机系统指令(计算机最底层机器指令，CPU 能够直接识别的指令)体系，它们都试图在体系结构、操作运行、软件硬件、编译时间和运行时间等诸多因素中做出某种平衡，以求达到高效目的。

在早期的计算机科学技术领域，程序大多是以机器语言或汇编语言等低级语言来完成，而将高级程序设计语言转换为机器语言的编译器技术尚在初步发展中。一方面，为了便于编写高效的程序，计算机架构专家们尝试通过设计更高级、更复杂的指令集来实现单一指令的强大化，力求将诸如数值计算以及内存的寻址、读取、存储等若干低级操作在单一指令内执行完成，以此缩小高级程序设计语言与机器语言之间的语义差别(语义鸿沟)，从而也有利于简化编译器的结构；另一方面，在当时的技术条件下，缺乏大容量内存，且内存中的每一字节都很宝贵，微处理器设计师针对这种内存受限的情况，尽可能要使每条指令做更多的工作，于是倾向于采用具有较高信息密度的高度编码的指令。由于当时的内存速度也很慢，因此有必要通过加强每条指令的功能以降低访问慢速内存资源的频率。最后，由于早期的观念是硬件比软件的编译器更容易设计，而指令集的构建工作主要是基于硬件的，于是希望通过在硬件端构建更复杂的指令集来简化软件端的处理。上述设计原理后来就被称为 CISC。CISC 的显著特点是指令数目多而复杂，指令字长不相等。为了更好地支持复杂指令的操作，CISC 通常包括一个复杂的数据通路和一个微程序控制器。

计算机软硬件技术发展到 20 世纪 70 年代后,编译器的编写愈发难以充分利用 CISC 所提供的各种新增复杂指令特性,同时人们感到日趋庞杂的指令系统不但不易实现,而且因为通常需要几个指令周期才能实现一条 CISC 指令,还可能导致系统性能降低,于是着手研究指令系统的合理性问题,指出了 CISC 存在的诸多缺点。首先,复杂的指令系统也带来了结构的复杂性,这不但导致了设计时间与成本的增加,还容易造成设计误差;其次,CISC 中指令的使用率存在较大差异(2/8 规律):首先,一个典型程序运算过程所使用的 80% 指令只占指令总数的 20%,于是费尽心思设计的复杂指令却大部分难得用武之地,处于闲置状态;再次,当时的技术条件下,很难将完整的 CISC 全部集成在单一芯片上,妨碍单片嵌入式计算机的发展;此外,由于微处理器运行速度已经快于内存,且认识到这种速度差异会继续大幅增加,这意味着需要有更多寄存器来支持更高频率的操作,为此必须通过降低微处理器复杂度以节省出芯片空间给新增的寄存器。

针对 CISC 的弊病,一些科学家想到应当尽量简化计算机指令功能,只保留功能简单、能在单周期完成的指令,而把较复杂的功能改用一段子程序来实现,从而通过减少指令的平均执行周期来提高计算机的工作主频,同时大量使用通用寄存器来提高子程序执行的速度。1980 年,在美国加州大学伯克利分校主持 Berkeley RISC 项目的大卫·帕特森(David Patterson)将这种设计思想命名为 RISC,而第一个使用 RISC 理念来设计的系统通常认为是由约翰·克克主持,于 1975 年开始,1980 年完成的 IBM 801 项目。RISC 的显著特点是指令数目少、指令统一等长、寻址模式单纯、指令执行时间短以及采用流水线技术。

虽然 RISC 指令简单、处理能力强、速度快,但也并不是完美的,它在规避 CISC 弊病的同时也不可避免地牺牲了 CISC 的一些优点,与 CISC 相比互有得失。首先,CISC 凭借丰富的电路单元获得了更强大的功能,但随之而来的负面效应是芯片面积更大,因而功耗也更大。而 RISC 因其精简功能的策略可以只包含较少的电路单元,随之而来的好处是更小的芯片面积,因而具有低功耗特性。其次,CISC 的存储器操作指令多,因而访存操作简单直接,RISC 为实现控制简单化而对存储器操作进行了限制;再次,CISC 汇编语言程序编程相对简单,且有实现特定功能的专用指令,因而较易完成复杂科学计算或特殊功能任务的程序设计,效率较高,而 RISC 汇编语言程序一般需要较大内存空间,且实现特殊功能时程序复杂,不易设计,但可利用一些优化技术加以改进和弥补。

现实应用中,追求功能强大、多样化,而不甚在意功耗的中低档桌面应用领域通常选择采用基于 CISC 技术的 CPU 作为处理核心,其中最典型的代表就是 Intel 的 x86 系列 CPU,而由于 RISC 指令系统的优化设计具有较强领域针对性,追求高性能、低功耗的各类中高档专用服务器、工作站则纷纷选择基于 RISC 技术的非 x86 阵营高性能 CPU,如 Compaq 公司的 Alpha、HP 公司的 PA-RISC、IBM 公司的 PowerPC、MIPS 公司的 MIPS 和 SUN 公司的 SPARC 等。在嵌入式系统领域,由于出现时期较早,经典的 MCS51 系列单片机以及 Motorola 的 68HC 系列单片机等均采用基于 CISC 体系的设计结构,但随着 RISC 技术的发展,人们发现其低功耗、结构简单、指令规整、性能容易把握、易学易用等特性更加符合嵌入式应用的要求,于是发展出了各种基于 RISC 体系的嵌入式微处理器系列,如 AVR、PIC、MSP430、ARM 等。

多年来,RISC 与 CISC 技术始终在竞争中持续发展着,同时也在相互取长补短,以适应日益提高的应用要求。一方面,RISC 体系中,在坚持"基于流水线的处理器优化"根本设计原则的前提下,为了支持电子技术进步所带来的愈加丰富的硬件功能,目前很多 RISC 指令集的指令总数已经达到数百条,且运行周期也不再固定;另一方面,RISC 的发展还衍生了一种并发化指令级并行(Instruction Level Parallelism,ILP)架构,即 VLIW (Very Long Instruction Word,超长指令字),就是将简短而长度统一的精简指令组合出超长指令,每次运行一条超长指令,等于并发运行多条短指令。AMD 的 Athlon 64 处理器系列就是采用这一指令系统,而 Intel IA-64 架构中的 EPIC(Explicitly Parallel Instruction Computing,显式并行指令计算)也是从 VLIW 指令系统中分离出来的。

另外,CISC 体系中,以常见的 Intel x86 系列 CPU 为例,虽然早期系列基于纯粹的 CISC 指令系统,但随着技术的不断升级,后期奔腾系列逐渐采用了 RISC 与 CISC 相结合的体系构架,对于指令集中常用的简单指令会在硬件上以 RISC 流水线方式加速执行,而不常用的复杂指令则交由微码循序器解码处理、顺序执行,这样既保留了 CISC 指令系统的指令多样多能性,又兼顾对常用指令执行的优化加速。

2.1.3　SoC 与 IP 核

SoC(System on a Chip,片上系统或系统级芯片)是在集成电路向集成系统转变的大方向下产生的。20 世纪 90 年代中期,随着半导体工艺技术的发展,集成电路设计者已经能够将日益复杂的电路功能单元集成到单一硅片上实现 ASIC(Application-Specific Integrated Circuit,专用集成电路),在此基础上进一步产生了将组成计算机所必需的各种关键功能模块完整地集成于单芯片上的思路,由此形成了 SoC 的概念。

形象地说,SoC 这种微小型系统,通常所包含的不仅仅是 CPU 这个大脑,而是一个大脑、五官、五脏六腑甚至四肢等基本俱全的微系统。具体地说,SoC 的一般构成包括系统级芯片控制逻辑模块、微处理器/微控制器内核模块、DSP 模块、嵌入存储器模块、外部通信接口模块、含 ADC/DAC 模拟前端模块、供电及功耗管理模块、用户定义逻辑(可借助内嵌 FPGA 或 ASIC 实现)以及微电子机械模块等,如果需要具有无线功能,还要有射频前端模块,如图 2-4 所示。另外,SoC 芯片内通常还会嵌有基本软件模块,因此是一个软硬件相统一的系统,设计时需要考虑软硬件系统功能划分的问题。

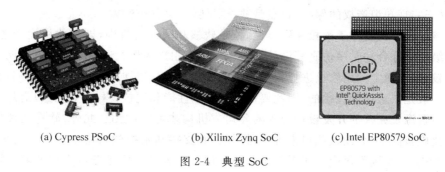

(a) Cypress PSoC　　　　(b) Xilinx Zynq SoC　　　　(c) Intel EP80579 SoC

图 2-4　典型 SoC

实现 SoC 的关键技术主要包括总线架构技术、IP 核可复用技术、软硬件协同设计技术、SoC 验证技术以及可测性设计技术、低功耗设计技术、超深亚微米电路实现技术等。

一般来说,判断一个 SoC 的重要特征依据是:①是否采用超深亚微米工艺技术实现复杂系统功能的 VLSI;②是否使用一个以上嵌入式 CPU 或 DSP;③外部是否可以对芯片进行编程。

由于 SoC 可以充分利用已有的设计积累,显著提高 ASIC 的设计能力,并且具有更低成本、更短开发周期、更低功耗、更小体积、更多系统功能、更快速度及更高可靠性等优势,因此发展非常迅速,很快引起了工业界和学术界的关注。

使用 SoC 技术设计应用电子系统的基本设计思想其实就是实现全系统的固件集成。用户只需根据需要选择并改进各部分模块和嵌入结构,就能实现充分优化的固件特性,而不必花时间熟悉定制电路的开发技术,且最终系统能更接近理想系统、更容易实现设计要求。在设计实现过程中,通常会以可设计重用的 IP 核为各模块的实现基础,以此缩短开发所需的周期。

IP(Intellectual Property,知识产权)内核的概念源于产品设计的专利证书和源代码的版权等,是指某一方提供的具有复杂系统功能的、可独立出售的可重用 VLSI 模块,形式通常为逻辑单元电路或芯片设计,通常已经通过了设计验证。IP 核模块有行为(behavior)、结构(structure)和物理(physical)三级不同程度的设计,对应 3 种类型的核:软核(soft IP core)、完成结构描述的固核(firm IP core)和基于物理描述并经过工艺验证的硬核(hard IP core)。

软核也称虚拟组件(Virtual Component,VC),其设计周期短,设计投入少,通常是经RTL 级设计优化和功能验证后,以加密的硬件描述语言的源代码文本形式提交用户,其中不包含具体物理电路元件信息,是工艺不相关的。用户可根据文本获得门电路级设计网表,并可以进行后续结构设计,具有很大的灵活性。借助 EDA 综合工具,软核还易于与其他外部逻辑电路融合,根据不同半导体工艺,设计成不同性能的目标器件。大多数应用于 FPGA 的 IP 核均为软核,软核的缺点是在性能上难以获得全面优化,并且不易做到知识产权的保护。

硬核是基于确定半导体工艺的物理级设计,有固定的拓扑布局和具体工艺,并已经过工艺验证,具有可靠的性能。硬核提供给用户的形式是设计阶段最终产品,即电路物理结构掩模版图和全套工艺文件,可以直接使用。硬核的优点是可以得到功耗和尺寸上的优化,且易于实现知识产权的保护;缺点是缺乏灵活性、可移植性差。

固核的设计程度介于软核和硬核之间,是软核和硬核的折中,即在软核设计之上,完成了门级电路综合和时序仿真等设计环节。提供给用户的形式通常是门级电路网表。

比较而言,通常利用软核进行开发的时间要远大于利用硬核进行开发的时间,而且因为软核一般是缺乏深度优化的,因此要保证实现的性能和硬核一样好,或许只有那些拥有良好人力资源及完善的开发设计规程的公司或机构才可以做到。此外,软核的授权费用通常会比硬核高,因为硬核相对来说是通用的,其支持和维护的费用由多家公司平摊,而软核因为用户少,因而每个公司需要负担的费用相对较高。但是若考虑到能够或需要拥有设计上的自主性、灵活性以及选择上的丰富性,IP 软核仍然是一个不错的选择。

同样是根据功能和参数要求设计系统,SoC 的应用电子设计与传统电子设计方法却在设计基础上截然不同。传统方法是以功能电路为基础进行分布式系统综合,而 SoC 是以功能 IP 为基础进行系统固件和电路综合,即功能的实现不再针对功能电路进行综合,而是针对系统固件模块实现进行电路综合,也就是利用 IP 技术对系统整体进行电路结合,于是电路设计的最终结果与 IP 功能模块和固件特性有关,而与 PCB 板上电路分块的方式和连线技术基本无关,由此也极大地提高了所设计 SoC 的电磁兼容特性,使其能够更加接近理想设计目标。总之,SoC 是以 IP 模块为基础的设计技术,IP 是 SoC 设计应用的基础。

1994 年,Motorola 发布的 FlexCore 系统(用来制作基于 68000 和 PowerPC 的定制微处理器)以及 1995 年 LSILogic 公司为 Sony 公司设计的 SoC,可能是基于 IP 核完成 SoC 设计的最早报道。

2.1.4　总线技术

任何一个微处理器想发挥作用都需要与一定数量的功能部件及外围设备相互连接以传输交换信息,但如果这些连接都是各自独立的专用线路,那么随着功能复杂度及部件、外设数量的增大,连接线路将会错综复杂,线路的发热损耗问题也会相当严重,以至难以实现。为了避免这个问题,就需简化硬件电路设计。科学家们想到了利用一组或几组线路作为公共线路,配以适当的接口电路,来连接各部件和外围设备,这种公共连接线路就被称为总线(bus)。依照定义,总线是计算机各种功能部件之间以及计算机与内、外部硬件设备之间(多于两个模块之间)传送信息的共享公共数据通路,微处理器各个部件通过总线相连接,外部设备通过相应的接口电路与总线相连接,从而形成了完整的硬件系统。形象地说,总线就像公共汽车一样,按照固定路线在各个功能部件、模块以及外部设备之间传输比特(bit)信息。由于这些线路在同一时间内都仅能传输一个比特,因此必须同时采用多条线路才能发送更多数据,总线可同时传输的比特数量称为宽度(width),以比特为单位,总线宽度越大,传输性能就越佳。总线带宽(单位时间内可以传输的总数据数)计算公式为:总线带宽＝频率×宽度(B/s)。采用总线结构便于部件和设备的扩充,而统一的各种总线标准的制定则进一步使得不同类型设备之间易于实现互连。

总线按照连接关系一般可分为芯片总线(chip bus)、系统总线(system bus)和外部总线(external bus)。芯片总线是指微处理器/微控制器与外围芯片之间,或微处理器/微控制器芯片内部的总线结构,通常包括数据总线、地址总线和控制总线三类,侧重芯片之间的互连,通常没有可以遵循的标准;系统总线是硬件系统内模块间,以及系统板与扩展插件板之间的总线结构,侧重模块一级的互连,如 ARM AMBA 的 ASB/AHB/AXI(图 2-5)、ISA(Industrial Standard Architecture,工业标准结构)、PCI(Peripheral Component Interconnect,外设部件互连标准)等;外部总线则是硬件系统之间,或系统与外部设备之间的总线结构,侧重于设备系统一级的互连,如 RS232、RS485、USB(Universal Serial Bus,通用串行总线)、IEEE 1394(firewire,火线接口)、CAN(Controller Area Network,控制器局域网络)、I^2C(Inter-Integrated Circuit,内部整合电路)、SPI(Serial Peripheral Interface,串行外围设备接口)等。

虽然总线具有结构简单、成本低廉、软硬件设计简单、系统易于扩充及更新等优点,但其缺点也不容忽视。首先,对于面向 CPU 的双总线结构,在 CPU 与主存储器之间,以及

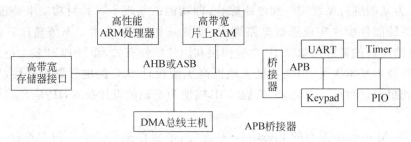

图 2-5 典型 AMBA 总线系统

CPU 与 I/O 设备之间分别设置总线,可以提高系统信息传送的速率和效率。但由于外部设备与主存储器之间没有直接的通路,两者的信息交换必须通过 CPU 进行中转,从而降低了 CPU 的工作效率,同时也增加了设备的 CPU 占用率;其次,利用总线传送数据具有分时性,当有多个主设备同时申请使用总线时,必须进行总线的仲裁;再次,总线的带宽是有限的,如果连接到总线上的某个硬件设备没有资源调控机制,则容易造成信息的延时(当有强实时性要求时,通常很致命);最后,连到总线上的设备必须有信息筛选机制,即需要判断该信息是否是传给自己的。

2.1.5 ISP 与 IAP

ISP(In System Programmability,在系统可编程)和 IAP(In Application Programming,在应用编程)是目前嵌入式系统在线编程的两种常见实现方法。

ISP 是指装载在电子系统或电路板上的逻辑器件可以被反复编程以实现非一次性的按需逻辑重构的能力。通俗地说,就是指电路板上的空白逻辑器件不需被取下放到专用编程器上,即可编程写入最终用户代码,且已编程器件也可以被擦除或再编程,这区别于旧有的先编程后装载至系统电路板再执行的嵌入式系统实现方式。ISP 技术一般通过嵌入式芯片的专用串行编程接口对其内部程序存储器进行编程,不需配套专用编程器就可进行嵌入式系统的试验和开发,因而可直接将嵌入式芯片焊接到电路板上,调试结束即成成品,免去了调试时由于频繁地插入取出芯片对芯片和电路板带来的不便。ISP 技术的采用可使电子系统的硬件设计变得像软件设计那样,由于方便修改而更具灵活性。同时可缩短系统调试的周期,省掉对器件单独编程的环节及配套的器件编程设备,从而给电子系统的设计、制造和编程带来了极大的方便,包括单片机等嵌入式微控制器构成的系统目前常用这种方法。

IAP 技术从逻辑结构上将 Flash 存储器映射为两个存储体,当运行 A 存储体上的用户程序时,可对 B 存储体重新编程,之后将控制从 A 存储体转向 B 存储体。IAP 实现目的是为了在产品发布后可以方便地通过预留调试接口对产品中的固件程序进行更新升级。作为执行 IAP 功能的准备工作,通常需要在设计固件程序时编写两套项目代码,A 代码不涉及正常应用系统操作,而只负责通过特定通信接口接收程序或数据,执行对正常应用系统代码即 B 代码的装载更新。当芯片上电后,首先运行的是 A 代码,该代码操作如下:

(1) 检查是否需要对作为 B 代码的应用系统代码进行更新。

（2）如果不需要更新则转到（4）。

（3）执行更新操作。

（4）直接跳转到 B 代码执行。

通常 A 代码必须通过 JTAG 或 ISP 等手段烧入，而 B 代码可以同 A 代码一起烧入，也可以借助 A 代码执行 IAP 功能时烧入更新。通常嵌入式微处理器构成的系统常用这种方法。

2.2　嵌入式处理器分类

嵌入式处理器是嵌入式系统的核心，是控制、辅助系统运行的硬件单元。根据嵌入式处理器功能及结构的不同，目前可分为嵌入式微处理器（Embedded Micro Processor Unit，EMPU）、微控制器（Micro-Controller Unit，MCU）、数字信号处理器（Digital Signal Processor，DSP）及嵌入式片上系统（System on a Chip，SoC）4 种类型。

2.2.1　嵌入式微处理器

嵌入式微处理器是由通用计算机中央处理器即 CPU 发展演变而来的，因此通常是 32 位以上的微处理器，且在功能上是基本相同的，具有较高的性能，相应地价格也比较高。但由于嵌入式系统可能应用于比较恶劣环境中，因而嵌入式微处理器在工作温度、电磁兼容性以及可靠性等方面的要求较通用计算机 CPU 高，需要加强设计。与类似应用环境下的工业控制计算机相比，嵌入式微处理器组成的系统具有体积小、重量轻、成本低、可靠性高的优点。嵌入式微处理器的应用方式是将其装配在专门设计的一块电路主板上，且板上还要包括 ROM、RAM、总线接口、各种外设等器件模块，从而构成单板机系统，如 STD-BUS、PC104、Biscuit PC、Mini-ITX 等。与通用计算机主板不同的是，由于嵌入式应用的专用性、限定性，板上常常仅保留与嵌入式应用紧密相关的功能模块，而尽量去除与应用不相干的其他冗余模块，以尽量降低功耗、减小体积、提升处理效率而满足应用的特殊要求。美中不足的是，这种单板机应用方式会导致系统可靠性的降低，以及较差的技术保密性。目前主要的嵌入式微处理器类型有：Am186/88，基于 x86 的 386EX、486EX 和 586EX 等，SC-400，Power PC，68000，MIPS，ARM/ StrongARM 系列等，其中 ARM/StrongARM 是专为便携设备开发的嵌入式微处理器。

2.2.2　微控制器

微控制器的典型代表是单片机，顾名思义，就是将整个计算机系统集成到一块芯片中。具体地，芯片内部通常集成有 ROM/EPROM、RAM、总线、总线逻辑、定时/计数器、看门狗、I/O、串行口、脉宽调制输出、A/D、D/A、Flash RAM、E^2PROM 等各种必要功能部件和外设。由于其片上外设资源通常比较丰富，适合于控制，因此称为微控制器。从 20 世纪 70 年代末诞生到今天，虽然已经经过了 30 多年，这种器件在嵌入式设备中仍然有着极其广泛的应用。一般地，微控制器通常以某种微处理器内核为核心，为适应不同的应用需求，对功能的设置和外设的配置进行必要的修改和裁剪定制，从而形成包含多种衍生配置产品的芯片系列,系列中每种衍生产品的处理器内核是相同的,不同的是存储器和外设的配置及封装。这样可以使芯片系列最大限度地具有与应用需求相匹配的灵活性,从而减少各种目标系统应用的功耗和成本。与嵌入式微处理器相比,微控制器的最大特点是单片化,由于体积大大减小,从而功耗和成本也随之下降、可靠性得以提高。凭借微控制器的上述优点以及长期以来其产品在品种和数量上的优势,多年来微控制器始终是嵌入式系统工业的主流。随着微电子技术的飞速发展,近年来早期 8/16 位微控制器逐渐出现了被工艺、功能更先进的新兴 8/16 位微控制器以及 32 位微控制器取代的趋势,这种进化发展的趋势也进一步延续、巩固了微控制器在嵌入式各领域应用中的主体地位。

2.2.3 数字信号处理器

嵌入式数字信号处理器(DSP)属于专门用于信号处理方面的处理器,为了实现批量、高速的数字信号的实时处理,与通用嵌入式微处理器相比,其取消了一些不必要的通用功能,并在系统结构和指令算法方面进行了特殊设计,具有很高的编译效率和指令的执行速度,在数字滤波、FFT、谱分析以及音/视频处理等各种信号处理相关设备上得到了大规模的应用。历史上,DSP 这个定义首先是作为数字信号处理这一类的理论算法的指令在 20 世纪 70 年代出现。受限于微电子技术的发展,当时用于执行 DSP 算法的专用处理器还未出现,这类理论算法只能通过性能还比较低的 EMPU 以及辅助电路来实现,而 EMPU 较低的处理速度无法满足 DSP 的算法要求,且其应用仅局限于一些尖端的科技领域。随着大规模集成电路技术发展,1982 年世界上诞生了首枚商业化 DSP 芯片,即 TI(Texas Instruments)公司的 TMS3201,虽功耗和尺寸稍大,但运算速度却比同时代的微处理器快了几十倍,而且在语言合成和编码译码器中得到了广泛应用,于是 DSP 开始成为一种高性能处理器的名称。DSP 芯片的特点是:①内部通常采用哈佛结构;②具有专门的硬件乘法器以及可在单周期内操作的多个硬件地址产生器,在一个指令周期内可完成一次乘法和一次加法;③片内具有快速 RAM,通常可通过独立的数据总线在两块中同时访问;④具有低开销或无开销循环及跳转的硬件支持;⑤广泛采用流水线操作。

在 DSP 算法中,大量的工作集中在与存储器的信息交换,包括作为输入信号的采样数据、滤波器系数和程序指令。例如,要将保存在存储器中的两个数相乘,需要从存储器中取 3 个二进制数,分别是两个乘数、一个指令数据。DSP 内部通常采用哈佛结构,在片内至少设置程序的数据、地址总线,数据的数据、地址总线 4 条总线,这些各自独立的总线保证了来自程序存储器的指令字,以及来自数据存储器的操作数能够互不干扰地被同时获取。这意味着在一个机器周期内可以同时准备好指令和操作数。某些 DSP 芯片为了在单周期内完成更多的工作,内部甚至还包含 DMA 总线等其他总线。总的来说,这种多总线结构相当于 DSP 内部四通八达的高速公路,保障运算单元及时地取到需要的数据,提高运算速度,内部总线越多,就可以完成越复杂的功能。

随着计算机及微电子技术的发展,到 20 世纪 90 年代中期,可编程的 DSP 器件已广泛应用于数据通信、海量存储、语音处理、汽车电子、消费类音频和视频产品等,尤其是在数字蜂窝电话技术应用中取得了成功。进入新世纪以来,DSP 结构体系已逐渐实现多样性:既有追求高性能的并行结构,也有追求低功耗的省电核心,且不仅可以集成闪存、数据转换器和多种接口,还可以集成 CPU 内核以及视频和音频接口。更为重要的是,DSP 性能随集成度的增加而不断提高,但价格却一直在下降,于是现在 DSP 终于有能力凭借较高的处理及扩展性能在嵌入式传统应用领域中挑战嵌入式微处理器及微控制器。

2.2.4 嵌入式片上系统

随着 EDA(Electronic Design Automation,电子设计自动化)的推广和 VLSI(Very Large Scale Integration,超大规模集成电路)设计的普及化及半导体工艺的迅速发展,在一个硅片上实现更为复杂系统的时代已经来临,这就是嵌入式片上系统,即 SoC。相较于前面的传统类型,SoC 是近年来新出现并迅速壮大的一种嵌入式芯片类别,是追求产品系统最大包容的集成器件,也是当今嵌入式应用领域的热门话题之一。SoC 最大的特点是成功实现了软硬件无缝结合,可直接在处理器片内嵌入操作系统的代码模块。以 SoC 构建嵌入式处理器的可能方式是:将各种通用处理器内核作为 SoC 设计公司的标准库,而其他嵌入式系统常用模块及外设作为 VLSI 设计中的标准器件,用标准的 VHDL 等语言描述,存储在器件库中。用户只需定义整个应用系统,仿真通过后就可以将设计图交给电子工厂制作样品。这样一来,除个别无法集成的器件以外,几乎整个嵌入式系统都可以被集成到一块或几块芯片中去,于是应用系统电路板将变得格外简洁,且对于减小体积和功耗、提高可靠性非常有利。一般将 SoC 分为通用和专用两种类别。通用系列包括 Siemens 公司的 TriCore、Motorola 公司的 M-Core、某些 ARM 系列器件、Echelon 公司和 Motorola 公司联合研制的 Neuron 芯片等。专用 SoC 一般专用于某个或某类系统中,不为一般用户所知,比较典型的 SoC 产品是 Philips 的 Smart XA。

2.3 常见嵌入式应用典型系列

当今世界,基于嵌入式处理器及系统的应用无处不在,已经深入到了国防、航天、工业、民用生活等各个领域,小到儿童玩具、大到万吨巨轮,简单到电饭煲、复杂到航天飞船控制,从民用的家用电器、汽车到军用的坦克、飞机、舰船、潜艇。在如此巨大的应用范围内,由于具体应用领域、应用定位的差异,必然同时存在着对于各种不同规格档次、不同技术层次嵌入式产品的需求,有的追求性价比、有的追求高性能、有的追求实时性、有的追求体积及功耗、有的追求可靠的鲁棒性(robustness)、有的追求利润等,不一而足,仅凭某种或某几种嵌入式处理器系列自然难以满足所有需求。

所幸在这个有市场需求就很快有产品对应的高效商业时代,随着嵌入式技术的发展以及各微电子器件厂商的不懈追求,早就积累起来了一个庞大的、门类繁多的嵌入式处理器产品体系,包含有几千种性能各异、面向不同需求群体、不同应用目的的芯片系列,它们在各自针对的应用范围内发挥着重要作用。在针对具体嵌入式系统开发项目时,往往需要对嵌入式处理器系列做出选择,这就需要考虑应用领域及功能定位问题,以期尽可能使最终产品在功能、性能、价格上达到最佳折中。

为了便于读者以应用目的为线索,更广泛地了解针对各个应用层次的嵌入式核心的可选项,以利于各种类型移动设备的开发设计中面临的嵌入式选型问题,本节试以嵌入式系统的应用类型为分类条件,对各种类型的应用特点以及对应的常用嵌入式处理器系列加以简要介绍。

由于在各 32 位微控制器/微处理器家族中,ARM 家族无疑是最庞大的,ARM 的经营模式也是与众不同的,因此有必要首先对 ARM 体系结构及其家族加以介绍。

2.3.1 ARM 处理器家族

ARM(Advanced RISC Machines,高级精简指令机器,更早为 Acorn RISC Machine)是一家微处理器行业的知名企业,与一般的半导体公司最大的不同就是不生产及出售芯片,而只设计芯片。它号称提供最广泛的微处理器内核,可满足几乎所有应用市场对性能、功耗及成本的要求,并已树立了全球微控制器的标准。通过转让设计方案,即提供技术知识产权(IP)核,ARM 将技术授权给世界上许多著名的半导体、软件和 OEM 厂商,并提供服务,如图 2-6 所示。

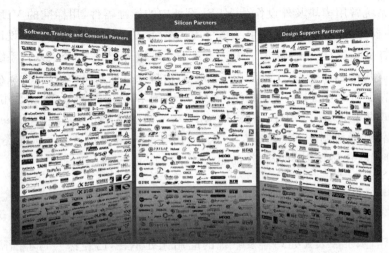

图 2-6   ARM 授权合作伙伴

为满足不同合作需求,ARM 的 IP 许可提供了 3 种灵活的模式:第一种是永久许可证,提供永久性设计和制造基于 ARM 技术的产品所需权限;第二种是限期许可证,允许在指定期限内设计一定数量基于 ARM 技术的产品,但有永久性制造权限;第三种是单次使用许可证,提供在指定期限内设计一个基于 ARM 技术的产品的权限,但同样有永久性制造权限。通过采用 ARM 标准处理器 IP,ARM 合作伙伴可制造出具有统一架构的设备,同时能够专注于各自差异化的设计。基于这种方式,终端用户只掌握一种 ARM 内核结构及其开发手段,就能够使用多家公司相同 ARM 内核的芯片。利用这个富有活力的、双赢的生态系统,ARM 公司迅速成为业界领先的微处理器技术提供商。到目前为止,ARM 已拥有超过 1000 家可提供芯片、开发工具和软件的合作伙伴,包括 Intel、IBM、LG、NEC、Sony、NXP、ST 和 NS 这样的大公司都与 ARM 公司签订了技术使用许可协议。

目前基于 ARM 技术的微处理器应用约占据了 32 位嵌入式微处理器 75% 以上的市

场份额,全世界已售出超过 300 亿个基于 ARM 的处理器,每天的销量超过 1600 万,全球 80％的 GSM/3G 手机、99％的 CDMA 手机以及绝大多数 PDA 产品均采用 ARM 体系的嵌入式处理器,因此它可称为是真正意义上的"The Architecture for the Digital World",即"面向数字世界的体系结构"。如今我们身边的各种便携式电子设备如 PDA、移动电话、多媒体播放器、掌上型电子游戏机、测量仪器等以及计算机外设如硬盘、桌面型路由器等都包含有 ARM 各系列处理器的身影。ARM 的家族系列目前分为经典系列、Cortex-M 系列、Cortex-A 系列及 Cortex-R 系列,分别具有不同的 ARM 架构(ARM 架构是构建每个 ARM 处理器的基础,随着时间的推移,每一代架构都在扩展新的功能),对应不同针对性的应用需求,而 ARM 系列的繁荣发展以及牢固的技术及市场地位的确立始于早期 ARM 经典系列,包括 ARM7、ARM9、ARM10E、ARM11 等系列,但近年来已被更先进的 ARM Cortex 系列所取代,如图 2-7 所示。

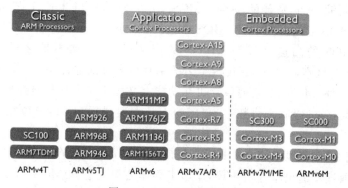

图 2-7　ARM 处理器体系

2.3.2　日常简单控制应用

在嵌入式系统的应用中,有一大类都涉及与日常生活紧密相关的控制类应用,这些应用一方面其控制要求通常都很简单,但另一方面这些控制功能却是有效的和必需的,如若缺乏,会给我们的生活带来较大的不便,例如像电饭煲、微波炉、电磁炉等各种智能小家电的控制单元,还有像各类电梯、验票闸口、门禁读卡器等公共自动设备的控制单元等。对于这种应用,理论上几乎所有类型、系列的嵌入式处理器都可完成任务,但显然对于相对更高性能的各类嵌入式处理器(往往又是高价位的)而言,这简直是大材小用,而且若真正应用起来,在体积、功耗以及实时性上也并不一定是适合的。一般来说,这些日常简单的控制应用要求的是电路简单、执行可靠、功能易实现,有些空间受限、电源受限的应用还希望更小体积、更低功耗,由于产品本身价格通常较低、维保人员技术水平参差不齐以及需要保证更快捷的产品服务等缘故,产品中嵌入式控制单元的维修通常采取更换电路板的方式,因此还需要保证较低的成本。综合以上因素,能够满足要求,在本应用类型中担任主要角色的是 4、8、16 位的微控制器(MCU)或称单片机,包括典型的 MCS-51 及其兼容系列、AVR 兼容系列、PIC 及其兼容系列以及其他一些专用系列单片机等。早期单片机,特别是 MCS-51 系列的编程开发语言通常是专用的汇编语言,但随着软硬件技术的发展,C 语言等高级语言已经逐渐成为开发单片机系统的主流编程语言。下面首先介绍应用领域及开发用户群相对最广泛的 MCS-51 系列单片机。

在我国,很多人的嵌入式开发起点,或者说是嵌入式启蒙都是从 MCS-51 开始的。MCS-51 系列单片机是 1980 年由 Intel 公司在此前 MCS-48 系列(Intel 于 1976 年推出的 8 位单片机,常见型号 8048/8748)基础上推出的一种相对而言结构更先进、功能更强的 8 位单片机,其 CISC 指令系统近乎完善,包含了全面的数据传送指令、完善的算术和逻辑运算指令、方便的逻辑操作和控制指令,便于实现灵活、高效的编程。Intel 对于 MCS-51 系列单片机在片内程序存储器配置上有 3 种,即无片内程序存储器型、掩膜 ROM 型和 EPROM 型,分别对应 3 种引脚兼容的芯片型号,即 8031、8051、8751。其中 8031 片内无 ROM,必须外接 EPROM 才能应用,适用于能方便灵活地在现场进行修改和更新程序存储器的场合;8051 片内具有 4KB 的 ROM,适用于低成本、大批量生产的场合;而 8751 片内具有 4KB 的紫外线可擦除电可编程的只读存储器(EPROM),适用于开发样机、小批量生产和需要现场进一步完善的场合。MCS-51 系列单片机生产工艺有两种,分别为 HMOS 和 CHMOS 工艺。其中 CHMOS 工艺比较先进,CHMOS 是 HMOS 和 CMOS 的结合,具有 HMOS 的高速性以及 CMOS 的低功耗性,最初不带字母 C 的芯片均为 HMOS 工艺,而为区别起见,CHMOS 工艺的单片机名称前冠以字母 C,如 80C31、80C51 和 87C51 等。另外,MCS-51 系列单片机在功能上又分为基本型和增强型两种,通常以芯片型号的末位数字来区别,末位数字为"1"的为基本型,如 80C51,末位数字为"2"的为增强型,如 80C52。

自 20 世纪 90 年代以来,Intel 出于公司发展战略的考虑,将主要精力集中在微处理器研发生产上而逐步退出单片机市场,众多半导体公司注意到 MCS-51 系列单片机已经得到科技界和工业界用户广泛的认可,市场前景仍然相当广阔,纷纷加入到这一领域,但美国 Atmel 公司的 AT89 系列由于占得先机,培养了广大的开发用户群,成为当时众多 MCS-51 系列兼容单片机中最常用的系列。Atmel 公司成立于 20 世纪 80 年代中期,研发方向定位为新型半导体存储技术,并很快在 Flash 存储器(也称闪存,一种可快速写入和擦除的电可擦写存储器)技术领域取得了优势。1994 年,Atmel 公司将其 E^2PROM 技术与 Intel 公司 80C31 单片机核心技术进行交换,从而取得了 80C31 内核技术使用权,并将 80C31 内核与自身先进的 Flash 存储器技术相结合,推出 AT89 系列单片机,进入单片机市场。随着 Atmel 公司在单片机领域的持续拓宽,最终形成了三大著名系列,即 C51 系列、AT90 系列和 AT91 系列等。但 AT89 系列单片机作为 C51 系列的一个子系列,在国内得到极大普及,其用户群远超 C51 系列其他型号。AT89 系列单片机的特点是①内部含有 Flash 存储器,可多次电擦除,易于程序的修改,大大缩短系统开发周期;②与 80C51 引脚兼容,可直接用 AT89 系列替换 80C51;③采用静态时钟,可以降低功耗。为满足不同类型应用的需求,AT89 系列单片机又分为简易、标准、高档 3 种类型。简易型是在标准型结构基础上,为适应一些简单控制需求而设计实现的体积更小、功能简化、价格更低的单片机,如 20 引脚的 AT89C1051 和 AT89C2051,除并行 I/O 端口数较少之外,其他部件结构基本和 AT89C51 相同;标准型是 AT89 系列单片机的主力机型,与 MCS-51 系列单片机完全兼容,具有优良的特性及较高的性价比,主要型号为 AT89C51、AT89S51、AT89LV51、AT89C52、AT89S52 和 AT89LV52 等;高档型是指在标准型结构的基础上,增加一部分功能部件,使之在性能及功能上达到更高的水平,如 AT89C51RC、AT89S8252 和 AT89S53 等型号。

由于 MCS-51 系列优越的性能和完善的结构,除 Atmel 外,还有许多著名半导体公司也陆续沿用或参考其体系结构,以 MCS-51 兼容内核为核心,结合自己的创新技术,发布兼容 MCS-51 的系列单片机,例如 Philips 公司在 MCS-51 内核的基础上发展了高速 I/O 口、A/D 转换器、PWM(脉宽调制)、WDT 等增强功能,并在低电压、微功耗、扩展串行总线(I^2C)和控制网络总线(CAN)等功能上进行了完善,陆续推出了 51LPC 系列等多个 MCS-51 兼容单片机系列;Dallas-Maxim 公司开发了 DS80C,DS89C 系列等;Siemens 公司也沿用 MCS-51 内核,推出了 C500 系列单片机,在抗干扰性能、电磁兼容和通信控制总线功能上独树一帜,产品常用于工作环境恶劣的场合以及通信和家用电器控制领域。

近年来,我国宏晶科技公司也出品了号称具有“全部中国大陆本土独立自主知识产权”的、基于 MCS-51 内核的 STC 单片机系列,该系列属于新一代增强型单片机,指令代码完全兼容传统 MCS-51 系列,但速度相对快 8～12 倍,带有丰富的外围接口,不需外部晶振元件,不需外部复位电路,更大存储空间容量,更宽电压范围,具有全球唯一 ID 号以及加密性好、抗干扰能力强且支持 ISP/IAP 技术、开发工具更简单。由于体系兼容、学习简单、价格低廉、可选低功耗、功能完备、易于开发等特点,目前 STC 的用户群以国内初学者居多,多年前 MCS-51 的初学者通常选择 AT89 系列单片机入门,但现在更多人选择 STC 系列单片机作为入门选项。

在 MCS-51 及其兼容系列单片机大行其道的同时,还有另外一些体系结构截然不同的单片机系列也在不断发展,不容忽视,例如知名度较高、拥有数量可观的用户群的 PIC (Peripheral Interface Controller,周边接口控制器)系列单片机,其源自于美国通用仪器公司微电子部门所推出的 PIC1650 系列,20 世纪 80 年代末拆分为现在的微芯公司 (Microchip Technology Inc.)。PIC 系列单片机采用双总线的哈佛结构,相对于其他大多数哈佛结构单片机的指令总线与数据总线复用的设计,这种数据总线与地址总线分离,且采用不同宽度的设计能够极大地提高器件的处理速度,而且其 RISC 指令集中的指令十分精简,只有 35 个,简单易学、执行速度较快。PIC 系列单片机的设计者充分考虑到不同应用对单片机功能及资源的需求不同这一事实,因而在芯片开发上没有采取功能堆积的策略,而是靠发展从低到高的几十种不同配置的型号来满足不同层次各种应用需要,因此 PIC 的产品线非常宽广,积累型号达数百种之多,其中 PIC 的 8 位单片机系列尤其适于日常简单控制应用,共包括 3 个档次:PIC12C5XX/16C5XX 系列为初档 8 位单片机,指令字长为 8 位,是最早在市场上得到发展的系列,其价格较低,且开发手段比较完善,在国内应用最为广泛,其中 PIC12C5XX 是世界第一个 8 引脚低价单片机;PIC12C6XX/PIC16CXX 系列为中档 8 位单片机,指令字长为 12 位,是 Microchip 近年来重点发展的系列产品,品种最为丰富,性能比低档产品有所提高,功能接口选项更加丰富,可用于各种档次的电子产品设计中;PIC17CXX,PIC18CXXX 系列为高档 8 位单片机,指令字长为 16 位,内部含有硬件乘法器,适合更加复杂的高级系统开发,性价比非常高。PIC 系列单片机目前已经广泛应用于办公自动化设备、通信、智能仪器仪表、汽车电子、金融电子、工业控制等领域,近年来,其在世界单片机市场份额排名中正逐年提高。另一种很有代表性的

16 位 RISC 单片机系列是德州仪器公司（TI）于 1996 年推出的 MSP430 系列家族,其特点是具有极低的功耗、丰富的片内外设和方便灵活的开发手段。另外,MSP430 系列器件均为工业级,运行环境温度为 $-40 \sim +85$℃,适合运行于工业环境下。官方网站可见的典型家族产品系列包括 MSP430F1x、集成 LCD 控制器的 MSP430F2x/4x、FRAM 的 MSP430FRxx、MSP430G2x 超值系列、超低工作电压（$0.9 \sim 1.65$V）的 MSP430L09x 系列以及低功耗高性能的 MSP430F5x/6x 系列等。

在推广及发展本公司 MCS-51 兼容单片机系列的同时,Atmel 公司于 1997 年又推出了自主设计研发的新型 RISC 单片机,即 AVR 单片机,其在软/硬件开销、速度、性能和成本诸多方面取得了优化平衡。与 MCS-51 等其他 8 位单片机系列相比,AVR 单片机特点是:①哈佛体系结构,具备 1MIPS/MHz（百万条指令每秒/兆赫兹）的高速处理能力;②采用 RISC 指令集,具有 32 个通用工作寄存器,克服了采用单一 ACC 进行处理造成的瓶颈现象;③快速的存取寄存器组结合单周期指令系统,大大优化了目标代码和执行效率,且适于使用高级语言开发;④较强的 I/O 驱动能力;⑤片内资源丰富,集成更多辅助功能,外围电路更简单,系统稳定可靠;⑥除 ISP 功能,还有 IAP 功能可选,方便操作应用程序。AVR 单片机通常被用于计算机外部设备、工业实时控制、仪器仪表、通信设备、家用电器等各个领域,如空调、打印机等设备的控制板、智能电表、LED 控制屏、医疗设备等。

另外,摩托罗拉公司的 68HC05 以及新一代 68HC08 系列 8 位微控制器,还有增强型的 68HC11、68HC12 等 8 位微控制器系列也是广泛应用于生产生活中的经典 CISC 微控制器,但其相关开发资料相对较少,这里就不做过多介绍了,有兴趣的朋友可以参考相关的专门书籍。实际上,还有很多相对小众或者更领域化的优秀单片机系列,限于篇幅,这里也不再一一赘述了。

在单片机系统的商业化应用中,如设备控制板、小家用电器、低级工业控制等一些复杂度较低、性能要求不高的低智能产品领域,考虑到单片机作为微控制器的专用性以及一次编程性（在用户那里不需要也不可能反复编程改动）,出于降低成本的要求,近年来市场上还出现了一些称为 MASK（掩模）或 OTP（One Time Programmable,一次性可编程）单片机的产品系列。MASK 是在出厂前,芯片制作时就把程序代码一次性直接写入到 ROM 里固化,因此缺少灵活性,而 OTP 指的是芯片内的程序内存采用一次性可编程只读存储器（one time programmable read only memory）的单片机,其初始程序内存及代码选项区为全空,到客户手中后,将准备好的应用程序代码烧录到芯片中,就能正常工作。这为客户的开发验证和量产提供了极大的方便和灵活性,但编程写入的代码就不再能够被擦除或改写。这些方式由于实现工艺简单、接口功能相对固定、节省劳动成本,因而能够极大地降低成本,适用于定型产品的批量生产。

目前提供低价位 OTP 技术单片机系列的主要半导体厂商以我国大陆及我国台湾的一些新兴半导体科技公司为多,例如上海中颖电子提供 4bit OTP/MASK MCU、8bit OTP/MASK MCU、8bit Flash MCU 系列 MCS-51 兼容的增强单片机,中颖的 SH6xxx 产品线中,OTP 产品占据了重要角色,其中家电系列（SH69xx）几乎全部都提供了 OTP 产品。由于其良好的性价比,目前大范围应用于各种小家电、白色家电、黑色家电、汽车电子周边、运动器材、医疗保健、四表（水、电、气、暖）、仪器仪表、安防、电源控制、马达控制、工业控制、变频、数码电机、计算机键盘、鼠标、网络音乐(便携式、车载、床头音响)、无线儿童监控器、无线耳机/喇叭/门铃。我国台湾义隆公司(ELAN)的 EMC 单片机选择了基于 RISC 的 PIC 内核,与 PIC 的 8 位单片机兼容,产品的接口功能资源相对比 PIC 多一些,但其芯片是 OTP 编程,更适合做成熟的产品。考虑到掌握 MCS-51 汇编人群的更广泛性,为进一步方便客户,义隆单片机的汇编语言有着与 MCS-51 相似的格式。值得一提的是,义隆单片机能够直接驱动 LCM 显示,可为客户省去昂贵的 LCM 驱动电路,降低了客户相关产品的成本。与义隆单片机不同的是,合泰(HOLTEK)单片机选择了基于传统的 MCS-51 内核,因而其汇编编程更容易。合泰单片机有着与义隆单片机一样的便宜价格,且对 LCM 显示的支持同样出色,与义隆单片机等系列同样广泛应用于简单控制和小家电等产品,代表产品是其 HC18P013 单片机,可以与义隆公司的 EM78P153 单片机相互替代。我们身边的很多家电产品,甚至电梯控制都是选用这两种单片机。另外,还有松翰单片机(SONIX)、深联华单片机、华邦(WINBOND)单片机等国内单片机厂商也都在 MASK 及 OTP 单片机方面做得很不错。

2.3.3 复杂综合控制应用

在与日常生活紧密相关的简单控制类嵌入式应用之外,还有一类面向生产生活中复杂综合控制任务的嵌入式应用,如 MP3 播放控制器、数字通信设备、非智能或低档智能手机、工农业智能电子测量设备、高档智能家用电器控制板、智能办公设备等。这类应用通常需要协调完成单个或多个相对更加复杂的控制操作任务或数据处理任务,而这些任务很可能需要以大量数值运算作为操作基础。另外,为了方便最终用户对控制面板的操作,往往要求系统至少包含相对简易的状态显示界面作为交互手段;为了适应不同用户对应用功能的不同扩展需求,往往需要系统具备一定的外设扩展潜力。为达到上述目的,首先,需要嵌入式处理器具备更完备的指令集、较快的处理速度、良好的实时能力;其次,要有较强的存储能力以及较强的信息处理能力,能够胜任多任务处理;再次,还要具有丰富的、冗余的 I/O 接口及较强接口驱动能力;最后,对嵌入式实时操作系统(RTOS)的支持、合理的芯片价格及丰富的开发资源也是需要重点考虑的。

综合上述要求,传统的 8 位微控制器由于其较低的指令及数据位数、较慢的处理频率、类型及数量相对有限的 I/O 接口、相对有限的存储能力等方面不利因素的限制,难以胜任那些要求更强计算密集度、更丰富功能以及更高性能的复杂综合控制类应用。20 世纪八九十年代,嵌入式处理器技术还比较落后,要实现复杂综合控制任务,摆在面前的可用嵌入式处理器选项有限,因此通常会采用多个 8 位微控制器并行处理的方式,如我国食堂里常见的售饭系统窗口机,有些公司就采用了 4 片微处理器并行操作控制的方式,但这种方式需要额外编制复杂的调度程序段,同时还需要保证调度策略的可靠性,而且由于板上增加了分立元器件会导致整体功耗上升、硬件可靠性降低。相对于 8 位 MCU,后来者居上的 32 位 MCU 具有更加强大的优势,例如对于在很多智能控制应用中都会涉及的电机自动控制(包括速度和功率的控制,通常由 MCU 运行相关指令以控制片内 PWM (Pulse Width Modulation,脉冲宽度调制)单元输出控制信号,从而完成调节)任务,MCU 首先需要测量电机速度,再根据测得的速度修正 PWM 信号,在相同时钟频率下,32 位

MCU 的 PWM 信号修正速率要比 8 位 MCU 的修正速率快 4 倍以上,有助于改善设备操作精度并实现更有效的控制。另外,32 位 MCU 在执行上述电机控制任务时,还能够保有额外的处理器裕量,使其有能力同时运行其他功能程序,因此目前担当本类型嵌入式应用的主角是各大半导体公司的、制造工艺更精细的 32 位嵌入式 MCU(微控制器)系列。

ARM 家族诸多系列中,常被用于复杂综合控制应用的系列包括经典 ARMv4T 架构的 ARM7 系列、ARMv5TE 架构的 ARM9E 系列及最新 ARMv7-M 架构的 Cortex-M 系列,它们所针对的是对成本、功耗敏感的消费应用。其中,ARM7 处理器系列为 ARM 系列里唯一的冯·诺伊曼体系结构,主要包括 ARM7TDMI、ARM7TDMI-S、ARM7EJ-S、ARM720T 处理器,自推出以来一直很受用户欢迎,并帮助 ARM 体系结构在数字领域确立了领先地位。典型获得授权生产的 ARM7 处理器包括 Samsung 公司的 S3C44BOX 与 S3C4510、Atmel 公司的 AT91FR40162 系列等。在过去几年中,100 多亿台基于 ARM7 处理器系列的设备为众多关注成本和功耗的应用提供了大量支持。ARM9 处理器系列为哈佛体系结构,为微控制器、DSP 和 Java 应用程序提供更小芯片面积、更低复杂性和功耗、更快产品上市速度的单处理器解决方案,主要包括 ARM926EJ-S、ARM946E-S 和 ARM968E-S 处理器,在生产工艺相同的情况下,性能为 ARM7TDMI 的两倍之多,常用于无线设备、仪器仪表、联网设备、机顶盒设备、高端打印机及数码相机等应用中,常见处理器如 Samsung 公司 S3C24xx 系列、德州仪器 OMAP16xx 系列、高通 MSM62xx 系列、恩智浦半导体 LPC30xx 系列等。

随着嵌入式微电子技术的快速发展,ARM7、ARM9 系列已经被更先进的 ARM Cortex-M 处理器系列所取代,对于新的设计,ARM 已不再建议使用 ARM7 处理器系列。新一代 ARM Cortex-M 系列的推出旨在帮助开发人员满足以更低的成本提供更多功能、不断增加连接、改善代码重用和提高能效等嵌入式应用的需要,且针对成本和功耗敏感的 MCU 和终端应用进行了优化。应用领域包括智能测量、人机接口设备、汽车和工业控制系统、大型家用电器、消费性产品和医疗器械等。目前 Cortex-M 系列包括 Cortex-M0、Cortex-M0+、Cortex-M1、Cortex-M3、Cortex-M4 五种处理器。

其中 ARM Cortex-M0 处理器是目前最小的 ARM 处理器,能耗极低,且编程所需的代码占用量很少,同时保留了与更强大的 Cortex-M3 和 Cortex-M4 处理器的工具及二进制向上兼容性。另外,由于仅有 56 个指令,开发者可快速掌握整个 Cortex-M0 指令集;其对 C 语言友好的架构,使开发变得简单而快速;超低的门数开销,使得 Cortex-M0 可以用在仿真和数模混合设备中。ARM Cortex-M0+处理器是能效极高的 ARM 处理器,以 Cortex-M0 处理器为基础,保留了全部指令集和数据兼容性,同时进一步降低了能耗,提高了性能。由于具有一种优化的架构,Cortex-M0+处理器可达到仅 $11.2\mu W/MHz$ 的功耗,同时将性能提升至 $1.08\ DMIPS/MHz$。目前基于 ARM Cortex-M0/ ARM Cortex-M0+处理器内核的 MCU 有意法半导体(ST)的 STM32F0/STM32L0 系列、英飞凌(Infineon)的 XMC1000 系列、恩智浦(NXP)的 LPC8xx/LPC11xx/LPC12xx 系列、爱特梅尔(Atmel)的 ATSAMD1x/ATSAMD2x 系列、飞思卡尔(FreeScale)的 Kinetis L/E/EA/M 系列、中国台湾新唐(Nuvoton) NuMicro 系列等。

　　ARM Cortex-M1 处理器是第一个专为 FPGA 中的实现设计的 ARM 处理器,面向所有主要 FPGA 设备并包括对领先的 FPGA 综合工具的支持,允许设计者为每个项目选择最佳实现,Cortex-M1 处理器可以在任何使用专有或与供应商无关的合成流的 FPGA 设备上实现。

　　ARM Cortex-M3 处理器是专门针对微控制器应用开发配置的十分灵活的主流 ARM 处理器,具有出色的计算性能以及对事件的优异系统响应能力,适用于具有较高确定性的实时应用,并可应对实际应用中对低动态和静态功率需求的挑战。基于 Cortex-M3 的设备可高效处理多个 I/O 通道和协议标准,支持多种连接如 USB、蓝牙、IEEE 802.15 等,以及复杂模拟传感器如加速计、触摸屏等。Cortex-M3 是 Cortex-M 系列中应用最广泛的处理器内核,由于其厂商系列资源及调试开发资源比较丰富,学习资源众多且具有一定范围内的普适性,很多 32 位嵌入式初学者的入门 MCU 都会选择基于 Cortex-M3 的各 MCU 系列。另外,由于 Cortex-M3 处理器内核可选带有 MPU(Memory Protection Unit,内存保护单元),因此较易实现简单嵌入式实时操作系统的移植。目前基于 ARM Cortex-M3 处理器内核的 MCU 有英飞凌(Infineon)的 XMC4000 系列、恩智浦(NXP)的 LPC13xx/LPC15xx/LPC17xx/LPC18xx 系列、意法半导体(ST)的 STM32L1/STM32F1/STM32F2 系列、爱特梅尔(Atmel)的 ATSAM3A/ATSAM3N/ATSAM3S 系列、德州仪器(TI)公司的 LM3S 系列等。

　　ARM Cortex-M4 处理器是由 ARM 专门开发的最新嵌入式处理器,用以满足需要有效且易于使用的控制和信号处理功能混合的数字信号控制市场。高效的信号处理功能与 Cortex-M 处理器系列的低功耗、低成本和易于使用的组合,旨在满足专门面向电动机控制、汽车、电源管理、嵌入式音频和工业自动化市场的新兴类别的灵活解决方案。目前基于 ARM Cortex-M4 处理器内核的 MCU 有意法半导体(ST)的 STM32F3/STM32F4 系列、恩智浦(NXP)的 LPC40xx/LPC43xx 系列、飞思卡尔(FreeScale)的 Kinetis K/V 系列、爱特梅尔(Atmel)的 ATSAM4E/ATSAM4L/ATSAM4N 系列等。

　　在复杂综合控制应用诸领域,除上述被广泛采用的基于 ARM 系列内核的 MCU 系列,多年来一些其他半导体厂商所设计推出的经典 MCU 系列也占有一定规模的市场,如爱特梅尔(Atmel)的 AT32μC3 系列 32 位 AVR MCU、飞思卡尔(FreeScale)的 ColdFire+/ColdFire V1/ColdFire V2 系列 MCU、微芯(Microchip)的 PIC32MZ EC 系列及更高档的 PIC32MX 系列 MCU 以及 Imagination 公司 MIPS microAptiv 系列等。

2.3.4　中高性能消费电子应用

　　对于中高性能消费电子应用,普遍需要更高级嵌入式操作系统的支持,从而需要嵌入式芯片具有虚拟内存管理功能,因此支持此类应用的主角是带有 MMU(Memory Management Unit,内存管理单元)的嵌入式微处理器。随着计算机软硬件技术及半导体微电子技术的发展,不仅通用计算机处理器性能不停地升级,顶级嵌入式微处理器的性能也紧随其后,将单核处理器性能发展到一个较高的水平后,为了解决随之越发严重的功耗、互连线延时以及设计复杂度等问题,又走上了与通用处理器相似的发展道路,开始发展多核技术。但与通用处理器更多地采用同构多核相区别的是,嵌入式微处理器更多地是采用异构多核的技术,即片内通常可以整合不同技术类型或不同体系结构的多个处理核心,其在保证较低功耗的前提下性能变得越来越强悍。

虽然在软件系统开发、2D/3D 图形图像处理、高性能计算等侧重于研发或分析计算的领域,通用处理器出于较高功耗(处理性能也就相对较高)、较强体系结构、较大显示界面、较少规格限制等特点,仍旧拥有不可动摇的地位,但在工农业生产、公务处理、日常生活以及消费电子等众多侧重于程序应用的领域,超高的处理性能不是一个必需的条件要求,更好的移动性、更低的功耗、更丰富的多媒体功能、够用的处理能力、合理的价位反而成为追求的重点,于是高性能、低功耗的嵌入式微处理器逐渐成为这种应用的首要选择。近年来,基于高性能嵌入式微处理器的应用在多媒体消费电子领域更是大行其道,尤其在移动设备方面,人们可能意识不到,身上的平板计算机、MP4、智能手机、智能手表、智能眼镜等新潮科技产品背后都隐藏着一颗嵌入式的、单核或多核的"芯"!

常见的嵌入式微处理器家族系列相比于通用处理器来说相当丰富,当然这其中较大一部分系列都是基于 ARM Cortex-A 系列家族各种内核架构。ARM 家族中针对中高性能消费电子应用诸领域的高端处理器包括经典的 ARM10E、ARM11 以及新的 Cortex-A 系列处理器。基于 ARMv5TE 架构的 ARM10E 处理器采用指令与数据分离的 Cache 结构,平均功耗 1000mW,时钟频率为 300MHz,能够支持多种商用操作系统,适用于高性能便携式因特网设备及数字式消费类应用。常见 ARM10E 内核有 ARM1020E、ARM1022E、ARM1026EJ-S 等。基于 ARMv6 架构的 ARM11 处理器推出了许多新的技术,包括针对媒体处理的 SIMD(Single Instruction Multiple Data,单指令多数据流)、用以提高安全性能的 TrustZone 技术、智能能源管理技术以及对多核的支持技术等,主要用于智能手机、掌上计算机等电子消费类应用。以众多消费产品市场为目标,主要的 ARM11 处理器有 ARM1136JF-S、ARM1156T2F-S、ARM1176JZF-S、ARM11 MCORE 等。近年来,上述系列已被新一代基于 ARMv7-A 架构的 ARM Cortex-A 系列处理器所取代。

ARM Cortex-A 系列处理器用于具有高计算要求、运行丰富操作系统以及提供交互媒体和图形体验的应用领域,旨在提供从超低成本手机、智能手机、移动计算平台、数字电视和机顶盒到企业网络、打印机和服务器等全方位的解决方案。高性能的 Cortex-A15、可伸缩的 Cortex-A9、经市场验证的 Cortex-A8 处理器、高效的 Cortex-A7 及 Cortex-A5 处理器均共享同一架构,因此具有完全的应用兼容性。其中,Cortex-A5、Cortex-A7、Cortex-A9 和 Cortex-A15 处理器都支持 ARM 第二代多核技术。Cortex-A5、Cortex-A7、Cortex-A8、Cortex-A9 和 Cortex-A15 处理器均在支持卓越的基础功能和完全的软件兼容性基础上,进一步提供了适用于各种不同性能应用领域的、显著不同的特性,可确保满足高级嵌入式解决方案的多样性要求。

其中,ARM Cortex-A5 处理器是体积最小、能效最高、成本最低的应用处理器,针对在极低功耗情况下为高级操作系统进行虚拟内存管理这种领域要求而设计,并能够向最广泛的设备提供 Internet 访问。典型芯片如 Atmel 的 ATSAMA5D 系列、Qualcomm 的 Snapdragon200、InfoTMIC 的 iMAPx820/iMAPx15、Actions 的 ATM7025/7029 等。

ARM Cortex-A8 处理器基于 ARMv7-A 架构,旨在与其他 IP 模块集成,包括互连 IP、内存控制器和图形处理器等,特别适合高性能应用领域,能够将处理速度从 600MHz

提高到 1GHz 以上,可以满足需要在 300mW 以下运行的移动设备的功耗优化要求,从高端特色手机到上网本、DTV、打印机和汽车信息娱乐,Cortex-A8 处理器都提供了可靠的高性能解决方案。典型芯片如 Allwinner 的 A10/A13/A10s、Apple 的 A4、FreeScale 的 i. MX5x、Rockchip 的 RK290x/RK291x、Samsung 的 Exynos3110/ S5PC110/S5PV210、TI 的 OMAP3 等。

ARM Cortex-A9 及 Cortex-A9 MPCore 是基于 ARMv7-A 架构的高性能 ARM 处理器,提供了范围广泛的消费类、网络、企业和移动应用中的前沿产品所需的功能,可在更低功耗下提供更高的性能和功效。Cortex-A9 处理器内核可以低功耗为目标的单核实现,面向成本敏感型设备,也可利用高级 MPCore 技术,最多可扩展为 4 个一致的内核。典型芯片如 Apple 的 A5/A5X、Freescale 的 i. MX6x、MediaTek 的 MT6575/6577、Nvidia 的 Tegra2/3/4i、HiSilicon 的 K3V2/K3V2T/K3V2E、Renesas Electronics 的 EMMA EV2、Samsung 的 Exynos4、Telechips 的 TCC8803、Rockchip 的 RK292x/RK30xx/RK31xx、TI 的 OMAP4、VIA WonderMedia 的 WM88x0/89x0 等。

ARM Cortex-A15 MPCore 处理器是 Cortex-A 系列处理器的新成员,是目前适用于高度互联设备的高性能引擎。随着 ARM 在移动领域领先地位的扩展,该处理器实现了前所未有的灵活性和处理能力,支持在不断降低功耗、散热和成本预算方面实现高度可伸缩的解决方案。与 ARM 传统产品一样,该处理器在设计上采用了先进的能耗降低技术,其移动配置所能提供的性能比使用 Cortex-A8 处理器的智能手机性能高 5 倍以上,比使用 Cortex-A9 处理器的智能手机高 1 倍,运行速度最高可达 2.5GHz,这是曾经只有笔记本计算机才能达到的性能水平。Cortex-A15 MPCore 处理器还融合了包括系统 IP、物理 IP 和开发工具等各种各样的 ARM 技术并由这些技术提供支持,在 ARM 的各种新市场和现有市场(包括移动计算、高端数码家电、服务器和无线基础结构等)上成就了卓越的产品。典型芯片如 HiSilicon 的 K3V3、MediaTek 的 MT6599、Nvidia 的 Tegra 4、Samsung 的 Exynos5、TI 的 OMAP5。

ARM Cortex-A7 处理器是一种高能效应用处理器,除了其他低功耗应用外,还支持低成本、全功能入门级智能手机,其架构和功能集与 Cortex-A15 处理器完全相同,只是 Cortex-A7 处理器的微架构侧重于提供最佳能效,因此除了可采用独立、多核配置实现之外,还可采用 Cortex-A7 与 Cortex-A15 协同工作的方式实现,以提供高性能与超低功耗的优秀组合。作为后来者居上的独立处理器,Cortex-A7 的能效是 Cortex-A8 处理器的 5 倍,性能提升 50%,而尺寸仅为后者的 1/5,可使基于此内核处理器的入门级智能手机与 3 年前的高端智能手机相媲美。典型芯片如 Allwinner 的 A20/A31s/A31、HiSilicon 的 K3V3、Leadcore 的 LC1813、Qualcomm 的 Snapdragon 400、MediaTek 的 MT6572/6589/ 6589T/6589M/8125/6599、Samsung 的 Exynos 5410。

目前,ARM 已经推出了最新一代的处理器,首先是基于新的 ARMv8 架构的高端 ARM Cortex-A50 系列,该系列是具备 64 位功能的 32 位处理器,分别为 Cortex-A57 和 Cortex-A53 处理器,可以满足普通消费者所有计算功能需求;其次是仍旧基于 ARMv7-A 架构的中低端的 ARM Cortex-A12 处理器及 ARM Cortex-A17 处理器。

此外,Apple 的 A6/A6X 处理器以及 Qualcomm 的 Snapdragon S1/S2/S3

（Scorpion）、Snapdragon S4 Plus/S4 Pro（Krait）、Snapdragon 600/800（Krait 300/Krait 400）等嵌入式微处理器虽然未基于 ARM Cortex-A 处理器系列内核，但却采用了 ARMv7-A 兼容架构，而 Apple A7（Cyclone）处理器则采用了最新的 64 位 ARMv8-A 兼容架构。

除 ARM 体系之外，Intel 公司的 Atom 微处理器系列、AIM 联盟（苹果、IBM、摩托罗拉组成）的 PowerPC 系列、Imagination 公司经典 MIPS 微处理器系列、最新 MIPS proAptiv 系列及较高端 64 位指令技术的 MIPS Series5 Warrior 处理器家族（包括入门级 M-Class M51xx 内核、中端 I-Class I6400 多处理器内核以及性能最高的 P-Class P5600 多处理器内核）等也都是比较著名的常用嵌入式微处理器系列。

2.3.5 高可靠性及实时性应用

尽管流行的各种嵌入式芯片家族体系基本上能够满足由低端到高端的各常见领域的应用，但有些实时性或安全性敏感的应用领域对嵌入式芯片相关性能的要求甚为严苛，尽管可以采用性能适合的常用嵌入式处理器加上针对性的优化处理算法这种综合解决方式来达到目的，但这种结合软件补救的方式远不如在硬件体系结构源头上，有针对性地予以优化来得彻底。为了拓展产品覆盖领域、强化巩固市场地位，ARM 进一步细化专用体系结构，适时推出了 Cortex-R 系列以及注重信息安全的 SecurCore 系列，下面分别给予介绍。

ARM 将 Cortex-R 系列定义为实时嵌入式微处理器，推出该系列的目的是为要求可靠性、高可用性、容错功能、可维护性和实时响应的嵌入式系统提供高性能计算解决方案，为达到这个目的以适应深层嵌入式市场和实时市场（如汽车安全或无线基带），Cortex-R 系列具有以下特性：①高性能，即与高时钟频率相结合的快速处理能力；②良好实时性，即处理能力在所有场合都符合硬实时限制；③高安全性，即具有高容错能力且可靠、可信；④高性价比，即实现了性能、功耗和面积的最佳优化。凭借上述特性，基于 Cortex-R 系列内核的嵌入式微处理器广泛地应用在汽车电子、高性能存储、智能手机、医疗设备、数字电视、数码相机等领域。以普遍应用于当今所有车辆的 ECU（Electronic Control Unit，电子控制单元）为例，除了引擎管理和娱乐应用以外，车辆稳定性、操控性、防抱死制动（ABS）、防撞和气囊展开等辅助驾驶和安全系统应用对 ECU 的依赖性在不断增加。这些系统需要对从各种传感器读取的数据进行高效的处理（这些处理所用算法通常涉及浮点计算），并提供必要的控制信号。此外，ECU 还必保证高可靠性以符合实时限制，而且必须满足 ISO 26262 等汽车安全标准方面的要求。

像 ARM 家族其他系列一样，Cortex-R 系列也逐步推出了多种性能规格的处理器：目前有 Cortex-R4、Cortex-R5 和 Cortex-R7 三种处理器，分别定位于不同的应用性能要求。其中，Cortex-R4 处理器是第一款基于 ARMv7-R 架构的深度嵌入式实时处理器，可提供更高的性能、实时的响应速度、可靠性和高容错能力，它用于产量高、深度嵌入式的片上系统应用，如硬盘驱动器控制器、无线基带处理器、消费类产品、汽车系统电子控制单元、航空和飞行应用以及多种用于管理危险故障的其他应用；Cortex-R5 处理器扩展了 Cortex-R4 处理器的功能集，支持在可靠的实时系统中获得更高级别的系统性能、提高效率和可靠性并加强错误管理,针对市场上的实时应用(包括基带、汽车、大容量存储、工业和医疗)提供了高性能解决方案,为从 Cortex-R4 处理器向更高性能的 Cortex-R7 处理器的迁移提供了简单的迁移路径;Cortex-R7 处理器是目前为止性能最高的 Cortex-R 系列处理器,通过引入新技术,提供了比其他 Cortex-R 系列处理器高得多的性能级别,为范围广泛的深层嵌入式应用提供了高性能的双核、实时解决方案。由于在技术和市场上的领先性,ARM Cortex-R 系列处理器为各种深层嵌入式半导体应用市场设置了业界标准,并且在全球半导体业拥有众多授权厂商,如博通(Broadcom)、富士通(Fujitsu)、英飞凌(Infineon)、艾萨华(LSI)、瑞萨科技(RENESAS)、德州仪器(TI, Texas Instruments)、东芝(Toshiba)等。典型商用芯片如 TI 的 Hercules TMS570 系列芯片。

从信用卡、电子钱包到移动电话 SIM 卡、电子护照和身份证,智能卡已经成为我们日常生活中不可或缺的一部分,随着政府和企业安全意识的不断提高,市场对能够支持更多的复杂应用和安全性能的智能卡的需求也在逐步增长,旧的 8/16 位专用处理器的性能已不能胜任新一代智能卡在性能、功能及能效等方面的更高要求,因而出现了被更强大的 32 位处理器取而代之的趋势。ARM 的 SecurCore 处理器系列就是专为防篡改非接触式智能卡、USB 智能卡以及其他嵌入式安全应用而设计的 32 位专用嵌入式处理器,SecurCore 系列处理器通过引入各种安全功能来加强已十分成熟的 ARM 系列处理器内核,因此除了具有 ARM 体系结构各种通用特点外,还在系统安全方面具有以下的特点:①带有灵活的保护单元,以确保操作系统和应用数据的安全;②采用软内核技术,防止外部对其进行扫描探测;③可集成用户自己的安全特性和其他协处理器。基于上述特点,SecurCore 系列处理器有能力为对安全性要求较高的应用产品及应用系统,如 SIM、银行业、付费电视、公共交通、电子商务、电子政务、电子银行业务、网络和认证系统等领域提供基于 ARM 32 位 RISC 技术的、完善的、功能强大的安全解决方案。另外,SecurCore 系列处理器提供了全套的调试技术和工具,以帮助智能卡 OEM 厂商加速软件开发,并提供在软硬件开发初期进行合作的技术能力,进一步加速上市时间。

具体地,目前 ARM 官网上可见的 SecurCore 处理器系列包含 SecurCore SC000、SecurCore SC100、SecurCore SC300 3 种类型。其中,SecurCore SC300 处理器基于 ARM Cortex-M3 处理器,充分利用了其卓越的架构特性、高性能和超低的成本,在提供高性能的同时,还提供最安全、最节能的解决方案,以实现针对接触和非接触操作的挑战性设计目标;SecurCore SC100 内核基于经典的 ARM7 微处理器系列,能以极低成本引入 32 位 ARM 安全技术,从而可方便地将现有 8/16 位智能卡产品迁移到 32 位 ARM 平台;SecurCore SC000 专为高产量的智能卡和嵌入式安全应用而设计,是将 ARM SecurCore 处理器的成熟安全功能与 Cortex-M0 处理器的领先技术结合在一起,具有超低功耗,是一系列非接触式应用和 NFC 应用的理想之选,与 SC100 相比,SC000 以 1/3 的尺寸和 3 倍的能效,提供同等的性能,凭借其低功耗特性,成为非接触类,尤其是 NFC 应用的理想选择;SC100 及 SC300 SecurCore 处理器已被 Atmel、NXP、Samsung、STMicroelectronics、Infineon、Toshiba 等数十家供应商获得授权并陆续推出产品,如基于 SC300 的 Infineon SLE97 系列,而最后推出的 SC000 处理器也被多家大型智能卡行业芯片供应商授权获得。近年来,基于 SecurCore 处理器系列的产品已占据全球 32 位智能市场的大部分。

另外值得一提的是,为了竞争高可靠性及强实时性应用处理器市场,除了 ARM 架构处理器之外,还有一些较大的半导体厂商也推出了自主设计的、具有强实时性能的MCU,例如 Infineon 的基于其自主 TriCore 内核的、32 位 MCU-DSP 架构的TC11xxMCU 家族,就是为实时嵌入式系统而优化设计的产品,而 Imagination 公司近年也推出了与 ARM Cortex-R 系列定位类似的 MIPS interAptiv 系列。

2.3.6　数字信号处理应用

在这个数字化、信息化的时代,无论是民用数据通信、音/视频信号实时处理、IP 机顶盒、医疗检测设备,还是军用加密通信、航空航天成像、各类雷达、声呐数据处理等应用,都离不开对数字信号的高速、实时处理需求,因此作为高级嵌入式应用领域中重要的一部分,嵌入式数字信号处理占有一个很大的市场。在这个重要的高端应用领域中,担任主要角色的自然是数字信号处理器,即 DSP。由于 DSP 较高的性能及其面向的高端领域,DSP 芯片及开发设备的价格也相对不菲,虽然近年来随着半导体技术及应用的发展,相关器件设备价格有所下降,但相对于其他类型嵌入式开发而言,对 DSP 的开发仍旧需要一笔大得多的投资。

目前 DSP 处理器比较有代表性的厂家首先是 TI,其早期比较流行的 DSP 芯片包括用于控制的 TMS320C2000 系列、移动通信的 TMS320C5000 系列以及性能更高的TMS320C6000 和 TMS320C8000 系列,但近年来经过优化调整后,目前主推的新一代DSP 产品为 KeyStone DSP 系列及 TMS320C5000/C6000 DSP 系列。其中,TMS320C5000 为超低功耗 16 位 DSP 系列,待机功率低至 0.15mW,工作功率低于0.15mW/MHz,而性能高达 300MHz(600 MIP)。该系列针对强大且经济、高效的嵌入式信号处理解决方案进行了优化,能给便携式器件带来复杂的数字信号处理功能,从而支持一流的创新。其应用包括指纹识别、脉搏血氧饱和度、有源噪声消除(ANC)、音频便携式基座、软件定义无线电、数字万用表等;TMS320C6000 DSP 为高性能定点/浮点 DSP 系列,最快定点运行速度可高达 1.2GHz,是高性能音频、视频、影像和宽带基础设施应用的理想选择,其应包括软件无线电、指纹识别、专业音频混合器、点钞机、超声波系统、矢量信号分析仪等;TMS320C647x 为多核 DSP 系列,提供多种器件选择,能够实现低功耗、低成本下的高性能。此多核平台的处理能力和低功耗能力特别适用于市场上的医疗成像、测试和自动化、关键任务、视频基础设施和高端成像等领域应用,如视频广播与基础设施、军用和航空电子成像、军用雷达/声呐、机器视觉的帧捕捉器、便携式超声波系统、MRI 磁共振成像等;KeyStone 多核 DSP 同样提供各种器件选择,以最低的功率级别和成本提供最高的性能。KeyStone 多核 DSP 应用包括条码扫描仪、机器视觉设备、军用和航空电子成像、软件无线电、视频广播与基础设施等。

此外,同样具有代表性的是 FreeScale 的 DSP 系列,包括基于 DSP56300 内核的DSP56K/Symphony DSP 系列以及 StarCore DSP 系列。其中 24 位的 DSP56K/Symphony DSP 系列涵盖了面向通用嵌入式市场的各种器件,包括网络、通信和工业控制以及针对音频市场的 Symphony 音频产品。典型型号如作为通用嵌入式 DSP 的 24 位

DSP56321(可实现无线和有线基础设施及通信设备等应用,而且也适合于手机、专业音频、科学检测和测量、工业控制和与保健相关的医疗设备应用)、Symphony DSP 系列单核的 24 位 DSP56374(具有 Dolby Digital 5.1、杜比虚拟扬声器和杜比耳机技术功能)以及 Symphony DSP 系列 24 位双核 DSP56725(允许开发人员分割处理任务,同时复用现有的代码)等;StarCore DSP 系列主要专注于通信领域应用,例如低端 16 位四核 DSP MSC8122、高端高性能六核 DSP MSC8256、高性能单核 DSP MSC8251、带有 DDR 控制器和 10/100Mb/s 以太网 MAC 的经济高效型 16 位 DSP MSC7119 等。

在汽车和便携式音频产品领域,亚德诺半导体(ADI)的 Sigma DSP 是最有代表性的专用 DSP。Sigma DSP 是完全可编程的单芯片音频 DSP,可以通过 SigmaStudio 图形开发工具轻松地进行配置。SigmaDSP 芯片可以与采样速率转换器、ADC、DAC 和输出放大器集成提供。其中,ADAU1442、ADAU1445 和 ADAU1446 SigmaDSPs 集 172 MHz 内核、路由矩阵、异步采样速率转换器和 S/PDIF Rx/Tx 于一体,路由矩阵支持将许多以不同采样速率运行的数字信号源无缝连接到音频处理器;ADAU1761 和 ADAU1781 是两款低功耗 SigmaDSP 器件,不仅包括与其他器件相同的强大 SigmaDSP,而且集成立体声 ADC 和 DAC,SNR 性能高于 100dB;AD1940 和 AD1941 具有高 I/O 通道数,提供出色的处理能力;ADAU1701 和 ADAU1702 集成全模拟 I/O、数字 I/O 和独立功能,通过单芯片提供完整的音频处理系统;ADAU1401A 的功能与 ADAU1701 相似,但专门针对汽车市场而设计,可在扩展温度范围内工作。

另外,在视频或混合音频与视频处理领域,比较有名的 DSP 还包括 Cradle Technologies、Gennum 以及 Cirrus Logic 等公司的单核/多核 DSP 系列。除了上述纯 DSP 芯片系列外,近年来还兴起一种将 DSP 与嵌入式微处理器内核结合为嵌入式 SoC 芯片的应用方向,既利用了 DSP 强大的数字运算能力,又兼有嵌入式微处理器的较强任务管理控制能力,各大半导体公司也都陆续推出了这种形式的处理器芯片。

其中,TI 推出的有 KeyStone 多核 DSP＋ARM 处理器系列以及 DaVinci DSP＋Cortex-A8 处理器系列。KeyStone 多核 DSP＋ARM 处理器系列能够以低于多芯片解决方案的功耗,提供高达 5.6GHz 的 ARM 和 11.2GHz 的 DSP 处理能力,适用于嵌入式基础设施应用,如云计算、媒体处理、高性能计算、转码、安全、游戏、分析和虚拟桌面。系列中 66AK2Hx 平台中的多核处理器包括 66AK2H06 和 66AK2H12,66AK2Ex 平台中则包 66AK2E05 和 66AK2E02,可将 4 个 ARM Cortex-A15 与多达 8 个 TMS320C66x 高性能 DSP 结合在一起的平台。典型应用包括服务器和高性能计算、军用和测试与测量、视频通信和基础设施、视频通信、工业自动化测试与测量、机器视觉、机器成像、医疗成像等;DaVinci DSP＋Cortex-A8 处理器系列主要应用方向为高性能视频编辑处理,例如系列中的 DaVinci DM81x SoC 可提供 3 倍于竞争解决方案的视频流功能,同时支持 3 路 1080 像素 60 帧/s(fps)的视频流、12 路同步 720 像素 30 帧/s 视频流或较低分辨率的流组合,使客户能构建视频中心系统,在 3 个独立的显示器上同步采集、编码、解码和分析多个视频流。同时,可让客户借助高级分析功能实现产品差异化。

FreeScale 的高度集成的 QorIQ Qonverge 属于其新一代异构多核系统,专门用于数字通信领域,融合了经过市场验证的 Power Architecture 内核、高性能 StarCore DSP 以及针对数据包处理、基带处理和安全保护等功能的成熟应用加速器。其中,QorIQ Qonverge BSC913x 系列是一个基于通用架构的、高度集成的异构多核 SoC 器件组合,提供了一种系统分区架构,其中完美平衡的 SC3850 StarCore DSP 用于 L1 等关键实时处理功能,基于 Power Architecture 技术的 e500 内核则用于 L2/3＋网络的控制和应用协议栈,包括单核处理器＋单核 DSP 的 BSC9131、双核处理器＋双核 DSP 的 BSC9132 两种型号;QorIQ Qonverge B 系列基带处理器结合了 e6500 和 e6501 Power Architecture 内核的处理能力和基于 StarCorer 的 SC3900FP DSP 内核的计算能力,并包含针对数据包处理、基带处理和安全保护等功能的成熟应用加速器。QorIQ Qonverge B 系列为基站设计人员提供了一种低功耗、高性价比解决方案。该系列适用于规模从小到大的各种基站,支持 LTE、WCDMA 和 LTE-Advanced 标准,可在优化性能的同时降低总体成本。QorIQ Qonverge B 系列与 BSC 系列产品相互兼容,集成了业内最佳的高效率、高性能内核组合及针对特定应用的加速器,同时还平衡了功耗和成本,型号包括基本型 B3421 基带处理器(支持 FDD-LTE、TDD-LTE 和 LTE-Advanced)、中档 4 个可编程内核的 B4420 多核基带处理器(2×64 位 Power Architecture 内核＋2×StarCore FVP 内核,支持 WCDMA (HSPA/HSPA＋)、FDD-LTE、TDD-LTE 和 LTE-Advanced)、高档 B4860 多核基带处理器(4×Power Architecture 64 位双线程 e6500 内核＋6×StarCore SC3900FP 定点/浮点运算 DSP＋MAPLE-B 基带加速处理引擎,专门针对宽带无线通信基础设施的宏蜂窝基站设计)。

2.3.7 面向特定领域的应用

在比较重要的应用领域,尤其是信号处理相关各领域中,通用基本功能或任务的实现往往需要依赖某些特定类型的算法运算及过程处理,而基于各专业技术公司长期的研发实践及竞争发展,领域内通常已积累起来诸多标准、技术及通信、接口协议,因此通用性更强的嵌入式处理器要想在这些应用领域发挥良好作用,就需要针对领域应用特性精心编制算法及优化程序,但硬件架构、指令集及片内功能模块上由于通用性而带来的先天不足始终是不可忽视的不利因素,最终嵌入式系统在领域内应用的效果往往会差强人意。注意到这一点,很多半导体公司基于自身的领域技术优势,专注于发展面向某个特定领域的、专用性较强的嵌入式处理器,这些专用嵌入式处理器都针对各自的应用领域进行了硬件优化,并不断通过架构、指令集的更新换代,以及新功能模块的整合实现对领域内新技术的支持。由于篇幅限制,下面仅列出几个有代表性的领域应用供参考。

1. ZigBee 相关应用

ZigBee(紫蜂)是一种低速短距离传输的无线网络协议,底层是采用 IEEE 802.15.4 标准规范的媒体存取层与实体层。主要特色是低速、低耗电、低成本、支持大量网络节点、支持多种网络拓扑、低复杂度、快速、可靠、安全。ZigBee 协议由 ZigBee 联盟制定,ZigBee 联盟的目的是为了在全球统一标准上实现简单可靠、价格低廉、功耗低、无线连接的监测和控制产品而进行合作。

就目前技术而言,ZigBee 的实现方案主要有 3 种类型:①MCU＋RF 收发器的双芯片方案,其中 ZigBee 协议栈在 MCU 上运行,该方案特点是具有较高灵活性;②MCU＋RF 集成单芯片方案,该方案特点是占用空间小、开发容易、成本更低;③MCU＋ZigBee 协处理器的双芯片方案,ZigBee 协议栈在 ZigBee 协处理器上运行,该方案特点是同样具有较高灵活性,且基于 ZigBee 协处理器可节省开发时间,从而缩短产品开发周期、加快上市速度。由于考虑到 ZigBee 应用中对于系统功耗、稳定性、尺寸等方面的普遍要求,3 种方案中单芯片方案是大多数公司的主推方案,也成为重要的发展趋势,但在某些特殊应用情况下,仍然需要考虑选择灵活性较高的另两种方案。

作为 ZigBee 联盟的长期促进者,TI 是 ZigBee 解决方案的领先供应商,提供完整的硬件和软件 ZigBee 兼容平台。与许多将其 ZigBee 栈开发外包出去的供应商不同,TI 拥有自己内部专门的软件工程团队,负责最新版本的 ZigBee Pro 堆栈和应用配置文件测试。TI 的 ZigBee 产品系列目前涵盖了全部 3 种解决方案。

其中,TI 的单芯片 ZigBee 实现方案目前已发展到了第二代 CC2530/CC2538,其中 CC2530 是用于 IEEE 802.15.4、ZigBee 和 RF4CE 应用的一个真正的 SoC 解决方案。结合了领先的 RF 收发器的优良性能,业界标准的增强型 8051 CPU,系统内可编程闪存,8KB RAM 和其他许多强大的功能,并有 4 种不同的闪存版本 CC2530F32/64/128/256 可供选择,分别具有 32/64/128/256KB 的闪存;CC2538 是一款针对高性能 ZigBee 应用的理想 SoC。它包含一个强大的基于 ARM Cortex M3 的 MCU 系统,此系统具有高达 32K 片载 RAM 和 512K 片载闪存,这使得它能够处理具有安全性,包含要求严格的应用以及无线下载的复杂网络堆栈。其 32 个 GPIO(通用输入和输出)以及串行外设接口可实现到电路板其他部分的简单连接,强大的安全加速器可在应用任务处理的同时实现快速且高效的认证和加密。具有保持功能的低功耗模式,可实现从睡眠状态中的快速唤醒,并且大大降低了执行周期任务时的能耗。而对于 MCU＋RF 收发器双芯片方案,目前采用第二代 2.4GHz ZigBee/IEEE 802.15.4 RF 收发器 CC2520＋超低功耗 MCU MSP430 的组合方式。对于第三种 MCU＋ZigBee 协处理器的双芯片方案,TI 采用带有 UART/SPI/USB 接口的基于 CC253x 的协处理器＋任意 MCU(如 MSP430 MCU 或 Tiva C 系列 ARM MCU 等)的组合方式。由于 TI 的黄金单元 ZigBee 协议栈(Z-Stack)可在 ZigBee 协处理器上运行,而应用程序则在外部 MCU 上运行,这样用户在设计和使用过程中不需要牵涉很多 ZigBee 开发,因而可以任意选择 MCU 或沿用已有的 MCU。另外,当无线系统的覆盖范围不足时,3 种方案均可附加选用本公司高度集成的 2.4GHz RF 前端 CC2591,该芯片集成了可将输出功率提高＋22dBm 的功率放大器,以及可将接收机灵敏度提高＋6dB 的低噪声放大器,可显著扩大无线系统的覆盖范围。

Atmel 提供了完整系列的符合 IEEE 802.15.4 标准、基于 IPv6/6LoWPAN、经过 ZigBee 认证的无线解决方案。SAMR21 系列属于其典型的单芯片解决方案,该系列在单一芯片中包含有基于 ARM Cortex-M0＋的微控制器或 AVR 微控制器,以及 IEEE 802.15.4 标准 2.4GHz 射频收发器,提供先进的硬件辅助降低功耗(RPC)功能以及多种掉电模式(如能在微控制器休眠时让射频收发器保持活动状态的射频唤醒功能),从而进一步提高了效率。另外,通过为每个传入帧自动从两个天线中选择最佳信号,其多天线集成功能可以提高系统的可靠性。其双芯片解决方案为 ATmega1281(或 ATmega2561)AVR 微控制器

＋AT86RF23x RF 器件组合,能提供两种 PAN 应用频段。其中 AT86RF23x 系列是真正的 SPI 到天线的方案,除了天线、晶体振荡器和去耦电容外,所有的 RF 主要元件都集成在单一芯片内,包括模拟无线电收发器和数字解调器、时间和频率同步以及数据缓冲器。另外,Atmel 还提供了一种折中的方案,即 ZigBits 模块,这是一种紧凑型 802.15.4/ZigBee 模块,该模块具有很高的的距离性能和异常简便的集成性。ZigBits 将完整的、经过 FCC/CE/ARIB 验证的、可以减少射频开发成本和时间的射频设计打包,有助于省去费钱费时的射频开发工作,从而按时、按预算把产品推向市场。

FreeScale 提供的是单芯片解决方案,其第二代单芯片 MCU＋RF 收发器解决方案 MC1321x 平台,集成了 MC9S08GT MCU 与 MC1320x 收发器,闪存可以在 16～60KB 的范围内选择。而作为第三代单芯片解决方案的 MC1322x 系列在单一封装中包括一个 32 位 ARM7 TDMI MCU、一个完全符合 IEEE 802.15.4 标准的 RF 收发器以及 RF 匹配组件,免除了对外部射频组件的需求。另外,第四代芯片解决方案目前已经推出,为低功耗 MC13213x 系列,在单一封装中包括一个 32MHz 总线频率的 8 位 HCS08 MCU 及一个完整的低功耗带 Tx/Rx 开关的 IEEE 802.15.4 标准 2.4GHz RF 收发器。

NXP 收购的 Jennic 公司推出的典型单芯片解决方案是超低功耗的高性能无线微控制器 JN-516x 系列,支持 JenNet-IP、ZigBee Smart Energy、ZigBee Light Link、RF4CE 和 IEEE 802.15.4 网络协议栈,适合开发 Smart Energy、Home Automation、Smart Lighting、遥控或无线传感器应用。该器件具有一个增强型 32 位 RISC 处理器,带 256KB 嵌入式闪存、32KB RAM 和 4KB E^2PROM 存储器,通过可变宽度指令提供高编码效率;一条多级指令流水线,通过可编程时钟速率实现低功耗运行。该器件还集成了 2.4GHz IEEE 802.15.4 兼容型收发器和各种模拟和数字外设。凭借一流的 15mA 工作电流特性和 0.6μA 睡眠定时器模式实现出色的电池寿命,可用一枚纽扣电池直接供电。

Silicon Labs 收购的 Ember 提供的典型单芯片 SoC 解决方案为 ZigBee 网络协处理器 EM35x 系列,该系列最大程度地减少了外部元件,并提供多个射频连接选择,以便在有或没有外部 PA 的情况下使用。其内部集成了可编程 ARM Cortex-M3 处理器、IEEE 802.15.4 ZigBee 收发器、128KB 闪存和 12KB RAM,并支持 ZigBee Pro 功能集的 EmberZNet Pro 网络协议栈。

ST 推出的 ZigBee 单芯片解决方案是 STM32W 系列无线 MCU,该 IEEE 802.15.4 无线 SoC 系列集成有 2.4GHz IEEE 802.15.4 兼容的收发器、32 位 ARM Cortex-M3 微处理器及基于 ZigBee 系统的外设模块,并包含可选容量片上 Flash 存储器(64～256KB)和片上 16KB SRAM 器件,且可配置 I/O、模数转换器、定时器、SPI 和 UART,主软件库包含 RF4CE、IEEE 802.15.4 MAC,具有高达 109dB 的可配置链路总预算。所集成的 ARM Cortex-M3 内核使该系列芯片具备了同类产品中最佳的代码密度。

Microchip 推出的是 MRF24J40 IEEE 802.15.4 无线收发器＋PIC 微控制器的双芯片解决方案。MRF24J40 器件集成了接收器、发送器、VCO 和 PLL,最大限度地减少了外接元件并降低功耗。除了芯片,Microchip 还提供针对 PIC 微控制器优化的 ZigBee 协议栈。这个被称为 MiWi 协议比 ZigBee 协议栈大约小 70%,可用于对成本敏感的应用。

2. 网络及通信相关应用

在网络及通信领域相关应用中,除了用于信号处理的必要的 DSP 芯片外,通常还需要尽量集成网络通信功能及协议的嵌入式微处理器。多年来比较著名的专用网络及通信相关嵌入式芯片供应商当属从原 Motorola 半导体部门发展而来的 FreeScale。该公司提供的网络及通信专用处理器包括侧重于网络的 PowerQUICC 通信处理器系列及侧重于通信的 QorIQ 处理平台。其中,PowerQUICC 系列处理器采用丰富的低功耗、高性能解决方案,基于 Power Architecture 技术构建,支持各种嵌入式网络设备应用,从核心到边缘网络,再到社区接入,非常广泛。它们还是工业和通用计算市场的网络设备应用的理想选择,支持各种协议和接口,包括以太网、EtherNet/IP、PCI Express、Serial RapidIO、ATM、HDLC、USB 和 PCMCIA。具体包括 PowerQUICC Ⅰ (MPC8xx)、PowerQUICC Ⅱ(MPC 82xx)、PowerQUICC Ⅱ Pro(MPC 83xx)及 PowerQUICC Ⅲ (MPC85xx)四个子系列。QorIQ 处理平台包括两个子平台,除了已经介绍过的 QorIQ Qonverge DSP 平台外,还有非 DSP 的 QorIQ 通信平台,QorIQ 通信平台是业内最广泛的通信处理器家族,具有各种性能、功耗和价格选择,可满足企业、服务提供商、航空航天、国防以及工业市场全方位的网络应用需求。该家族包括 3 个档次的产品,分别是功效性能良好、面向小规格、无风扇设计的高性价比产品;增加更多功能,从多核扩展到众核器件的中等性能产品;最高性能的众核器件,且具有丰富的 IO 集成的高性能产品。这 3 个档次的产品均包含了 QorIQ P/T/LS 等三代系列。

3. 汽车电子

汽车电子是车体汽车电子控制装置和车载汽车电子控制装置的总称。车体汽车电子控制装置,包括发动机控制系统、底盘控制系统和车身电子控制系统(ECU),汽车电子最重要的作用是提高汽车的安全性、舒适性、经济性和娱乐性。汽车技术发展进程中的汽车电子化革命与嵌入式系统的发展有着相互促进的重要关系。汽车电子化程度被看作是衡量现代汽车水平的重要标志,是用来开发新车型、改进汽车性能最重要的技术措施,而促进和提高汽车电子化水平是夺取未来汽车市场的有效手段。现代汽车所采用的 MCU 数量通常多达数十个,且呈现继续增加的趋势,某些车型所包含的电子产品甚至占到整车成本的 50% 以上。

从原西门子集团半导体部发展而来的 Infineon 是汽车电子领域全球最大芯片制造商之一,其主要产品一直服务于各种汽车应用,如汽车动力系统(包括发动机和变速箱控制装置,用于优化燃耗,满足政府的排放要求,还包括适用于各种新兴技术的芯片,如混合动力汽车、起动机、发电机和配气机构)、车身和便利装置(包括车灯控制装置、HVAC、门锁系统、电动车窗、座椅记忆器和无钥匙进入系统)、安全管理(如电动助力转向系统、防碰撞系统、防抱死制动系统、安全气囊、稳定性控制、胎压监控)和信息娱乐系统(包括电子呼叫、信息调用、无线通信和全球定位)。目前 Infineon 针对汽车电子领域的嵌入式芯片包括低端专为汽车应用而设计的 8 位 XC800-A 系列 MCU,中端面向车身应用的 XC2200 系列、面向安全性应用的 XC2300 系列、面向动力总成应用的 XC2700 系列等 16 位

MCU,高端基于自家 TriCore 架构的 32 位 AUDO 家族 MCU。其中 TriCore 是针对嵌入式实时系统进行优化的 32 位单片机架构,具有实时功能、信号处理功能和针对具体应用的高效接口功能。TriCore 拥有一个超标量处理器,能同时执行许多不同的命令,其指令集还包括用于对复杂算法进行高效计算的特别数学函数。Infineon 基于 TriCore 架构的 MCU 芯片已被 50 多个汽车品牌选用,并成功交付了超过 1 亿颗,几乎每两辆车中就有一辆采用 TriCore MCU,成为汽车电子领域最为成功的 MCU 之一。TriCore 架构 MCU 主要被用在发动机和变速箱中央控制单元中,用于控制燃油喷射、点火或废气再循环。它们现在还越来越多地用于混合动力汽车和电动汽车中。其他应用领域包括电动助力转向、刹车和底盘控制以及车身控制。

FreeScale 也是汽车电子领域全球最大芯片制造商之一,提供了全方位的汽车电子解决方案,核心是其不断推出的 16/32 位汽车专用 MCU。其中,16 位汽车 MCU 包括 S12/S12X/HC12/HC16 混合信号 MCU 系列,可以为汽车和工业应用提供高性能的 16 位控制功能。其中 S12X 系列具有创新的 XGATE 模块,无须 CPU 干预即可处理中断事件,使其具备通常在 32 位控制器上才有的高性能处理能力。S12 系列具体包括面向继电器驱动的电机应用的 S12VR、面向 CAN 应用的 S12ZVC、面向汽车仪表板应用的 S12ZVH、面向 LIN 应用的 S12ZVL 及面向 BLDC 和 DC 电机控制的 S12ZVM。FreeScale 的 32 位 Qorivva MCU 系列基于 Power Architecture 技术,旨在提高下一代汽车的性能和安全以及节能性和性价比。Qorivva MCU 新产品系列涵盖简单的、低成本的单核控制器及最新多核产品,包括分别覆盖汽车各部分控制的 MPC5xx/MPC51xx/MPC52xx/MPC55xx/ MPC56xx/MPC57xx 系列,可以满足包括主动式车辆安全和动力总成电气化等汽车技术发展趋势需要。新汽车电子系统变得越来越复杂,对 MCU 的性能要求也随之提高,因而必须通过多核处理来实现安全性能。在车身的安全性上,在 LIN、CAN、MOST、FlexRay 和以太网中提供的车载网络,通过加密实现先进的汽车网络安全;在底盘的安全性上,包括带故障监控和时间记录的多核高级安全架构;针对全自动车辆所需的未来容错系统而构建。动力总成和混合系统,配备了带有先进混合电机控制外设的高性能多核 MCU,可用于混合车辆;同时还在模拟传感器中提供高精度的模拟接口和数字通信链路。另外,每个 32 位 Qorivva MCU 都附带一个完整的运行时软件解决方案,包括 AUTOSAR MCAL 驱动套件以及面向单核和多核 MCU 的 AUTOSAR 实时操作系统。

4. 音/视频处理应用

在音/视频处理领域,由于信号处理的实时性要求,占领域主导地位的是一些专注于该领域的芯片供应商推出的专用 DSP 芯片。下面举出几个常见的例子供参考。

ADI 推出的 Blackfin 处理器是一类专为满足当今嵌入式音频、视频和通信应用的计算要求和功耗约束条件而设计的新型 32 位嵌入式处理器。该处理器基于由 ADI 和 Intel 公司联合开发的微信号架构(MSA),将 32 位 RISC 型指令集与双 16 位乘累加(MAC)的信号处理功能,与通用型 MCU 所具有的易用性组合在一起,使得其能够在信号处理和控制处理应用中均发挥良好的作用,从而在许多应用中免除了额外 MCU 的需要,极大地简化了软硬件的设计实现。Blackfin 突出特性包括：单指令集结构达到或超过竞争 DSP 产品范围的处理性能；提供更低功耗、成本和更高存储效率；可单核完成控制、信号和多媒体处理；先进的开发工具、实时操作系统、软件提供商和系统集成伙伴的支持。

　　Cirrus Logic 公司的 CS470xx 系列是一款集成混合信号的音频 DSP，该系列是针对高保真、成本敏感型设计的新一代音频系统芯片（ASOC）处理器。从 CS485xx 32 位系列中非常成功的单核 32 位音频 DSP 引擎开始，CS470xx 系列集成了 S/PDIF Rx、2 S/PDIF Tx、双立体声模拟输入（每个包含 5：1 立体声输入复用器）、多达 8 个模拟输出以及多达 20 个硬件 SRC 通道，进一步简化了系统设计，降低了系统总成本。

2.4　本 章 小 结

- 经典计算机系统理论中两种微处理器/微控制器体系结构是冯·诺伊曼体系结构和哈佛体系结构。
- 两种主要的计算机系统指令体系包括 CISC 和 RISC。
- SoC 是在集成电路向集成系统转变的大方向下产生的。
- IP 内核的概念源于产品设计的专利证书和源代码的版权等，是指某一方提供的具有复杂系统功能的、可独立出售的可重用 VLSI 模块。
- 总线是计算机各种功能部件之间以及计算机与内外部硬件设备之间（多于两个模块之间）传送信息的共享公共数据通路。
- ISP 和 IAP 是目前嵌入式系统在线编程的两种常见实现方法。
- 根据嵌入式处理器功能及结构的不同，目前可分为嵌入式微处理器、微控制器、数字信号处理器以及嵌入式片上系统 4 种类型。
- 常见嵌入式应用领域包括日常简单控制应用、复杂综合控制应用、中高性能消费电子应用、高可靠性及实时性应用、数字信号处理应用及面向特定领域的应用等。

思 考 题

[问题 2-1]　冯·诺伊曼体系结构与哈佛体系结构的主要区别是什么？

[问题 2-2]　CISC 与 RISC 的主要区别是什么？

[问题 2-3]　列举你所接触过或者熟悉的各种处理器，它们分别属于哪种类别？

[问题 2-4]　MCS-51 系列 8 位单片机通常用于哪些类型的应用？

[问题 2-5]　你知道 iPhone 系列手机都用的哪种内核体系和具体处理芯片？上网查一下。

[问题 2-6]　找一个废旧的小电子设备拆开来看看，都用到了哪些型号微控制器芯片？根据型号上网查查这些芯片的具体信息。

第3章

移动便携设备系统的控制形式

本章学习目标
- 了解移动便携设备系统的控制结构类型；
- 掌握直接程序控制方式的控制结构及开发；
- 了解常见的嵌入式操作系统；
- 掌握嵌入式操作系统控制方式的控制结构及开发。

本章主要内容是关于移动便携设备系统控制结构及开发的介绍，首先列举了常见的3种控制方式，包括直接程序控制方式、专用封闭式的嵌入式操作系统控制方式和开放式通用嵌入式操作系统控制方式，接下来对这3种方式的控制结构、程序开发形式等分别加以详细讲解。

3.1　常见控制方式

通常意义上的移动便携设备系统一般不是只用于演示或像通用计算机那样以纯软件应用为主的系统，而可以看作是CPS(Cyber Physical Systems，信息物理系统)，要想充分发挥其作用，就必然要与系统外的物理世界发生联系，以获取各种形式的操作命令以及执行功能所需的必要数据等，还要将运算处理结果反馈给系统外部的世界。实现这种联系的手段，除了获取外部世界信息的各式传感器外，也少不了便捷的人机交互界面接口。无论多么先进的系统功能，总要通过用户预设或操作施展出来。为了发挥出更加丰富、更加有效的作用，移动便携设备系统需要面对的核心问题之一便是如何设计系统控制的人机交互方案，以利于系统功能的全面施展及易学易用性的增强，更好地达到期望的控制效果，赢得消费者的青睐。

但是一般来说，不是所有便携设备系统的控制方式都是越高级、越复杂越好，而是一定要针对不同的应用类型和应用目的来考虑和设计对应控制模型及具体控制方式，很多时候确实需要一个美观的、易操作的图形界面，且可能还要提供第三方应用软件的安装运行能力，而有时简单、快捷、无二义的控制才是更适宜的，因此通常针对移动便携设备系统，有几种比较流行的控制方式，分别为不依赖嵌入式操作系统的直接程序控制方式及依赖嵌入式操作系统的控制方式，而第二种控制方式又可进一步分为封闭式的嵌入式操作系统控制方式和开放式的通用嵌入式操作系统控制方式。

3.1.1　直接程序控制

直接程序控制方式是一种最简单、最直接的移动便携设备系统控制方式,也是源自早期各式嵌入式系统的初始控制方式。移动便携设备系统发展的初始时期是对应着嵌入式系统发展的初始时期的,由于当时嵌入式系统硬件技术水平有限,主流的 4/8 位嵌入式芯片无论是性能还是存储空间都极其有限,还不足以支撑一个比较完善的嵌入式操作系统,且当时也不存在成熟的嵌入式操作系统,因而应用系统的实现通常是通过编写专用汇编程序完成。

一般来说,这种实现方式需要开发者不仅掌握底层硬件系统的知识,还要掌握所选择的嵌入式芯片对应的专用汇编指令集,但随着嵌入式开发环境的发展,更加接近自然语言、更易掌握、更具普适性的高级程序语言——C 语言,开始被更多开发人员所采用,逐渐取代了芯片针对性较强的专用汇编语言的主导地位。当然,即使使用 C 语言进行开发,但有时对于某些实时性、执行效率要求高的操作,仍然很有可能需要更底层的汇编语言出马,将其片段混编在 C 语言中以解决问题。

利用直接程序控制方式实现的应用系统通常是较低智能的移动便携设备系统,这些系统应用的特点是专用性较强、功能用途明确简洁、单任务执行结构、偏向基于控制功能的应用、控制操作常借助多样化按键实现、交互反馈信息多以文字或简单低分辨率图形为主、用户友好性和易操作性有限及不追求过高性能等。对于开发者而言,直接程序控制开发方式相对简单,且自主性较强,能够掌控几乎全部软硬件开发内容;缺点是系统实现能力有限,难以执行多任务(需要自己编写代码),且系统复杂度越高越难以保证最终系统的稳定性,因而最终系统成功与否取决于开发者的设计及软硬件技术水平。

鉴于上述因素,直接程序控制方式通常用于个人创作开发或小团队专门用途设备开发等。一直以来用于这类设备的常见嵌入式处理核心多为 8/16 位单片机,如各厂商推出的 MCS-51 兼容系列、PIC 系列、AVR 系列等,近年来一些低档的 32 位 MCU 如各类 ARM 7 核心嵌入式芯片,以及后来的 ARM Cortex-M 核心嵌入式芯片系列也都适用于这一应用行列。由于常常采用低分辨率单色屏幕,加之嵌入式硬件系统普遍具有低功耗特性,直接程序控制的移动便携设备系统总功耗通常较低,更换一次电池大多可以维持数天。

直接程序控制型的产品多见于某些专为特定小规模项目所配套的移动便携设备,以及个人设计的电子创意产品如电子寻物器等,或各种低端移动便携设备如早期掌上游戏机、袖珍数字收音机、便携电子钟、BP 机、超声/激光测距仪、测温仪、计步器、血糖仪等。图 3-1 是几个基于直接程序控制的移动便携设备的例子。

受惠于嵌入式系统软硬件总体技术水平持续不断的提升,新型的、具有不同程度嵌入式操作系统支持能力的各类 32 位嵌入式处理器层出不穷,且有多种不同档次的、成熟的嵌入式操作系统可供选择,因而近年来移动便携设备产品都会基于一个适宜的嵌入式操作系统进行开发,从而实现更高性能、更多功能、更好交互性以提高产品竞争能力,但利用直接程序控制方式进行移动便携设备开发,仍然是嵌入式系统学习以及小项目开发的入门或进阶的首选和必由之路,有其重要的存在和应用意义。

(a) 电子万年历　　　　　　(b) 数字收音机　　　　　　(c) BP 机

图 3-1　基于直接程序控制的移动便携设备

3.1.2　封闭式嵌入式操作系统控制

20 世纪 80 年代后期,随着嵌入式系统的发展,很多传统应用领域都陆续提出了产品便携化的需求,为了使得便携化后的掌上产品能够保持相对令人满意的功能及性能,往往对系统的软硬件实现能力有较高的要求,但简单的直接程序控制方式无法满足功能、性能、图形显示、交互能力等方面的更高要求,于是,一些领域的厂商纷纷自主定制开发自家设备产品专用的封闭式嵌入式操作系统,并采用基于该封闭式嵌入式操作系统进行产品开发的方式,产品的功能控制均由封闭式嵌入式操作系统辅助实现。另外,一些新兴数码应用领域的专门设备产品为了满足良好的性能要求,也纷纷选择采用定制封闭式嵌入式操作系统控制方式实现。

从使用者的角度来说,各类基于封闭式嵌入式操作系统控制的系统普遍具有更友好的文字图形交互操作界面、精心定义的多功能按键、更出色的运行性能、更多的功能支持等特点,且大多支持简单的多任务实现。

从开发者的角度来说,首先专用的嵌入式操作系统能够接管底层硬件系统控制操作,并为上层应用程序开发提供专用控制接口,实现应用功能开发与底层硬件控制的分离,使得系统功能开发人员能够更专心致志地设计实现优良的算法、巧妙而稳定的操作功能及高效易用的交互界面接口,而不被底层硬件控制的细节问题所干扰。其次由于嵌入式操作系统的专用性及封闭性特点,使得在构建嵌入式操作系统时通常可以不必考虑系统通用性,而只需考虑对应系列产品硬件的特定情况,并可据此提供各种专用的软件控制接口供上层应用程序编程所用。这种针对性定制措施的采用能够使软件系统得到极大的精练,也省去不少多余的功能模块,节约了有限的存储空间,保证了预定义应用功能的性能。最后由于多数专用封闭式嵌入式操作系统的开发有其专门团队负责,且几乎都在版本发布之前经历了严格的专门测试,这在一定程度上减轻了最终应用系统的测试负担,且有利于增强系统的稳定性。

早期限于嵌入式系统软硬件技术水平,并考虑到产品稳定性、快速性、纯洁性,这种类型的移动便携设备系统通常不接受任何外部程序扩展,也不具备升级能力,用户只能别无选择地使用系统预置好的、有限的功能。而后期借助嵌入式系统软硬件技术的进步,且为了满足用户扩充功能以及延长设备产品使用期的愿望,提高产品竞争力,这种类型的移动便携设备系统大都具备了扩充自家应用程序的能力,以及系统升级的能力。

总体来说,封闭式嵌入式操作系统控制方式适用于一些用途目的单一明确的、专用性较强的、不过于追求多功能综合的移动便携设备系统应用。这类应用设备上的软件系统通常主要服务于设备系统的专门用途,其大部分程序功能都针对设备系统核心用途的方方面面,从而通过这些功能的有机综合,充分发挥目标设备系统的功用,体现其相对完善专业的水准。封闭式嵌入式操作系统控制方式的不足之处在于系统向前扩展性的缺乏,用户要想实现这类移动便携设备系统的更新换代,得到更新的功能,必须通过购买新版本的设备来达到目的,而很难通过升级系统及应用程序实现。另外,由于这类移动便携设备常常被厂商设计为品牌专用的、排他性的封闭体系,因而机身所提供的数据传输及控制接口通常较为特殊、有限,只是近年来,出于行业竞争的需要以及嵌入式软硬件技术发展所带来的模块化、通用化趋势,上述情况才有所改变。

多年来,常见被用于这种封闭式嵌入式操作系统控制方式开发的嵌入式处理器芯片系列包括某些 16 位单片机系列及一些中低端 32 位 MCU,如某些 PIC 单片机系列、早期 ARM7 系列、目前流行的 ARM Cortex-M 系列、某些 MIPS 系列等。至于封闭式嵌入式操作系统,除自主开发的简易系统外,还有很多系统则采用了基于 Linux 内核进行裁剪定制的方式。典型基于专用封闭式嵌入式操作系统控制方式开发的产品有各种电子字典、录音笔、数码相机/摄像机设备、GPS 导航仪、非智能手机、学习机等中低端智能移动便携设备。图 3-2 是几个基于封闭式嵌入式操作系统控制的移动便携设备的例子。

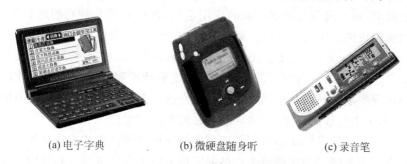

(a) 电子字典　　　　　　(b) 微硬盘随身听　　　　　(c) 录音笔

图 3-2　基于封闭式嵌入式操作系统控制的移动便携设备

虽然目前来看,随着社会科技水平及人们需求的不断发展,封闭式嵌入式操作系统控制方式有被后面要介绍的基于开放式的通用高级嵌入式操作系统控制方式所取代的趋势,但对于某些面向更加专业用途的移动便携设备系统而言,为了不影响专业应用的性能,并保证设备的稳定性及信息数据安全性,在一段较长的时期内仍将主要基于这种方式进行开发升级。

3.1.3　开放式通用嵌入式操作系统控制

开放式通用嵌入式操作系统控制方式是嵌入式系统软硬件技术发展及人们日益提高的需求推动下,出现的基于开放式高级嵌入式操作系统的移动便携设备系统控制形式,也是目前被广大流行掌上设备所采用的控制形式,代表着移动便携设备系统发展的重要方向。

多年来,借助电子信息技术的飞速进展,社会信息化、网络化程度逐渐加深,人们在日常生活、生产活动中,变得比以往任何时候都离不开对各种类型信息的依赖,而传统的、围绕通用台式计算设备及有线网络进行信息获取及处理的途径已经不能满足人们"随时随地获取信息"的需求。要摆脱这种束缚,将设备与人的中心地位互换,变"人围绕设备"为"设备围绕人",就需要依靠某种类型的移动便携设备充当电子助手,实现各类信息的移动获取及处理。

而任何移动便携设备要担当起这样的任务,成为令人满意的电子助手,需要具有较强的综合能力。其中最基本的要求是要具有文档信息的移动携带、编辑及上传下载的能力,使得用户能够在掌上进行文档事务处理,从而将用户从限定的办公空间解放出来,并实现时间的高效利用。信息文档格式具有五花八门的多样性(如 pdf、doc、txt、ppt、caj 等格式),为支持尽可能多文档格式的读取及编辑处理,就需要设备系统能够具备包括文档处理相关工具在内的应用程序扩展能力。其次,作为更高标准的要求,还期望移动便携设备系统具备更加多样的信息获取及发送手段,除设备厂家可能设置的自定义接口以及必要的 USB 接口外,为保证移动特性,还要更多地依赖各种无线信息传递手段,如近距离的 RFID、蓝牙、红外通信、中距离的 Wi-Fi 以及远距离的 2G/3G/4G 移动通信网络等。另外,在文档处理等移动办公功能之外,人们对音/视频、游戏等娱乐功能以及导航、上网等各种应用功能的随身化也有着较强烈的需要。

实际设计生产的移动便携设备通常会具有一定的领域针对性,并不一定必须囊括上述所有功能需求,但一般都会根据产品的应用定位,选择上述几种功能进行集成,并提供基于硬件功能模块的应用程序升级扩展,而各种有线/无线通信接口都具有各自的通信协议,也需要对应处理。因此,用于此类高级用途的移动便携设备系统除了需要有坚实的硬件性能基础之外,还要求具备更强的硬件功能模块驱动控制能力及一定的软件应用扩展能力。较早出现的基于前两种控制方式的移动便携设备系统只能提供极其有限的软硬件能力,已满足不了上述较高要求,必须寻求更好的解决方案。

嵌入式操作系统技术的发展与完善以及能够支持高级嵌入式操作系统的高性能嵌入式处理器的出现为上述移动便携设备产品的实现奠定了良好基础。高性能的应用型嵌入式处理器可为高要求的移动便携设备系统提供整体性能保障,而更加开放、完善易用的嵌入式操作系统提供了功能模块控制的便利性以及第三方软件扩展的灵活性,这种灵活性能够使设备系统具备对新数据信息格式的及时兼容能力,并充实所集成功能模块的应用能力及范围。

在这些基础之上,基于通用高级嵌入式操作系统控制方式的高性能移动便携设备系统的设计开发重点也从功能应用时代的"以特定领域应用为核心"理念,转变为智能应用时代的"以综合平台为核心"理念。

当以特定领域应用为核心时,硬件的设置及性能配置服务于设备核心功能,往往以满足核心应用需求为目标,不过于追求过强的性能,而配套的软件一般是专门对应服务于硬件组件的;当以综合应用平台为核心时,系统的专业目的不强,硬件组件通常作为支持移动便携设备功能的基础资源服务于软件,在基础的硬件组件支持下,设备所具备的功能用途主要由高级嵌入式操作系统之上安装的各种应用软件所决定。例如,对于设备内置的摄像头,安装了聊天软件就可用于视频聊天,安装了脸部识别软件就可识别不同用户,而有了扫描软件就可实现扫描仪模拟功能,但是若未安装相关软件工具就无法利用摄像头这一硬件资源。又如,某些智能设备上配置有触摸屏幕,但出厂时只提供了指点操作的应用支持,而用户可以另外下载第三方软件实现手写识别输入功能。

对于这种以综合应用平台为核心的开发形式,移动便携设备终端厂商的主要工作及竞争手段就是不断提高硬件基础资源的性能质量,使之胜任更多的功能,例如提高摄像头像素就能更好地支持用户获得更细腻的照片,或更精准地实现各种识别功能,而通过对CPU 的升级换代就可使移动便携设备能够胜任运算密集型的功能。当然,针对人机交互便利性、舒适性的移动便携设备产品,工业设计也是一个重要的开发焦点,可能会涉及若干创新的甚至革命性的硬件组件。

常见可用于开放式通用嵌入式操作系统控制方式开发的嵌入式处理器芯片中,最著名的莫过于各大芯片厂商出品的、基于 ARM Cortex-A 应用处理器系列体系结构的高端32/64 位嵌入式处理器芯片,如三星公司的 Exynos 系列、高通公司的骁龙系列、联发科的MT 系列等。其他嵌入式处理器如 PowerPC 系列、MIPS 系列等也时有被应用。目前流行的高级嵌入式操作系统有 Google 的 Android、Apple 公司的 iOS、Microsoft 公司的Windows CE 等。图 3-3 是几个基于开放式通用嵌入式操作系统控制的移动便携设备的例子。

(a) iPad和iPhone　　　　(b) Windows Phone　　　　(c) Android平板

图 3-3　基于开放式通用嵌入式操作系统控制的移动便携设备

典型基于开放式通用嵌入式操作系统控制方式的设备以 PDA 类及智能手机类等高端智能移动便携设备为主,也有一些较高档的行业专用设备由于功能及操作要求较高而采用这种方式,如饭店业的便携点菜机、超市/仓储的便携条码扫描记录设备等。由于智能手机的便捷移动性及随身必要性特点,以及基于软件的一机多用能力,目前有取代其他类型移动便携设备的趋势。

3.2　直接程序控制

由于未引入任何嵌入式操作系统,直接程序控制方式是一种相对比较底层、直接的扁平控制结构,即开发人员编制底层代码写入微控制器,该代码通过微控制器直接控制电路板上硬件单元及模块接口的运作,从而实现目标功能。

3.2.1　控制结构及内容

直接程序控制方式的控制结构如图 3-4 所示。这种控制结构的优点是开发形式较为直观、简单,调试方式较为直接,开发人员易于掌控开发过程全局,其中包括所开发嵌入式设备系统的几乎所有技术细节,但正因为如此,其缺点也很明显,一方面因为"几乎所有东西都得自己做",一般来说开发者必须兼具一定的软、硬件设计开发能力;另一方面基于这种控制结构的产品通常具有较强针对性,而很少考虑与其他设备的兼容性,且当功能需求复杂、交互能力要求较高时,会加重系统的设计、编码及调试负担,使设备系统的开发变得难以驾驭。因而,这种控制结构一般适用于小型、单线程、较为简单的产品或专用项目用途的开发,也常见于学习、研究性用途的开发。

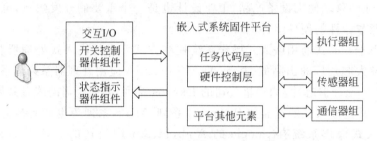

图 3-4 直接程序控制方式的控制结构

由于直接程序控制方式的一般形式是编制底层代码,直接控制微控制器芯片 GPIO (General Purpose Input Output port,通用输入输出端口)特定管脚,或其他端口管脚的控制/数据信号的输入输出,因而除开发初期的芯片器件选择、模块划分、板级电路设计规划等移动便携设备系统开发的共有步骤外,还需要开发者关注更多底层硬件驱动控制等方面的知识技能。总体来说,基于直接程序控制的移动便携设备系统开发主要包括以下几个方面。

1. 微控制器芯片选择

由于不同的开发任务所需芯片性能及所利用端口的个数及种类各不相同,因而首要的任务就是对微控制器芯片的选择。这一步不仅涉及系统功能指标的实现问题,还涉及设备系统的性价比问题,选择结果往往会影响到产品项目的成败。一般来说,各种嵌入式处理器芯片的区别不仅在于位数、体系结构、工艺、管脚数、处理性能,还在于所内建的存储容量、调试及写入手段、支持的接口类型及数量、搭载的常用功能模块类型等方面的差异。

(1)处理器带宽位数。由于直接程序控制类型开发通常的相对简易性,且不需要引入嵌入式 OS,一般采用 8 位或 16 位的单片机或者低端的 32 位微控制器即可,这些类型的芯片通常不带有支持嵌入式 OS 内存操作的 MMU。

(2)处理器体系结构。选择余地较为有限,大多数嵌入式微处理器都属于哈佛体系结构,RISC 指令集,而冯·诺伊曼体系结构的低端嵌入式微处理器的典型代表是 ARM7 系列微控制器。值得一提的是,对于采用 CISC 指令集的 MCS-51 系列单片机,其程序存储器与数据存储器虽然采用了地址、数据总线共用的方式,但由于其程序空间和数据空间是分开使用的,所以仍旧属于哈佛体系结构。

(3)芯片管脚数量。即使是同一体系或同一厂家的嵌入式芯片,通常也会提供对应不同端口数量的、具有不同管脚数目的型号选项。例如,对于最经典的 MCS-51 系列,考虑到应用需求的不同,Atmel 公司的 AT89C 系列就提供了不同管脚配置,包括经典 40 管脚的 AT89C51(具有 4 个 8 位 GPIO 端口)、简化为 20 管脚的 AT89C2051(具有 2 个 8 位 GPIO 端口),28/24 管脚的 AT89C5115(2 个 8 位以及 2 或 1 个 2 位 GPIO 端口)等。又如,ST 公司 ARM Cortex-M3 体系的 STM32F103 系列,依据所提供由少到多的 I/O 端口数量,给出了 36/48/64/100/144 管脚的 STM32F103T/C/R/V/Z 等较为丰富的型号选项,开发人员可根据项目的数据传输及控制需求,确定所需的端口数量,从而选择适宜的微控制器型号。

(4) 处理性能。需要考虑的重点是嵌入式芯片的处理速度,这方面主要的参考指标之一就是主频,即 CPU 工作的频率,单位为 MHz,表征处理器运行的基本速度。通常对于同系列微处理器,主频越高就代表处理器速度相对越快。但对于不同类型、系列的处理器,主频只能作为参考指标之一,因为在很多情况下,主频并不能直接代表处理器整体运算速度。对于不同类型或系列的处理器,并非主频越高处理速度就越快,衡量其运行速度一般还要看流水线、核心数量等方面的性能指标。因而,目前普遍采用的性能指标除了主频外,还包括 MIPS 及 DMIPS 指标。MIPS(Million Instructions executed Per Second,百万指令每秒)主要衡量一秒内系统的计算处理能力,即每秒执行了多少百万条指令,如一个 Intel 80386 计算机可以每秒处理 300 万到 500 万机器语言指令,称 80386 是 3~5 MIPS 的 CPU。而 DMIPS (Dhrystone Million Instructions executed Per Second) 则表示在 Dhrystone 这样一种测试方法下的 MIPS,其中 D 是 Dhrystone 的缩写,而 Dhrystone 是一种整数运算测试程序。当一个处理器达到 20 DMIPS 的性能时,是指用 Dhrystone 程序测量该处理器整数计算能力的结果为 20×100 万条指令/s。嵌入式芯片的上述性能指标因不同的体系结构、位宽等因素而各异,但通常 8/16 位单片机具有相对较低的处理速度,而 32 位微控制器由于普遍采用流水线技术及更大的位宽而具有更高的处理频率。当然随着芯片设计及制造工艺的进步,也有一些例外,如 Silicon Laboratories 公司的 C8051F 系列 8 位单片机也采用了流水线处理技术,多数型号的处理能力达到了 25MIPS,某些型号的最高处理能力甚至可达到 100MIPS。相比之下,典型的 MCS-51 系列单片机如 AT89C51 最高主频为 24MHz,处理性能通常小于 1MIPS,典型的 AVR 单片机能够达到 1MIPS/MHz,而 ARM Cortex-M3 微控制器 STM32F 系列的主频为 72MHz,处理性能最大可接近 90MIPS(1.25DMIPS/MHz)。对不同处理能力嵌入式芯片的选择主要关系到所开发的移动便携设备系统对实时处理性能的要求,但对于直接程序控制方式下的应用,由于较少涉及高速大数据量数据处理任务,而以响应-控制型任务为多,因而出于成本及性价比因素,要慎重追求较高的处理性能。

(5) 内部存储器容量。出于保存及执行指令程序的基本需要,嵌入式微控制器,包括单片机通常会内建一定容量的 RAM 及 ROM 存储器,通常将 RAM 作为运行内存,而将 ROM(目前通常是 E^2PROM 或 Flash 存储器)作为程序及数据存储器,此外大多数微控制器还支持芯片外部存储器扩展。通常各系列嵌入式单片机或微控制器均提供不同容量配置的型号选择,如 Atmel 公司经典的 51 兼容系列中,AT89C52 提供 8KB Flash 存储器、256×8B 内部 RAM,AT89C51 提供 4KB Flash 存储器、128×8B 内部 RAM,而

AT89C2051 则只提供 2KB Flash 存储器、128×8B 内部 RAM。总体来说,片内存储器的容量都不会很大,即便个别微处理器系列提供了配置较高片内存储容量的型号,也对应着相对高昂的价格。对于未引入嵌入式 OS 的直接程序控制方式而言,由于所开发编制的底层系统程序专用性强、代码量相对有限,且一旦程序随设备发布后即处于终结状态,基本不涉及升级改动等问题,也就不会引起容量变更问题,于是可在确定微控制器芯片系列后,根据程序规模直接选择片内存储空间资源合适的芯片型号,而不用考虑其他因素引起的扩容需求。

(6) 功耗。由于所开发系统的类型是移动便携设备系统,因而使用电池供电就成为了必然选项,为了尽量延长一次充电的使用时间,在关注系统功能及性能的同时,还必须要关注系统的功耗问题。对一个微控制器芯片而言,功耗最明显的体现之处就是其供电电压,除非受到器件或成本等因素的限制,应当尽量选择较低供电电压的芯片类型。多年以前,各类微控制器,尤其是低档单片机的供电电压标准以 5V 居多,但目前包括某些兼容传统 MCS-51 系列芯片在内的大多数微控制器系列都全部或部分提供有宽电压范围或低电压的型号。由于功耗的降低会一定程度地损害到芯片的整体处理性能,还涉及芯片的成本问题,因此通常要结合系统的供电环境、处理任务的类型等因素综合考虑合适的处理器芯片。

(7) 调试烧写手段。目前对于嵌入式系统的开发及调试均基于"主机—目标机"的方式。其中,嵌入式系统程序代码的开发在称为主机的 PC 或工作站上进行,而最终运行程序代码的硬件则作为目标机。为此主机必须能够完成以下工作:程序在目标机的装载;启动、停止目标机上的程序;检测内存与 CPU 寄存器。早期,常常是借助针对特定型号系列的仿真器作为主机与目标机之间的连接桥梁,并辅助主机实现上述工作,但需要配以针对具体型号芯片的专用仿真头(模拟真实的微控制器),而开发环境多为仿真设备厂家提供的专用编程调试环境,程序仿真成功后,还需要通过编程器将程序真正烧写入真实的嵌入式芯片。因编程器价格与专用仿真器相比较便宜,一些业余开发者更习惯采用反复进行"程序编制及更改+编程器烧入+硬件板独立运行判断"的土办法进行系统调试。一种更加先进的方式是采用 JTAG 接口进行仿真。JTAG(Joint Test Action Group,联合测试行动小组)也称 IEEE 1149.1 边界扫描测试标准,主要用于芯片内部测试,也作为一种嵌入式调试技术,如今大多数比较复杂的嵌入式处理器都支持该协议。实现 JTAG 技术需要在芯片内部封装专门测试电路。通过 JTAG 接口,可对芯片内部的所有部件进行访问。但基于 JTAG 的仿真调试方式需要在主机与支持 JTAG 接口的目标机之间以 JTAG 仿真器(作为协议转换器)连接。对于一些较低档的 8/16 位单片机,虽然没有支持 JTAG 接口,但近年来也纷纷推出各种支持 ISP(在系统编程)下载功能的新型号,如 STC 的 51 兼容系列单片机就提供了简单的串口 ISP 编程方式,ISP 功能的推出免除了过去烧写更新芯片内的程序需要将芯片拔离系统板,在专用编程器上进行的烦恼,大大方便了开发者。但与 JTAG 方式相比,这类 ISP 功能目前只能实现程序到芯片的下载,而无法实现程序的在系统调试,若需要进行调试,仍旧只能利用专用仿真器进行,好在目前芯片仿真技术已日趋成熟,设备价格也变得易于接受。图 3-5 所示为典型"主机—目标机"结构。

(8) 接口类型及数量。不同体系、系列,甚至同一系列不同型号的微控制器通常都提

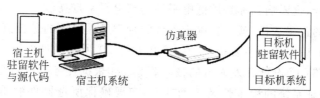

图 3-5 典型"主机—目标机"结构

供不同类型、数量的 I/O 接口,可根据设备系统的需求直接选择,常见接口如作为多路信号控制或 IC 器件控制的 GPIO 接口,负责串行通信的 UART、USB 接口,负责网络通信的以太网接口以及 CAN、I²C、SPI 等总线接口。

(9) 基础功能模块。在移动便携设备系统的设计实现中,常常需要应用某些基础功能,如 PWM(Pulse-Width Modulation,脉冲宽度调制)、LCD 驱动器、定时/计数器、电压比较器、内部晶振、看门狗电路、模数/数模转换器、运算放大器等,若直接选择全部或部分带有这些基础功能模块的微控制器型号,则可达到对系统硬件设计的简化,有利于减少开发时间和开发成本。表 3-1 列举了 STM32 系列芯片的选型配置表,在实际应用中,可以利用各芯片厂商提供的类似选择以方便处理器选型工作。

表 3-1 ST 公司 STM32 芯片系列配置选型表

STM32选型与配置表																		
型号	封装	程序空间/B	RAM/KB	FSMC	16位普通(IC/OC/PWM)	16位高级(IC/OC/PWM)	16位基本(IC/OC/PWM)	I2C	看门狗	RTC	STI	USART	SDIO	USB/CAN	I2S	DAC(通道)	I/O端口	供电电压	ADC(通道)
STM32F103系列																		
36脚 STM32F103T6	QFN36	32	10		2X(8/8/8)	1(4/4/6)		1	2	2	1	2		1/1			26	2~3.6V	2(10)
STM32F103T8	QFN36	64	20		3X(12/12/12)	1(4/4/6)		1	2	2	1	2		1/1			26	2~3.6V	2(10)
48脚 STM32F103C8T6	LQFP48	64	20		3X(12/12/12)	1(4/4/6)		2	2	2	2	3		1/1			37	2~3.6V	2(16)
STM32F103C6T6	LQFP48	32	10		2X(8/8/8)	1(4/4/6)		1	2	2	1	2		1/1			37	2~3.6V	2(16)
STM32F103CBT6	LQFP48	128	20		3X(12/12/12)	1(4/4/6)		2	2	2	2	3		1/1			37	2~3.6V	2(16)
64脚 STM32F103RBT6	LQFP64	128	20		3X(12/12/12)	1(4/4/6)		2	2	2	2	3		1/1			51	2~3.6V	2(16)
STM32F103R6T6	LQFP64	32	10		2X(8/8/8)	1(4/4/6)		2	2	2	2	3		1/1			51	2~3.6V	2(16)
STM32F103R8T6	LQFP64	64	20		3X(12/12/12)	1(4/4/6)		2	2	2	2	3		1/1			51	2~3.6V	2(16)
STM32F103RDT6	LQFP64	384	64		4X(16/16/16)	2(8/8/12)	2	2	2	1	3	5	1	1/1	2	1(2)	51	2~3.6V	3(16)
STM32F103RCT6	LQFP64	256	48		4X(16/16/16)	2(8/8/12)	2	2	2	1	3	5	1	1/1	2	1(2)	51	2~3.6V	3(16)
STM32F103RET6	LQFP64	512	64		4X(16/16/16)	2(8/8/12)	2	2	2	1	3	5	1	1/1	2	1(2)	51	2~3.6V	3(16)
100脚 STM32F103VDT6	LQFP100	384	64	▲	4X(16/16/16)	2(8/8/12)	2	2	2	1	3	5	1	1/1	2	1(2)	80	2~3.6V	3(16)
STM32F103VCT6	LQFP100	256	48	▲	4X(16/16/16)	2(8/8/12)	2	2	2	1	3	5	1	1/1	2	1(2)	80	2~3.6V	3(16)
STM32F103V8T6	LQFP100	64	20		3X(12/12/12)	1(4/4/6)		2	2	2	2	3		1/1			80	2~3.6V	2(16)
STM32F103VBT6	LQFP100	128	20		3X(12/12/12)	1(4/4/6)		2	2	2	2	3		1/1			80	2~3.6V	2(16)
STM32F103VET6	LQFP100	512	64	▲	4X(16/16/16)	2(8/8/12)	2	2	2	1	3	5	1	1/1	2	1(2)	80	2~3.6V	3(16)
144脚 STM32F103ZCT6	LQFP144	256	48	▲	4X(16/16/16)	2(8/8/12)	2	2	2	1	3	5	1	1/1	2	1(2)	112	2~3.6V	3(16)
STM32F103ZET6	LQFP144	512	64	▲	4X(16/16/16)	2(8/8/12)	2	2	2	1	3	5	1	1/1	2	1(2)	112	2~3.6V	3(16)
STM32F103ZDT6	LQFP144	384	64	▲	4X(16/16/16)	2(8/8/12)	2	2	2	1	3	5	1	1/1	2	1(2)	112	2~3.6V	3(16)

2. 外围器件选择

一旦确定了移动便携设备系统的处理核心芯片,接下来的另一个重要任务就是对系统板载外围器件,如电阻、电容、外部晶体振荡器、外部存储器等的选择,这些器件的选择不仅决定了微处理器内部程序的操作处理方式,也决定了微处理器芯片能否得到有效的支持而正确、稳定地运作。

一个较为简单的例子是:当任务中需要用微处理器的 GPIO 引脚驱动一个 LED 数码管来显示必要的数字信息时,即使解决了管脚驱动能力的问题,剩下要做的也不仅仅是拿来一个 LED 数码管那么简单——还要搞清楚这个数码管是共阴极的还是共阳极的、哪个更适合你的设计,这影响到你是用低电平还是高电平来点亮数码管的段位的问题。

对外围器件的正确选择,就是要确定器件的种类及其对应的参数值。一般来说,这些器件及其参数值的确定依据主要来源于以下几方面:①所选微处理器及附属模块厂家提供的应用参考电路;②设计开发人员的技术积累;③根据任务要求自行设计并计算参数值。此外,为了保证系统的稳定性及正确性,一定要确保所选器件的质量及精度符合要求,因为出现问题去补救的成本要远大于选择更贵但质量及精度更好的器件而多出的成本。

对于自行设计的部分,器件参数值自然需要经过缜密的电路计算来确定,但由于所进行的开发是基于直接程序控制方式的,因而开发者不可避免地会涉及某些具体的硬件通信或驱动问题,虽然电路及器件是确定的,但仍旧需要通过一些计算等工作来最终获取器件的确切型号及参数值。

例如,在常见的串行接口通信时,必须保证设备双方的波特率(Baud rate,微控制器在串口通信时的速率)一致,为了兼顾稳定性及传输速率,一般选择 4800、9600、19200、38400 等典型值为多,若要使用 MCS-51 兼容系列单片机实现串口通信,为确定上述某一波特率值,不仅要在程序中设定经计算得到的合适参数值,还要在芯片外部对应选择特定数值的晶体振荡器才行。具体地,MCS-51 的串口可约定 4 种工作方式。其中,方式 0 和方式 2 的波特率是固定的,为晶振频率的固定分频数,而方式 1 和方式 3 的波特率是可变的,由定时器的溢出频率决定,每溢出一次即发送一次数据。定时器的溢出频率值取决于定时器的初值,而初值可由波特率与溢出频率的关系公式计算得出。为了得到标准的无误差的波特率值,如 9600,通常应选用 11.0592MHz 这一特殊数值的晶体振荡器(如图 3-6 所示),因为将这个值代入公式能使定时器的初设值为整数,从而保证极小的波特率偏差。与之对比,当希望使用 12MHz 晶体振荡器产生 9600 波特率时,由

图 3-6　各式 11.0592MHz 晶振

公式推得的定时器初值不为整数,若取近似值,会有 7.8% 的误差,极易产生乱码。因为上述原因,市场上常见 11.0592MHz 频率晶体振荡器出售。值得一提的是,近年来很多新面世的 MCS-51 兼容系列单片机已经在这方面作了改进,不再对晶振频率的选择有所挑剔,从而方便了用户的设计开发。

另外,系统开发时,当嵌入式微处理器片内提供的存储空间不足时,往往需要扩展片外 RAM 或 ROM(Flash)存储空间,这首先要求所选用的嵌入式微处理器带有外部并行扩展口,即支持外存储器扩展;其次,由于嵌入式微处理器大多都是哈佛体系结构的,应意识到程序及数据存储空间区分的问题;再次,需要注意不同系列型号微处理器的操作方式会有不同,且即使在处理器位数相同的情况下,各系列型号微处理器的寻址扩展能力也存在差异,因而还要在外存储器的选型上注意位宽、存储深度等相关参数与芯片具体特性及设计要求的适配,尤其是当某些情况下需要应用多片存储器件进行地址(存储深度)或字宽扩展时。

3. 电路设计布线

嵌入式移动便携设备系统开发的首要方面是对于系统硬件电路的设计与布线规划。通常各类型系列的嵌入式微处理器都有对应的最小系统电路原理图。其中硬件的最小系统指的是能够维持包括单片机在内的各种微控制器正常运作的、由最小规模外围元器件构成的硬件系统,一般除了包括供电、复位、时钟等基础电路之外,还视芯片体系而包括各种不同针对性的辅助器件电路,如外存储接口、调试接口等电路。

这些最小系统原理图有的是芯片厂家在产品手册或公开文档中提供的,有的是一些开发者在实践中优化总结出来的,但无论其来源如何,一般都对新系统的初始开发具有一定的指导意义,实际上进行嵌入式系统开发的基础大都遵循以主微控制器为核心,基于各种最小系统进行功能模块添加而逐渐展开的思路进行的。但需要注意的是,如果涉及高频电子应用,则还需要进一步在电路规划布线上予以重点设计。图 3-7 所示为一种典型的 ARM Cortex-M3 STM32F103 最小系统原理图。

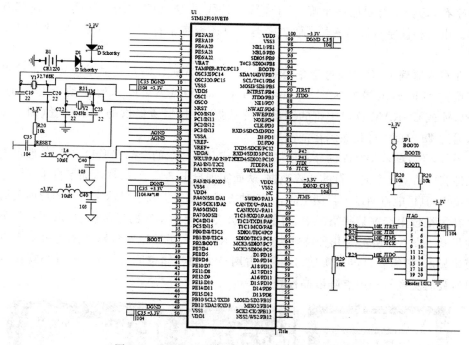

图 3-7　典型的 STM32F103 最小系统原理图

4. 模块驱动及控制

对于直接程序控制方式的移动便携设备开发而言,板载嵌入式芯片外围各功能模块的驱动控制必须由开发者亲自编码实现,但大多数功能模块,特别是应用较为广泛的模块,通常都会附带有控制例程以供参考。

与使用者进行可视化的信息交互是移动便携设备系统的应用基础,这就少不了要实现对所选择的显示器件或模块的驱动控制,可用于信息显示的器件或模块种类繁多,需要根据交互信息的形式(图形/文字、黑白/彩色等)和设计功耗、成本等综合确定。例如,若将设备系统设计为仅需显示必要的操作选项/结果信息以及实时参数状态信息,则可选择常见的点阵液晶模块作为设备的信息显示单元,如图 3-8 所示。进一步地,还要根据显示信息量确定点阵液晶模块的显示行数及每行字数,从而最终确认具体型号。

图 3-8　点阵液晶模块

在内部结构上,很多点阵液晶模块都内嵌有字符发生存储器(Custom Glyph ROM,CGROM),如常见的 LCD1602 的 CGROM 存储了 160 个 5×7 点阵字符和 32 个 5×10 点阵字符,每个字符对应一个唯一 ASCII 字符代码,而 LCD12864 某些型号还带有中文字库。由于存储字符数量有限,通常这类模块还带有字符产生存储器,提供自定义字符功能。

在写入原理上,首先通过指令将欲显示字符的 ASCII 码及其显示位置指定给点阵液晶模块的字符显示缓冲区(Display Data RAM,DDRAM),其后模块会依据指令从 CGROM 或 CGRAM 读出字符的字形点阵数据,并根据所提供的显示位置(即 RAM 地址),通过 DDRAM 将其显示在液晶屏上。

另外,还有些不带字库的显示模块只能自定义要显示的全部字形和字号,一般可借助取模软件获取某个汉字或字符的点阵数据,从而实现自定义显示,虽然增加了自定义汉字及字符的负担,且可能占用过多存储空间,但这种方式也相对提高了显示字符及图形的灵活性。

在大批量生产等某些情况下,可能会需要专门定制特殊的显示模块,以便专门类型数据的显示。图 3-9 所示为几种特殊类型的显示模块。虽然这些特殊样式也可基于点阵液晶模块显示,但需要自定义实现,这将会占用较大的存储空间,因而在进行小规模制作或学习研究时更经常采用点阵液晶模块。

图 3-9　特殊类型的显示模块

近年来很多移动便携应用都涉及图像采集控制或传输任务,对于直接程序控制方式而言,这就需要编制代码直接对所选择的摄像头模块(图 3-10)进行控制驱动及数据采集,若任务对采集的视频或图像还有即时处理要求,则可能需要在程序中包含嵌入式图像处理算法,这通常已经超出了低级单片机的处理能力范围,因而一般需要采用高档的单片机或 32 位微控制器来处理。由于目前摄像头的种类繁多,技术、接口各不相同(模拟/数字、CCD/CMOS、串口/USB/专用口等),对摄像头所采取的控制方式及具体指令协议也会根据所选择摄像头的具体类型、型号而有所不同,具体应参照选定模块的技术手册。

图 3-10　摄像头模块

另外,作为嵌入式应用的常用基础功能,大多数嵌入式微控制器,包括单片机,会在芯片内部搭载若干路用于驱动电机的 PWM(Pulse Width Modulation,脉冲宽度调制)功能模块以及用于信号采集控制的模/数、数/模转换功能模块,并通过多功能引脚提供使用,对这些模块的驱动应用需要依照芯片数据手册给出的说明进行编码实现。

5. 交互装置

在直接程序控制方式下,由于代码复杂度、器件成本、系统用途等方面的特定因素,通常采用按键或键盘等机械电子方式作为所要开发的简单移动便携设备系统的主要交互方式。对于这种交互方式,在编码处理时首先要注意的问题是按键动作的去抖动处理,其次是当使用键盘当作交互输入手段时,要解决键盘扫描识别处理问题。

按键抖动这个问题由来已久,由于机械按键在按下或抬起过程中存在接触抖动,由此引发的电平剧烈变化会带来误触发等严重影响,如图 3-11 所示。这个问题可以从硬件上来解决,传统的方法是利用基本 RS 触发器隔离;也可以从软件上解决,即采用轮询或中断方式并结合持续时间的判断。更进一步地,这种软件方式还可解决按键长按/短按的判断问题。

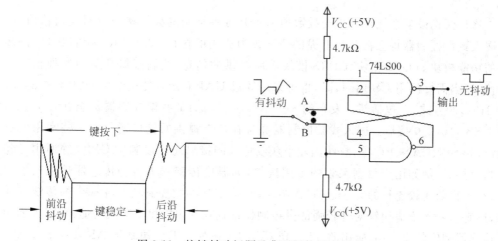

图 3-11　按键抖动问题及典型硬件解决方式

当按键数量较多时,有限的 GPIO 引脚无法负担一对一的按键输入格局,此时最好的解决方式就是采用矩阵键盘的形式,将按键排列成矩阵形式,每条水平线和垂直线在交叉处不直接连通,而是通过一个按键连接。这样,一个 8 位的 GPIO 端口可以支持 4×4＝16 个按键,如图 3-12 所示。而对于键盘的扫描识别,也有很多成熟的代码可供参考。

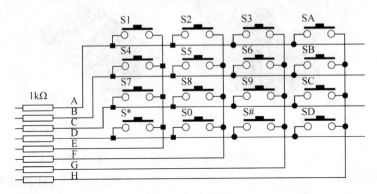

图 3-12　矩阵键盘

6. 存储器存储访问

被用于直接程序控制形式移动便携设备系统的嵌入式芯片通常是中低端的包括单片机在内的嵌入式微控制器,这类微控制器芯片内部除了带有有限的 RAM 外,一般还带有特定容量的 ROM/Flash 作为程序存储空间,但总的来说,片上的存储空间都是极其有限的,当控制程序规模过大时(如自定义显示大量汉字及字符或实现复杂算法或功能时),只能更换具有更大片内程序空间的型号或者扩展片外程序存储器(需视处理器支持与否),对于数据存储器(RAM)也是如此。许多微控制器都设计有针对片外存储器扩展的指令、信号控制或结构支持,需要开发者根据设计要求自行进行引脚连接及设置代码的编制。

7. 接口协议处理

移动便携设备系统与外界交换数据离不开各种类型的数据接口及对应通信协议,通常嵌入式微控制器均会在芯片上提供若干较为通用的接口,如 UART 串行接口,许多类型的功能模块如 GPS 模块、GPRS 模块等所提供的信息/控制接口都采用这种相对简单的接口,当需要使用 USB 接口时,也可采用通过 UART 接口外接专用 USB 转换芯片(如 CP2101)的方式,但包括新近发布的 8 位单片机在内的某些微控制器甚至在片上就提供了 USB 1.0/2.0 接口。嵌入式微控制器经常在片上提供的接口还包括一些常用的总线接口,如 SPI、CAN、I^2C 等,有些比较小众或特殊的接口还可以利用 GPIO 等通用管脚作为临时接口,例如用于数据采集的专用接口,如温度传感器等各种传感器件或模块。此外,对于目前比较流行的无线通信/控制功能,除了某些微控制器芯片提供的传统红外接口,还有一些无线应用针对性较强的微控制器系列在片内提供了无线功能模块,如面向无线传感器网络的 ZigBee 应用的 TI 公司 CC253x 系列、ST 公司基于 ARM Cortex-M3 体系架构 SoC 形式的 STM32W108 系列等,但无此类片内模块功能的大多数通用嵌入式微控制器也可通过 UART 等常用片上接口连接外部通信模块,如蓝牙、Wi-Fi、RFID 模块等实现无线通信/控制。

无论何种接口,在硬件上体现的都只是连接形式,嵌入式微控制器要真正利用各种类型的接口发挥其对功能模块或其他设备应有的通信/控制作用,还需要遵循各类接口各自对应的公共协议,以保证数据/指令稳定、无误地收发。针对具体接口协议进行管理操纵,以实现数据收发的代码通常称为特定接口驱动程序。对于直接程序控制类型的移动便携设备开发,由于没有嵌入式操作系统的支持,几乎所有用到的接口的驱动都必须由开发人员自己编程解决,这些临时开发的驱动程序通常针对性很强,因而效率较高。

3.2.2　编码操作方式

无论何种形式的嵌入式系统开发,都离不开程序代码的编制,但在编码语言、项目结构、体系层次、运行基础等方面却可以是有所区别的。对于基于直接程序控制方式的移动便携设备系统开发,最直接的方式就是使用嵌入式微控制器所对应的汇编语言。对于小规模的功能代码开发,这是最便捷、最高效的方式且易于控制实现某些实时性要求,但需要开发人员掌握特定的汇编指令,且最好具有能够针对所用处理器在指令上加以优化,以进一步提高代码执行效率,但当需要开发具有较为复杂功能的中大型系统时,代码量将变得相当庞大。

由于不同体系的嵌入式处理器所定义的汇编指令各不相同,为了节省重新学习不同体系汇编指令的时间,把精力放在系统功能算法的实现上,越来越多的开发者倾向于采用 C/C++ 这种高级语言实现嵌入式系统,再借助编译器转换为对应的低级汇编语言代码,当然这需要良好的开发环境及编译器的支持。具体地,基于高级语言进行嵌入式系统代码开发,通常可以采用项目形式,将系统的各关键功能模块、关键算法以及处理器相关的基础功能支持分别编制为独立的 C/C++ 程序,并通过开发环境将这些程序组织到一个项目目录之下,最终可通过编译、汇编、连接、装载等步骤,逐步将项目内多个 C/C++ 程序处理合并为一个完整的可执行二进制代码文件。采用高级语言进行系统代码开发的好处是功能模块化程度高、可读性强、可重用性较强且更易实现不同嵌入式处理器之间的代码移植等。另外,若选择了利用高级语言进行嵌入式程序开发,往往可以找到芯片厂商或第三方提供的以高级语言实现的设备固件(驱动)库,这些库提供了丰富的芯片外设底层驱动函数,开发人员可以在这些底层函数基础上编写应用程序,而不需要自己编写驱动程序。总之,对于较为大型或具有一定实现复杂度的嵌入式系统开发,采用高级语言进行设计开发是一个必然的趋势。表 3-2 给出了利用高级语言或汇编语言进行嵌入式编程的一般形式。

无论采用何种语言、何种代码组织形式,对于直接程序控制形式的移动便携设备系统的开发,开发者所编制的代码对应着最终嵌入式芯片程序存储器中可执行代码的全部,即系统所具有的功能及特性基本上全部取决于开发者的能力。这种直达底层的系统开发形式能够针对需求从根本上灵活地解决开发中遇到的一些事关功能、性能的问题,但往往受限于系统开发者的个人能力。另外,考虑到实际系统开发的人力资源成本、发布期限以及最终产品的稳定易用性、界面交互友好性等问题,对于更大规模的移动便携设备系统,引入一个适当的嵌入式操作系统作为任务功能辅助不失为一个不错的选择。

表 3-2　高级语言及汇编代码例子

高级语言嵌入式程序一般形式	汇编语言嵌入式程序一般形式

`...`
`void interrupt int0(){`　　/*中断处理*/
`    ...`
`}`
`...`
`Type define;`
 	
`main(){`
`    Init();`　　　　　　　/*初始化系统*/
`    while(1){`
`    /*永远循环*/`
`        Task0(type param);`　/*任务0执行*/
`        Task1(type param);`　/*任务1执行*/
`        ...`
`    }`
`}`
`void Init(){`
`    ...`
`}`
`void task0(type param){`
`    ...`
`}`
	`ORG 0000H`
	`    AJMP      INITOUT`
	`    ORG       0023H`
	`    AJMP      SERVE`
	`    ORG       0050H`
	`INITOUT: MOV   TMOD,#20H`
	`    MOV       TH1,#0FDH`
	`    MOV       TL1,#0FDH`
	`    MOV       P0,#0`
	`...`
	`SET1: MOV      SCON,#50H`
	`    MOV       PCON,#00H`
	`...`
	`L0: CJNE       A,#0,L1`
	`    CLR       P0.0`
	`    MOV       R1,#200`
	`...`
	`    AJMP      RETURN`
	`...`
	`RETURN: POP    A`
	`    POP       DPL`
	`    POP       DPH`
	`    SETB      EA`
	`    RETI`
	`MAIN: AJMP     MAIN`
	`    END`

　　在典型的嵌入式系统中,用户控制操作、传感器回传数据、计时器触发终结等各种事件和信息是嵌入式处理器执行各种任务处理工作的主要依据,其接收外界事件及信息的介质是连接外设的各类专用及通用 I/O 接口,因此实现对 I/O 接口事件的响应及访问的调度安排,成为嵌入式系统开发中一项必不可少的重要内容。在直接程序控制方式开发过程中,由于没有嵌入式操作系统的支持,除了所设计功能的实现,对全系统功能任务的调度安排以及用户操作的响应处理等全局管理工作都需要开发者自己编程实现。

　　因为嵌入式系统的运作方式通常为任务等待值守类型,而非执行完毕即结束类型,常见的编程处理方式是在对系统程序中用到的各种地址入口以及各类参数、常量进行初始化后,随即进入一个事务处理的死循环中,并采用轮询方式循环查询各 I/O 端口状态,或者等待 I/O 事件引发中断,以实现对各种 I/O 事件的响应处理。无论采取轮询还是中断方式,在响应到事件后,还要根据事件类型转向对应的任务处理子程序,执行事件处理代码以实现预定的系统功能。

3.2.3　辅助工具

如前所述,嵌入式系统的软件系统开发通常采用"主机—目标机"的形式。在目标机硬件电路被设计并搭建出来后(可能是具备全功能的实验板而非最终产品板),需要进行的重要步骤就是对软件代码的写入及调试。这些代码可能已经在设计实现硬件电路的同时就被初步编制出来了,对基于嵌入式操作系统的代码开发而言,可以事先基于某些模拟硬件及嵌入式操作的专用模拟器对代码进行先期调试,以测试一些基本功能、调整界面及交互设计上的一些问题,但对于直接程序控制方式的开发而言,需要完全依赖"主机—目标机"调试环节来解决控制代码的开发问题,因此这一环节对直接程序控制方式开发而言尤为重要。要实现"主机—目标机"形式的开发调试,必然需要一些软、硬件的辅助工具,这在较大程度上取决于开发者的能力、经济条件、开发目的(高/低档产品还是小规模自制)、产品性能要求等,然而也取决于嵌入式器件厂商的芯片技术支持(如文档、端口设计、调试功能支持等),事实上,有些开发者更乐于采取自制的形式,但这并不代表他们在开发资金上存在问题,而是在自信的基础上更想打造一套完全适合于自己开发习惯的、"顺手"的软硬件辅助工具。

在硬件上,如图 3-13 所示,常用的辅助工具设备除了传统的、不具备代码下载功能的专用/通用串口仿真器(包括仿真头,通常用于单片机),以及将代码写入嵌入式处理器的各类编程器之外,近年来中高端嵌入式芯片普遍采用各类 JTAG 仿真器,如常用的 ARM 公司的 ULINK 系列、SEGGER 公司的 JLINK 系列等,它们都具有在线调试和代码下载功能。对于新一代的 ARM Cortex 系列处理器,还支持一种称为 SWD(Serial Wire Debug,串行调试)的调试方式,如 ST 公司推出的用于自家嵌入式微控制器(主要是STM8 和 STM32 系列芯片)的 ST-LINK 系列仿真下载器,支持 SWIM(用于 8 位微控制器)/SWD 及 JTAG 接口,另外 ULINK2(ULINK 的升级版本)也增加了对 SWD 的支持。

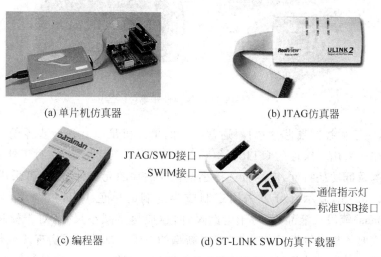

(a) 单片机仿真器　　　　　　　　　　(b) JTAG仿真器

JTAG/SWD接口
SWIM接口
通信指示灯
标准USB接口

(c) 编程器　　　　　　　　(d) ST-LINK SWD仿真下载器

图 3-13　各种辅助仿真设备

在软件上,主要的辅助工具就是各种专用/通用嵌入式代码开发及编译调试的集成环境以及某些硬件辅助工具设备,如编程器、仿真器等的配套软件。常见的通用集成开发环境有 IAR EWAR、KEIL C51、WINARM、RealView MDK 等,其中 IAR EWAR 集成开发环境、RealView MDK 集成开发环境还分别实现了与 JLINK 系列、ULINK 系列 JTAG 仿真器的无缝连接。

3.2.4 移动便携设备示例

采用直接程序控制方式实现的移动便携设备一般都是具有功能专一、性能要求不高、信息量有限、交互要求低等特点的专用设备,或者用于学习研究用途自制的设备以及针对特定项目工程配套开发的设备。这里举两个例子。

1. 计步器

如图 3-14 所示,顾名思义,通常计步器所提供的主要功能就是通过振动传感器和电子计数器计量走过的步数,但这不是这种设备最终的目的,真正具有实际意义的是步数计量值能够间接表达出的与健康有关的信息,即基于对所走步数的计量值以及个人身高体重等基本参数,科学推导出的行走距离、能量消耗、脂肪消耗等数据,因而一个计步器需要提供的功能主要包括步数测量、行走距离统计、热量(卡路里)/脂肪消耗、个人基本参数设定以及这些信息的切换显示,为了方便用户使用,时间分段统计、数据存储记忆、各种提醒模式等辅助功能通常也是必不可少的。由于这些信息通过数字就可迅速、清晰地呈现给用户,且考虑到节省功耗的需要,因而无需华丽的彩色图形界面;由于传感量单一、控制需求简单,因而可避免采用多任务形式实现;为了避免要求用户过多地介入而干扰运动体验,在用户交互设计上需要尽量简化,杜绝繁复的控制操作。综上所述,计步器这种移动便携设备通常可以基于简单的直接程序控制方式设计实现。

图 3-14　各种计步器

具体地,对于微控制器芯片选择,通常 8 位的单片机足以胜任计步器的功能实现,批量的产品还往往采用一次性的 OTP 版本和 MASK 版本单片机芯片;对于外围器件选择,为满足其便携及低功耗特性,应尽量选择小型化或贴片的元器件,供电可采用 3V 的纽扣电池,如 CR2032 等,显示部分可采用定制或半定制的单色 LCD 液晶屏,如各种 COG (Chip On Glass)笔段式液晶等;对于电路设计,也应尽量减小尺寸;对于模块驱动控制,由于计步器主要依靠二维振动传感器,或者新型的三维运动传感器实现步伐传感,所以模块驱动代码的主要任务就是通过特定模块接口读取解析振动传感数据并作为输入提供给功能算法,某些设计中,由于加入了楼层记数功能,还需要增加气压传感器,并以类似的方式对传感数据加以读取应用,如果还需要精密计时功能,就可能要增加时钟模块;对于交互装置设计,为保证稳定可靠,避免误触发,采用按键方式,并可设计为 3～4 个单功能或多功能按键,通常包括清除(RESET)、模式(MODE)、设置(SET)、调整(ADJ)等几种功能。一般地,"清除"用来抹除历史数据,"模式"用来切换查看数据,"设置"用来设置参数,"调整"用来翻页或变动数字。计步器设置数据时,应使被调整的焦点数据闪烁以提示用户;对于外接存储器,应视所设计的数据存储指标而定。

2. 便携激光测距仪

如图 3-15 所示,便携激光测距仪是一种利用激光对目标的距离进行准确测定的专用移动便携量测设备。工作时,便携激光测距仪向目标射出一束很细的激光,由光电元件通过透镜接收目标反射的激光束,计时器测定激光束从发射到接收的时间,从而计算出从观测者到目标的距离。其主功能,即距离量测功能,需要发射信号调制、回波信号接收放大、相差测量等复杂电路来实现原始距离数据的获取,这些电路是实现便携激光测距设备的技术关键之一,而之后的另一重点,即解算显示等功能任务则可由嵌入式微控制器实现。由于任务比较专一,且结果信息均可由数字呈现,因而采用直接程序控制方式,基于目前技术较为先进的 8 位单片机即可达到设计开发目的。一般地,目前较为流行的便携激光测距仪除提供距离量测信息外,还基于所测量记录的若干距离信息提供勾股定理间接测量、面积容积测量、连续测量、加减运算、最大与最小距离跟踪、蜂鸣提示、多度量单位转换等辅助功能,这些功能均由单片机内开发者编制的解算及显示代码实现。

图 3-15 激光测距仪

3.3 嵌入式操作系统

在介绍后两种基于嵌入式操作系统的控制形式之前,有必要对嵌入式操作系统相关知识加以介绍。嵌入式操作系统(Embedded Operating System,EOS)是指用于嵌入式系统的操作系统,通常都是实时操作系统(Real-Time Operation System,RTOS)。嵌入式操作系统是一种用途广泛的系统软件,其系统内核是其不可或缺的、最核心的部分,负责管理系统进程、内存、设备驱动程序、文件和网络系统,大多数自定制的,或某些通用的全功能嵌入式操作系统都基于为数不多的几种优秀系统内核之一。此外,出于完善功能的目的,嵌入式操作系统通常还可能包括与硬件相关的底层驱动、设备驱动接口、通信协议、图形用户界面(Graphical User Interface,GUI)、应用程序接口(Application Program Interface,API)等部件模块。总体上说,嵌入式操作系统必须体现其所在嵌入式系统的特征,能够通过装载或卸除某些模块来达到系统所要求的功能。目前得到广泛使用的嵌入式系统有 μC/OS-II、μCLinux、Windows CE(以及最新的 Windows Phone)、FreeRTOS、VxWorks 等以及应用在智能手机和平板计算机的 Android、iOS 等。

随着计算机技术的迅速发展和芯片制造工艺的不断进步,嵌入式系统的应用日益广泛,从民用的电视、手机等电路设备到军用的飞机、坦克等武器系统,到处都有嵌入式系统的身影。在嵌入式系统的应用开发中,采用嵌入式实时操作系统(简称 RTOS)能够支持多任务,使得程序开发更加容易,便于维护,同时能够提高系统的稳定性和可靠性。这已逐渐成为嵌入式系统开发的一个发展方向。另外,由于嵌入式应用的多样性特点,嵌入式 RTOS 注定是一种百花竞放的格局,而不会出现某个理想的、标准化的嵌入式 RTOS 占有强力的垄断地位的局面,就像桌面系统中微软的 Windows 曾经做到的那样。

一般来说,在嵌入式系统上应用嵌入式操作系统的目的是为了合理地调度多任务,利用系统资源、系统函数以及和专用库函数接口,保证程序执行的实时性、可靠性,并减少开发时间,保障软件质量。嵌入式系统的目的性很强,且其中的软件和硬件系统的结合关系较为紧密,一般要针对具体的硬件系统配置及嵌入式设备产品的任务要求进行嵌入式操作系统的移植。下面介绍几种常见的嵌入式操作系统。

1. μC/OS-II

μC/OS-II(Micro Control Operation System II)是一种可以基于 ROM 运行的、可裁剪、抢占式的实时多任务内核,具有高度可移植性,特别适合于嵌入式微处理器和控制器,且性能与很多商业嵌入式操作系统内核相当。为了提供更好的移植性能,μC/OS-II 最大程度地使用 ANSI C 语言进行开发,现已经能够移植到近 40 多种处理器体系上,涵盖 8~64 位的多种嵌入式微控制器/微处理器(包括 DSP)。自问世以来,μC/OS-II 已经被应用到数以百计的产品中,且通过了联邦航空局(FAA)商用航行器认证,符合航空电子设备的 RTCA(航空无线电技术委员会)DO-178B 标准。在嵌入式系统中植入 μC/OS-II 内核时,如果需要一个较为华丽的交互界面,可以选择 μC/GUI 等 GUI 软件模块集合来实现。

μC/OS-II 可以简单地视为一个多任务调度器,在这个任务调度器之上完善并添加了和多任务操作系统相关的系统服务,如信号量、邮箱等。其主要特点是公开源代码,代码结构清晰明了、注释充分、组织有条理、可移植性好、可裁剪及可固化。μC/OS-II 内核属于抢占式,最多可以管理 60 个任务。由于高度可靠性、移植性和安全性,μC/OS-II 已经广泛使用在从移动便携设备、照相机到航空电子产品的各种应用中。

具体地,在任务管理上,μC/OS-II 提供了多种函数调用,包括创建任务、删除任务、任务优先级更改、任务挂起和恢复等。在任务支持上,μC/OS-II 中最多可以支持 64 个任务,分别对应优先级 0~63,其中 0 为最高优先级。另外,系统还保留了 4 个最高优先级、4 个最低优先级的任务,因此总共可支持 56 个用户任务。μC/OS-II 系统初始化时会自动产生两个任务:一个是最低优先级的空闲任务,负责给一个整型变量做累加运算;另一个是次低优先级的统计任务,负责统计当前的 CPU 利用率。

μC/OS-II 的源代码结构可以分三部分,即与处理器和硬件无关的内核代码、与处理器有关的移植代码和用户配置文件。从功能角度而言,又大致可分为系统核心(包含任务调度)、任务管理、时间管理、多任务同步与通信、内存管理、与 CPU 的接口等部分,如图 3-16 所示。

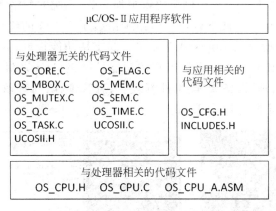

图 3-16 μC/OS-Ⅱ 操作系统结构

核心部分(OSCore. c)即操作系统的处理核心,负责处理操作系统初始化、操作系统运行、中断进出的前导、时钟节拍、任务调度、事件处理等维持系统基本运行的工作;任务处理部分(OSTask. c)中的内容是与任务操作密切相关的,包括任务的建立、删除、挂起、恢复等;时钟部分(OSTime. c)负责任务延时等操作;任务同步和通信部分负责用于任务间互联以及对临界资源访问的事件处理(μC/OS-Ⅱ 将信号量、互斥信号量、消息邮箱、消息队列等统称为"事件");与 CPU 的接口部分主要负责 μC/OS-Ⅱ 对于具体 CPU 的针对性移植部分,即根据所选用的具体 CPU 的体系结构特征及设备功能要求,将 μC/OS-Ⅱ 进行对应移植所需要做的工作。这部分内容由于牵涉中断级任务切换、任务级任务切换等的底层实现,以及时钟节拍产生和处理、中断相关处理等更深层次内容,故而通常用汇编语言编写。

μC/OS-Ⅱ 采用了可剥夺型的实时多任务内核,其在任何时候都运行已就绪的最高优先级任务。μC/OS-Ⅱ 的任务调度是完全基于任务优先级的抢占式调度,即最高优先级的任务一旦处于就绪状态,则将立即抢占正在运行的低优先级任务的处理器资源。为简化系统设计,μC/OS-Ⅱ 规定所有任务的优先级不同,因而任务的优先级也同时唯一标志了该任务本身。

2. μCLinux(micro-Control Linux)

随着嵌入式应用的日益普及,更加小巧的、无须庞大内存运行环境的迷你型嵌入式操作系统更受嵌入式应用的欢迎,于是 GPL 组织开发了针对微型控制领域的 Linux 操作系统,即 μCLinux 操作系统,其中 μ 表示 Micro(微小的),C 表示 Control(即控制)。μCLinux 从 Linux 2.0/2.4 内核派生而来,主要是针对目标处理器不包含存储管理单元(MMU)的嵌入式系统而设计的,且编译后目标文件通常可控制在几百 KB 数量级,自推出以来已经被成功地移植到了很多平台上,如图 3-17 所示。

μCLinux 的具体特点包括:①不支持 MMU 等内存管理功能,轻量化的特点使得

μCLinux 在嵌入式开发领域具有更加灵活的优势；②继承了 Linux 的大部分优点，如 Linux 强大的网络管理功能，基本上所有的网络协议和网络接口都可以在 Linux 上找到，Linux 的内核比标准的 UNIX 处理网络协议更加高效，系统的网络吞吐性能更好，许多相关资料可以在 Internet 上方便下载，另外，由于沿袭了 Linux 的绝大部分特性，μCLinux 的用户可以使用几乎所有的 Linux API 函数；③支持功能扩展，μCLinux 相对于 Linux 的大幅度瘦身并未妨碍其向用户提供丰富的功能扩展接口；④较强的系统管理能力，支持任务管理、存储器管理、设备管理、事件管理、消息管理、队列管理和中断处理等；⑤可根据不同的应用需求定制剪裁 μCLinux。

(a) 基于μCLinuxOS的播放器　　　　(b) μCLinuxOS版权界面

图 3-17　μCLinuxOS

3. FreeRTOS

FreeRTOS 是一个完全免费、轻量级、迷你型嵌入式操作系统，具有源码公开、可移植、可裁剪、调度策略灵活的特点，功能包括任务管理、时间管理、信号量、消息队列、内存管理、记录功能等，可以方便地移植到各种嵌入式微控制器上运行，基本满足微小系统的需要。由于 RTOS 需占用一定的系统资源（尤其是 RAM 资源），只有 μC/OS-Ⅱ、embOS、FreeRTOS 等少数实时操作系统能在小 RAM 容量的微控制器上运行，如图 3-18 所示。

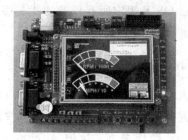

图 3-18　典型 FreeRTOS 界面

任务调度机制是嵌入式实时操作系统的一个重要概念，也是其核心技术。对于可剥夺型内核，优先级高的任务一旦就绪就能剥夺优先级较低任务的 CPU 使用权，提高了系统的实时响应能力。不同于 μC/OS-Ⅱ，FreeRTOS 对系统任务的数量没有限制，既支持优先级调度算法也支持轮换调度算法,因此 FreeRTOS 采用双向链表而不是采用查任务就绪表的方法来进行任务调度。

FreeRTOS 内核支持优先级调度算法,每个任务可根据重要程度的不同被赋予一定的优先级,CPU 总是让处于就绪态的、优先级最高的任务先运行。FreeRTOS 内核同时支持轮换调度算法,系统允许不同的任务使用相同的优先级,在没有更高优先级任务就绪的情况下,同一优先级的任务共享 CPU 的使用时间。FreeRTOS 的内核可根据用户需要设置为可剥夺型内核或不可剥夺型内核。当 FreeRTOS 被设置为可剥夺型内核时,处于就绪态的高优先级任务能剥夺低优先级任务的 CPU 使用权,这样可保证系统满足实时性的要求;当 FreeRTOS 被设置为不可剥夺型内核时,处于就绪态的高优先级任务只有等当前运行任务主动释放 CPU 的使用权后才能获得运行,这样可提高 CPU 的运行效率。

4. Windows CE 及 Windows Phone

Windows CE(Windows Embedded Compact)是微软公司嵌入式、移动计算平台的基础,是一个开放的、可升级的 32 位嵌入式操作系统,如图 3-19 所示。Windows CE 所有源代码全部由微软自行开发,而非基于某个成熟的嵌入式操作系统内核。虽然操作界面来源于 Windows 95/98,但与 Windows 95/98、Windows NT 不同的是,Windows CE 是基于 Win32 API 全新开发的新型信息设备平台。Windows CE 具有模块化、结构化和基于 Win32 应用程序接口和与处理器无关等特点,不仅继承了传统的 Windows 图形界面,并且在 Windows CE 平台上可以使用支持近乎同样的函数及界面风格的、类似于 Windows 95/98 上的编程工具,如类似于 Visual C++ 的 Embedded Visual C++ 以及之后的 VC2005 等,使绝大多数的应用软件只需简单的修改和移植就可以在 Windows CE 平台上继续使用。

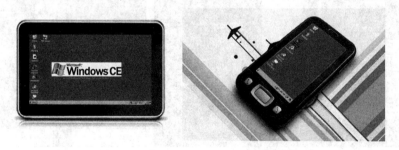

图 3-19　典型 Windows CE 设备及界面

Windows Embedded CE 6.0 重新设计的内核具有 32000 个处理器的并发处理能力,每个处理器有 2GB 虚拟内存寻址空间,同时还能保持系统的实时响应。这使得开发人员可以将大量应用程序融入更智能化、更复杂的设备中。无论在路上、在工作还是在家里,都可以使用这种设备。

基于 Windows CE 构建的嵌入式系统大致可以分为 4 个层次,从底层向上依次是硬件层、OEM 层、操作系统层和应用层。一般来说,硬件层和 OEM 层由硬件 OEM 厂提供,操作系统层由微软公司提供,而应用层由独立的第三方软件开发商提供。

其中,硬件层是指由 CPU、存储器、I/O 端口、扩展板卡等组成的嵌入式硬件系统,是 Windows CE 必不可少的载体。一方面,操作系统为嵌入式应用提供一个运行平台;另一方面,操作系统要运行在硬件之上,直接与硬件打交道并管理硬件。值得注意的是,由于嵌入式系统要以应用为核心,系统中的硬件通常需要根据应用目标定制,因此,各种硬件体系结构之间的差异是不确定的;OEM 层是逻辑上位于硬件和 Windows CE 操作系统之间的一层硬件相关代码。它的主要作用是对硬件进行抽象,抽象出统一的接口,然后 Windows CE 内核就可以用这些接口与硬件进行通信。

Windows CE 是有优先级的多任务嵌入式操作系统,它允许多重功能、进程,在相同时间系统中运行 Windows CE 支持最大的 32 位同步进程。一个进程包括若干个线程,每个线程代表进程的一个独立部分,一个线程被指定为进程的基本线程,进程也能创造一个未定数目的额外线程,额外线程实际数目,仅由可利用的系统资源限定。Windows CE 利用基于优先级的时间片演算法以安排线程的执行,支持 8 个不同的优先级,即 0~7,0 代表最高级,这些在头文件 windows.h 中定义。级别 0、1 通常作为实时过程和设备驱动器,级别 2、3、4 作为线程和通常功能。

Windows CE 的后续系统 Windows Phone 是微软于 2010 年发布的一款智能手机操作系统,它采用 Metro 用户界面,如图 3-20 所示,具有桌面定制、图标拖曳、滑动控制等一系列前卫的操作体验。其主屏幕通过提供类似仪表盘的体验来显示新的电子邮件、短信、未接来电、日历约会等,让人们对重要信息保持时刻更新。2012 年微软正式发布 Windows Phone 8,采用和 Windows 8 相同的内核,但由于内核变更,Windows Phone 8 不支持 Windows Phone 7.5 系统手机升级。

图 3-20　典型 Windows Phone 界面

5. Android

Android 是一种基于 Linux 的自由、开放源代码的操作系统,主要用于移动设备,如智能手机和平板计算机。Android 操作系统最初由 Andy Rubin 开发,2005 年 8 月由 Google 收购注资。2007 年 11 月,Google 与 84 家硬件制造商、软件开发商及电信营运商组建开放手机联盟,共同研发改进 Android 系统。随后 Google 以 Apache 开源许可证的授权方式,发布了 Android 的源代码。第一部 Android 智能手机发布于 2008 年 10 月。Android 逐渐扩展到平板计算机及其他领域,如电视、数码相机、游戏机等。2011 年第一季度,Android 在全球的市场份额首次超过塞班系统,跃居全球第一。2013 年的第四季度,Android 平台手机的全球市场份额已经达到 78.1%。

如图 3-21 所示,Android 嵌入式操作系统采用分层架构,从高层到低层分别是应用程序层、应用程序框架层、系统运行库层和 Linux 内核层 4 层。

图 3-21　Android 操作系统的体系结构

通常,Android 会同一系列核心应用程序包一起发布,该应用程序包包括客户端、SMS 短消息程序、日历、地图、浏览器及联系人管理程序等。所有的应用程序都是使用 Java 语言开发的。进一步地,开发人员也可以完全访问核心应用程序所使用的 API 框架。该应用程序的架构设计简化了组件的重用,任何一个应用程序都可以发布它的功能块,且任何其他应用程序也可以在遵循框架安全性的情况下,使用其所发布的功能块。这种应用程序重用机制还使用户可以方便地实现程序组件替换。

在每个应用背后,起支撑作用的是一系列的服务和系统,包括以下内容。

(1) 用来构建应用程序的、可扩展的、丰富的视图(View),含有列表、网格、文本框、按钮及可嵌入的 Web 浏览器等。

(2) 内容提供器(Content Providers)使应用程序间可以相互访问或者共享各自的数据。

(3) 资源管理器(Resource Manager)提供非代码资源,如本地字符串、图形及布局文件等的访问。

(4) 通知管理器(Notification Manager)可使应用程序在状态栏显示自定义提示

信息。

（5）活动管理器（Activity Manager）用来管理应用程序生命周期并提供常用的导航回退功能。

Android 的系统运行库层主要包含一些 C/C++ 库，这些库能被 Android 系统中不同的组件使用，通过 Android 应用程序框架为开发者提供服务。Android 运行于 Linux 内核之上，Android 的 Linux 内核控制包括安全、存储器管理、程序管理、网络堆栈及驱动程序模型等。Android 的中间层多以 Java 实现，且采用了 Dalvik 虚拟机（Dalvik Virtual Machine）技术。Dalvik 虚拟机是一种"暂存器形态"（Register Based）的 Java 虚拟机，变量皆存放于暂存器中，虚拟机的指令相对减少。

Android 本身是一个权限分立的操作系统。在这类操作系统中，每个应用都以唯一的一个系统识别身份运行（Linux 用户 ID 与群组 ID）。系统的各部分也分别使用各自独立的识别方式，以将应用与应用、应用与系统隔离开。Android 安全架构的核心设计思想是，在默认设置下，所有应用都没有权限对其他应用、系统或用户进行较大影响的操作。包括读写用户隐私数据（联系人或电子邮件）、读写其他应用文件、访问网络或阻止设备待机等。Android 嵌入式系统平台较突出的特点是其开放性，它提供给第三方开发商一个更为宽泛、自由的发挥空间。图 3-22 所示为 Android 系统的典型界面。

图 3-22　Android 系统的典型界面

3.4　封闭式嵌入式操作系统控制

虽然一些简单的、专用性较强的移动便携设备系统可以通过直接程序控制方式实现，但现实生活中还存在着更多功能要求复杂得多的移动便携应用需求，实现这些需求，往往需要在纷杂的时间限定内交错或并行执行多种功能操作，此时若仍然依靠费尽心力地编写一系列长长的程序就显得力不从心了——程序将非常复杂、难以处理且在性能或功能上也会变得难以验证，因而最终极有可能无法满足应用需求。为了满足上述多样化功能及复杂时序的要求，应用进程和操作系统来构建嵌入式软件，即使用嵌入式实时操作系统，应用实时算法分配系统资源以满足时限要求，使用进程在操作系统中划分功能和封装是比较好的方法。

封闭式嵌入式操作系统控制方式与前述直接程序控制方式相比，本质的区别自然在于嵌入式操作系统的加入,这使其成为相对更加立体的控制结构。在这种控制方式下,借助嵌入式操作系统的能力,能够实现更加多样化的 GUI 交互界面、更便捷的功能模块驱动控制、更丰富的软硬件功能层次、隔离于硬件的应用功能的软件开发、较好的多任务处理能力及存储管理能力等,但选择封闭式的嵌入式操作系统也意味着这是一个不希望第三方代码介入的移动便携设备的开发项目,这就需要开发人员基于一个合适的嵌入式操作系统内核进行自主裁剪定制,通常还要设计一个独特的标志性 GUI 界面。对于设备用户来说,区分一个移动便携设备是否基于封闭式嵌入式操作系统可以从交互操作界面上寻找线索,一般带有操作系统的设备会具有一个较好的 GUI 界面,并提供更丰富的交互功能。当然,不排除会有个别较为简陋的基于嵌入式操作系统的设备或更优秀的无操作系统设备等。

3.4.1　控制结构

封闭式嵌入式操作系统控制方式的控制结构如图 3-23 所示。在基于封闭式嵌入式操作系统控制形式的移动便携设备开发中,软硬件分工的界限与直接程序控制方式的开发相比较为明显。

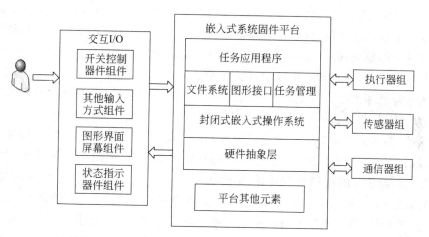

图 3-23　封闭式嵌入式操作系统控制方式的控制结构

在硬件开发层面,开发内容与过程通常与直接程序控制方式设备的开发类似,但由于开发目标往往是更加复杂、高档的产品,且有定制的嵌入式操作系统的支持,因而需要选用能够支持特定嵌入式操作系统的、更加强大的嵌入式处理器,并可能需要支持更多、更复杂的硬件功能模块,这也在一定程度上导致电路设计及制作复杂度的提高,通常这个层面的开发会由硬件工程师来负责。

在软硬件的中间层面,要针对所开发产品的功能定位及性能要求,选定合适的嵌入式操作系统内核并进行裁剪定制,此外,还要提供硬件功能模块的驱动支持,即完成对应于选定嵌入式操作系统的板级支持包(Board Support Package,BSP)的定制。在细分层次的归属上,有人将 BSP 单独视作连接硬件与嵌入式操作系统的、包括系统中大部分与硬件联系紧密的软件模块的硬件抽象层(Hardware Abstract Layer,HAL),也有人将其归属于嵌入式操作系统的一部分。BSP首先具有硬件相关性,因其作为上层软件与硬件平台之间的接口,需要为操作系统提供操作和控制具体硬件的方法,这也对BSP程序员提出了较高的要求,即对硬件、软件和操作系统都要有一定的了解;其次,BSP还具有操作系统相关性,因为不同的操作系统其软件层次结构也各不相同,由此便对应着各自不同的硬件接口形式,需要BSP准确适配。BSP的功能还包括对嵌入式系统硬件及模块的初始化,包括芯片级初始化、板级初始化和系统级初始化。

在软件开发层面,由于封闭式嵌入式系统的介入,将底层硬件的驱动控制、任务进程调度、存储分配管理等问题与应用软件开发很好地隔离开来,程序开发人员可以全神贯注于应用软件的开发,而不必考虑与硬件相关的开发问题。

总之,基于封闭式嵌入式操作系统的控制结构的最大特点是嵌入式操作系统的引入,结果是嵌入系统的全部软/硬件资源分配、任务调度/控制、多进程并发活动协调等工作都能够由嵌入式操作系统负起责任来,从而也降低了系统在上述方面发生低级或致命错误的可能性。另外,采用嵌入式操作系统也为项目工程的组织提供了良好结构,并一定程度简化了项目管理。在代码开发层次,与具体硬件无关的应用程序开发提高了功能代码重用率,并有利于系统调试及测试。另一个相关的特点是这个引入的嵌入式操作系统采取了封闭式的做法,这么做的好处是免去了令人烦恼的各种第三方程序以及品类繁多的外设所带来的兼容性的问题,即设计时就已经按照产品定位,将设备系统所应具备的功能及配备的硬件功能模块确定下来,并有针对性地加以优化,这就避免了各种不兼容、冲突甚至系统破坏等问题,并有利于版权的自我保护。另外,这也减轻了产品的研发工作负担,随之也大大降低了产品开发成本。缺点是最终移动便携设备产品只能在预定的功能范围内应用,缺乏对软件、硬件的升级扩展能力。

对应地,基于封闭式嵌入式操作系统控制的移动便携设备系统开发中,硬件开发层面所要面对的技术问题与基于直接程序控制的开发基本一致,但以下方面的区别应予以注意:在微控制器芯片的选择上,不同的是要选择有能力支持嵌入式操作系统的芯片系列,至少要有足够的存储空间支持,更进一步的选择是带有MMU(内存管理单元)或MPU(内存保护单元)等存储操作支持的嵌入式处理芯片。实际上,上述类型的嵌入式芯片系列通常会具有较强的功能及性能。在外围器件选择以及电路设计布线上,不同的是硬件开发人员往往要面临更加复杂的设计要求,从而也要面对更加多样化的硬件模块选择。但在硬件模块的驱动及控制上,任务可以转交给HAL层及嵌入式操作系统层面定制开发人员,通过定制BSP给嵌入式操作系统来解决,这也减轻了应用程序开发人员的负担。在交互装置设计上,得益于嵌入式操作系统附属功能模块以及可选交互或传感模块的支持,交互手段可实现质的飞跃,如触摸输入、键盘输入以及语音传感、视频传感、重力感应传感等都成为可资利用的备选项。在存储支持方面,为了最大限度地支持嵌入式操作系统发挥应有的潜力,有些还设计有对大容量存储介质,如SD卡、TF卡、U盘等的支持。

3.4.2　封闭式嵌入式操作系统定制及移植

嵌入式系统的应用如今已越来越广泛,基于嵌入式系统的产品设备占领了许多领域,如日常消费电子产品、专业数据采集测量设备、个人数字助理等。随着技术发展及消费者需求的变化,各应用领域内的竞争愈加激烈,因而即使是同一类型的嵌入式产品,其硬件平台或者软件平台都有可能历经较为频繁的更新换代。为了更快地适应市场及竞争的需求,在实际产品项目中,开发人员往往更倾向基于一个成熟的嵌入式操作系统,按照设计要求进行合理的裁剪定制,并最终移植,而不是冒险开发一个全新的、未经长期实践验证过的嵌入式操作系统,这不但可以保证新产品较低的错误率,还可以大大节省开发时间,提高开发效率。

对基于封闭式嵌入式操作系统控制方式的移动便携设备系统,往往是具有较强的专用性、领域针对性特点的系统,这类系统通常都以一个或少数几个基础功能作为核心,而其他功能一般作为辅助功能存在,这种简单的主次功能结构的实现对于一般化的嵌入式操作系统而言,需要进行倾向性的定制。对于更加高级的嵌入式操作系统而言,通常会提供更完整的功能、操作及接口支持,然而由于需要保证目标设备系统的处理速度、实时性能等要求,在定制移植时,反而成了拖累目标系统主要功能性能的包袱,且会明显提高设备系统开发成本,而反之更加精简的某些嵌入式操作系统内核,如 $\mu C/OS-II$、$\mu CLinux$、FreeRTOS、VxWorks、QNX、eCOS 等,却更有利于被定制移植而成一个精简高效的最终系统。有些情况下,这些小型的嵌入式操作系统内核甚至可以支持不含 MMU 或仅含 MPU 的嵌入式微控制器。

下面以 $\mu C/OS-II$ 的嵌入式操作系统为例,简要介绍一下封闭式嵌入式操作系统的定制移植。其中,目标处理器设为常见的、以 ARM Cortex-M3 为核心的 ST 公司 STM32f103XX 系列芯片(可简化理解为 ARM Cortex-M3 内核 ＋ 常见外设及接口)。

1. 移植准备

在移植之前,首先需要熟悉 $\mu C/OS-II$ 的原理,其次要确定并了解所要移植的目标处理器,且还需要从 micrium 网站或其他来源获取 $\mu C/OS-II$ 移植版本,针对本例设定,最好是针对 STM32 的版本(官方通过定制不同的标准外设库实现了针对多种常见处理器的支持)。所下载的系统源码包中,主要文件及针对硬件平台的作用关系如图 3-16 所示。

2. 移植条件

若想实现 $\mu C/OS-II$ 的移植,要求嵌入式微控制器应当满足以下条件。

(1) 对应的 C 编译器支持可重入代码的生成。其中可重入代码(或可重入函数)指的是可以被多个任务同时调用,而不必担心数据被意外破坏的代码段。也就是说,可重入代码在任何时候都可以被中断执行,被恢复后又可以未受影响地继续运行,即:不会因为在代码被中断时被其他任务重新调用,从而影响到代码段中的数据。一般而言,几乎所有嵌入式集成开发环境都能产生可重入代码。

(2) 中断的打开、关闭可用 C 语言实现。由于 STM32f103XX 的 ARM Cortex-M3 内核包含了一个 CPSR 寄存器,该寄存器又包括一个全局的中断禁止位,因而通过这个禁止位的设置便可实现中断的打开和关闭。

(3) 能够支持中断并能够实现定时中断。由于 $\mu C/OS-II$ 是通过处理器产生的定时器中断来实现多任务之间调度的,因此用户所选用的处理器必须具有响应中断的能力。

一般情况下,应该使用硬件定时器来作为时钟中断源,该定时器可以是与微处理器封装在同一芯片上,也可以是分立的。STM32f103XX 的 ARM Cortex-M3 内核是支持中断的,并专门有一个 SysTick 定时器来实现定时器中断。

(4) 支持能够容纳一定量数据的硬件堆栈(可能达几 KB)。对于 STM32f103XX 系列芯片,内部通常会提供足够的存储容量,可直接使用而无需外部扩充(但运行 TCP、UDP 需要的内存会更大,通常要 100KB 左右)。

(5) 处理器有将堆栈指针和其他 CPU 寄存器存储和读出到堆栈(或者内存)的指令。μC/OS-Ⅱ进行任务调度时,会把当前任务的 CPU 寄存器存到此任务的堆栈中,然后再从另一个任务的堆栈中恢复原来的工作寄存器,继续运行另一个任务,可见寄存器的入栈和出栈是 μC/OS-Ⅱ 多任务调度的基础。

3. 移植开发环境

对于本例,可选择 IAR EWARM 或者 Keil MDK 等常见 ARM Cortex-M3 内核开发环境。

4. 定制步骤

大部分 μC/OS-Ⅱ代码都以 C 语言写成,另外的少数部分由于涉及数据类型重定义、堆栈结构设计、任务切换的上下文状态保存及恢复等与处理器有关的问题,因而采用了汇编语言实现。移植工作的主要内容,是针对项目开发所应用的具体处理器系列型号,以汇编语言或 C 语言来改写与处理器有关的代码,以及其他与处理器特性相关的部分。这些需要改写的程序代码主要包含在系统源码包的 OS_CPU. H、OS_CPU_C. C、OS_CPU_A. ASM 等文件中,因而移植工作的内容主要围绕着这 3 个源码文件的改写展开。其中,需要修改的关键函数和宏定义如表 3-3 所列。

表 3-3　需要修改的关键函数和宏定义

名　　称	所 在 文 件	语言	功　　能
OS_CRITICAL_METHOD	OS_CPU. H	C 语言	处理临界段方式选择
OS_STK_GROWTH	OS_CPU. H	C 语言	堆栈增长方向
OS_ENTER_CRITICAL	OS_CPU. H	C 语言	进入临界区
OS_EXIT_CRITICAL	OS_CPU. H	C 语言	退出临界区
OSStartHighRdy	OS_CPU_A. ASM	汇编	就绪态最高优先级任务运行
OSCtxSw()	OS_CPU_A. ASM	汇编	任务级任务切换
OSIntCtxSw()	OS_CPU_A. ASM	汇编	中断级任务切换
OSTickISR()	OS_CPU_A. ASM	汇编	时钟节拍
OSTaskStkInit()	OS_CPU_C. C	C 语言	任务堆栈初始化

1) 对 OS_CPU. H 的改写

(1) 定义处理器相关的数据类型。OS_CPU. H 中包括与处理器相关的常量、宏及类型,为了保证可移植性,程序中没有直接使用 C 语言中的 short、int 和 long 等数据类型的定义,因为它们与处理器类型(对应不同字长)有关,隐含着不可移植性。故 OS_CPU. H 中自定义了一套数据类型以确保系统的可移植性,如 INT16U 表示 16 位无符号整型。对于 ARM 这样的 32 位内核,INT16U 是 unsigned short 型;如果是 16 位处理器,则是 unsigned int 型。

(2) 定义临界区段。临界区(Critical Section)是指进程中访问临界资源的那段代码,而临界资源是一次仅允许一个进程使用的共享资源。与所有实时内核一样,μC/OS-Ⅱ 需要先禁止中断,再访问代码的临界区,并且在访问完毕后,重新允许中断。这样做可使得 μC/OS-Ⅱ 能够保护临界段代码免受多任务或中断服务例程 ISR 的破坏。中断禁止时间影响到最终用户系统对实时事件的响应能力,μC/OS-Ⅱ 的中断禁止时间与处理器结构和编译器产生的代码质量密切相关。通常嵌入式处理器都会提供禁止/允许中断的指令,用户的 C 编译器必须有一定的机制直接从 C 中执行这些操作。μC/OS-Ⅱ 定义了两个宏来禁止和允许中断,即 OS_ENTER_CRITICAL 和 OS_EXIT _CRITICAL,μC/OS-Ⅱ 定义了 3 种实现中断关闭和打开(OS_CRITICAL_METHED＝1、2、3)的方法供选择。方法 1 是在 OS_ENTER_CRITICAL 中调用处理器指令来禁止中断,以及在 OS_EXIT_ CRITICAL 中调用允许中断指令;方法 2 是先将中断禁止状态保存到堆栈中,然后禁止中断;方法 3 是借助某些编译器提供的扩展功能,得到当前处理器状态字的值。通常选用方法 3 居多。

(3) 定义栈的增长方向。绝大多数的微处理器和微控制器的堆栈是从上往下生长的。但是某些处理器是用另外一种方式工作的。μC/OS-Ⅱ 被设计成两种情况都可以处理,只要在 OS_CPU. H 中的结构常量 OS_STK_GROWTH 中指定堆栈的生长方式就可以了,若堆栈从下往上生长则置 OS_STK_GROWTH 为 0,反之则置 OS_STK_ GROWTH 为 1。

(4) 定义任务切换。当多任务内核决定运行另外的任务时,它保存正在运行任务的当前状态,即 CPU 寄存器中的全部内容。这些内容保存在任务的当前状态保存区,也就是任务自己的堆栈区中。入栈工作完成后,就是把下一个将要运行任务的当前状态从该任务的堆栈中重新装入 CPU 寄存器,并开始下一个任务的运行,这个过程叫任务切换。任务切换涉及 OS_CPU. H 中的 OS_TASK_SW 宏,它在 μC/OS-Ⅱ 从低优先级任务切换到最高优先级任务时会被调用。在 μC/OS-Ⅱ 中,处于就绪状态的任务的堆栈结构看起来就像刚发生过中断并将所有的寄存器保存到堆栈中的情形一样。换句话说,μC/OS-Ⅱ 要运行处于就绪状态的任务必须要做的事就是将所有处理器寄存器从任务堆栈中恢复出来,并且执行中断的返回。为了切换任务,可以通过执行 OS_TASK_SW 来产生中断。大部分的处理器会提供软中断或陷阱指令来完成这个功能。但一些处理器并不提供软中断机制,在此情况下,用户需要尽自己的所能将堆栈结构设置成与中断堆栈结构一样,再用函数调用方式来实现任务切换,即通过函数模仿软中断指令。

2) 对 OS_CPU_C.C 文件的改写

OS_CPU_C. C 包含 10 个函数,即 OSTaskStkInit( )、OSTaskCreateHook( )、OSTaskDelHook( )、OSTaskSwHook( )、OSTaskIdleHook( )、OSTaskStatHook( )、

OSTimeTickHook()、OSInitHookBegin()、OSInitHookEnd()、OSTCBInitHook()。其中最为重要的函数是 OSTaskStkInit(),其余9个函数虽必须声明,但内容如非必要可为空。系统通过调用 OSTaskStkInt() 来初始化任务的堆栈结构,使得堆栈看起来就像刚发生过中断并将所有的寄存器保存到堆栈中的情形一样。编写 OSTaskStkInit() 函数的第一步是堆栈设计,这需要考虑以下一些因素:①CPU 自动入栈的寄存器及压栈顺序;②需要额外保存哪些寄存器;③所采用的编译器对形式参数的传递方法;④堆栈的生长方向;⑤堆栈指针是指向下一个可用空间还是指向上次入栈数据;⑥所采用的CPU 是否存在系统堆栈;⑦堆栈深度。任务按函数形式编写,但永远不被调用,而是通过模仿中断的方式来运行其中的代码。既然任务通过模仿中断的方式来进行,而且拥有自己单独的任务栈,那么需要做的就是执行中断返回指令,让任务中的内容出栈,让系统觉得该任务刚刚被中断过,现在需要继续执行(实际上系统刚开始运行的时候,任务是没有被系统中断过的,也没有被切换过,任务栈里没有内容。所以需要通过 OSTaskStkInit() 来初始化任务栈,模拟一次压栈动作,欺骗一下系统)。

3) 对 OS_CPU_A. ASM 的改写

OS_CPU_A. ASM 的改写包括4个汇编语言函数的编写:OSStartHighRdy(),运行优先级最高的就绪任务;OSCtxSw(),任务级的任务切换函数;OSIntCtxSw(),中断级的任务切换函数;OSTickISR(),时钟节拍中断服务函数。这4个汇编函数几乎占据了移植70%的工作量,也是移植最关键的部分。

在创建完所有任务后,系统需要启动内核,运行最高优先级的就绪态任务,该操作即由函数 OSStartHighRdy() 实现。OSStartHighRdy() 将就绪的优先级最高的任务从任务栈中恢复出来,强制执行中断返回指令开始执行。

在每个硬件时钟到来后,μC/OS-Ⅱ 会在中断服务程序中调用 OSIntCtxSw() 进行任务调度。另外,当某个任务因等待资源而被挂起时,也将触发任务调度(其实只要就绪表中发生变化且中断开放时,就将触发系统任务调度),这个调度通过调用一个任务级的任务调度函数 OSCtxSw() 来实现。

μC/OS-Ⅱ 要求用户提供一个周期性的时钟源来实现时间的延迟和超时功能,时钟节拍应该每秒钟发生 10~100 次。为了完成该任务,可以使用硬件时钟,也可以从交流电中获得 50/60Hz 的时钟频率。时钟节拍频率越高,系统的额外开销越大。中断间的时间间隔取决于不同的应用。OSTickISR() 首先将 CPU 寄存器的值保存在被中断任务的堆栈中,之后调用 OSIntEnter(),随后又会调用 OSTimeTick() 检查所有处于延时等待状态的任务,判断是否有延时结束就绪的任务。最后,OSTickISR() 调用 OSIntExit()。如果在中断或其他嵌套中断中,有更高优先级的任务就绪,并且当前中断为中断嵌套的最后一层,那么 OSIntExit() 将进行任务调度。

3.4.3 移动便携设备示例

基于封闭式嵌入式操作系统控制方式的移动便携设备通常都具有较强的领域性和专用性、功能目的集中、性能要求较高、存储容量需求较大、交互性要求较强,常见于专门用途的电子消费品以及专业领域便携设备。现举一例电子词典。

电子词典是指将传统纸质词典中的内容转换为数字格式存储的文件,并且将它们保存在设备存储器中以备查询。用户使用时,通过键盘输入需要查询的条目,电子词典上的嵌入式系统接收用户输入,并调用相关查询功能程序,按照一定的编码查询算法,找到相关条目的翻译、解释,并显示到液晶屏上以供用户查看,有的产品还提供有真人发音拼读。大多数电子词典均提供有英汉及汉英互译、汉语查询解释、扩展小语种翻译等常见查询项目,只不过不同厂商品牌的电子词典所提供的词库,即词典文件在类型、数量上有所不同,因为涉及传统词典的版权问题,因而价格也各不相同,但一般来说,所容纳的词典越多、越权威,则电子词典价格越高。

除了基本的词典功能之外,大多数的电子词典还具有计算器功能、单词记忆学习功能、电话簿/名片簿功能、记事本功能、提醒功能、诗词等资料库功能、游戏功能等附属功能。受硬件技术水平限制,电子词典面世后,在最初的一段时期内,通常采用单色或灰度液晶屏幕,存储容量有限,且词典资料不可更新,输入方式通常采用键盘方式,在与外界的信息交互接口方面,多采用 PC LINK 接口(实际上属于 RS232 接口),有的电子词典还提供有红外数据传输功能,用于名片、通信簿等资料的近距离无线传递。随着技术的发展,更新型号的电子词典设备逐渐具备了更大的 Flash(掉电资料不丢失)存储空间,有能力内置更多、更大型的词典、资料,有些还具备了词典、资料的自我扩展能力。另外,目前数据传输的接口大多发展为 USB 接口,设备体积也变得更加小巧,显示屏幕提升为彩色,某些更高级的电子词典还提供了触屏、手写输入功能,甚至无线网络连接功能。虽然近年来电子词典的功能、性能都得到了较大的提升,但其本质上的专用性——基于词典的查询翻译,仍旧是这类设备的功能核心,将其弱化而转为与其他类型消费电子产品,如 PDA、智能手机等进行市场竞争是不明智的。

对于电子词典的具体功能范围及性能指标,每个厂商都有自认为合适的标准,由此产生了具有各厂商特色的、各自不同的系统功能及操作处理方式的设计,在这些设计的软硬件实现上,为了提高设备的处理性能、实现易于操作的应用交互、避免可能被用户引入的兼容性问题,并出于保护自己知识产权的考虑,常见的做法是选定一个适合系统硬件体系结构的嵌入式操作系统内核,然后对其进行针对性裁剪改造,并附加自主设计定制的 GUI 模块以及其他必要的外围模块,经编译后成为一个带有厂商特色的、完整的封闭式嵌入式操作系统,并将其移植到目标电子词典的嵌入式微处理器上,形成一个最终的产品。另外,虽然各种电子词典都已具备数据上传下载及资源文件扩展功能,但大都对关键文件采用自定义封闭格式。仔细对比可发现,对于不同厂商推出的电子词典,即使其界面布局可能因基础功能相同而类似,但在功能操作及实现细节上会呈现各具特色的差异。

当然,目前也有一些高档电子词典在尝试采用开放型的通用嵌入式操作系统(如 Android 系统),以提供更好的学习服务。

另外,市场上常见的非智能手机也几乎都是基于封闭式的嵌入式操作系统的。虽然这些手机都或多或少地支持常见文本文件、音/视频文件等的下载,有的甚至还支持 Java 扩展,但通常这些能力都针对特定的机型系统,具有较强的限定性,不能真正支持第三方程序的扩展,跳出机型限定功能的范围,即用户不能像在智能手机上那样,通过第三方软件程序扩展而在自己手机上附加实现全新的功能。

3.5　开放式通用嵌入式操作系统控制

　　基于封闭式的嵌入式操作系统,对移动便携设备系统进行控制的形式虽然便于解决较为复杂的多任务调度分配问题,更易管理更丰富多样的功能,且通常支持更灵活、美观的GUI界面,但随着嵌入式设备系统新产品,尤其是众多类型的多媒体消费电子产品的不断推陈出新,人们对这些消费电子类嵌入式产品的选择也变得越来越挑剔,这就需要在系统中囊括更多的功能模块、提高界面美观程度、加强交互操作的简易性、支持第三方(或自编)软件的载入运行、提供程序及数据的多种上传下载途径,但另一方面,在消费电子类产品上,人们对嵌入式系统的根本特点——实时性的要求却相对弱化了,综合这些需求,目前较好的方案就是引入一个类似于桌面操作系统的、开放式的、通用的嵌入式操作系统实现对嵌入式系统的控制管理。

　　相对而言,选择开放式的通用嵌入式操作系统意味着所要开发的是一个多少带有所应用的原始嵌入式操作系统风格的、具有更广泛的软硬件扩展性的、功能更加强大的移动便携设备。这类开发中所应用的嵌入式操作系统通常都是较为高级的,从而也需要具有MMU的嵌入式处理器支持的通用嵌入式操作系统,如Android、Windows CE、iOS、PalmOS、嵌入式Linux(这些系统中,有的其实在其底层仍旧是根植于某个成熟、稳定的操作系统内核的)等,但在开发中,仍旧需要根据系统设计需求进行针对性定制,即预先对选定的原始嵌入式操作系统进行裁剪和配置,编写目标设备所用功能模块的驱动,且往往还要设计定制一个独特的、能够反映开发厂商特色的GUI界面,上述内容最终被编译为对应所开发项目产品的映像文件,移植到设备硬件系统上。此外,平台SDK的导出也是不容忽视的,其作用是对上层应用软件的开发提供支持。

　　然而,对于高度定制的苹果公司iOS系统,苹果公司之外的我们所能够做的只有编写可在其上运行的应用软件,如果要在计划开发的嵌入式设备上移植iOS作为标配操作系统,至少目前是不可想象的。

3.5.1　控制结构

　　对于开放式的通用嵌入式操作系统控制方式,其控制结构通常如图3-24所示。与基于封闭式嵌入式操作系统的控制方式相比,在基于开放式的、通用的嵌入式操作系统控制形式的移动便携设备开发中,无论是硬件系统体系、板级驱动支持还是操作系统软件的设计开发都具有相对更高的技术复杂度,以及更高的设计开发成本,需要投入更多的人力和资源,但好消息是对于构成这种高级嵌入式系统各部分的很多软硬件组件、模块,往往都有多家第三方厂商出品的、不同品质特性的现成品供选择搭配,设备系统开发人员要做的工作更多地集中于功能结构设计、系统裁剪定制、交互及功能代码开发等方面。

　　在硬件开发层面,同基于封闭式系统的情况类似,需要选用能够支持特定嵌入式操作系统的、更加强大的嵌入式处理器,且开发主要由硬件工程师来负责。进一步地,高级的通用嵌入式系统往往还需要嵌入式处理器具有MMU,并且更强烈地追求更高的处理器性能指标,这也带动了如ARM Cortex-A系列等高端的应用型嵌入式处理器由百兆赫兹

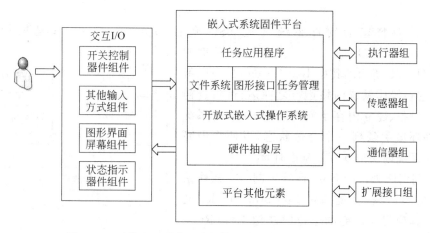

图 3-24 开放式通用嵌入式操作系统控制方式的控制结构

(MHz)到上千兆赫兹(GHz)、由单核到多核、由 32 位到 64 位的快速发展,从而也要求硬件工程师持续跟踪嵌入式硬件的最新科技。

在软硬件的中间层面,与基于封闭式系统相比,需要提供更多、更复杂的硬件功能模块的驱动支持,以及引导嵌入式操作系统启动的代码生成,即完成针对目标设备系统的 BSP 的创建和定制。

在嵌入式操作系统层面,需要做的是针对性的裁剪定制及编译移植工作,很多情况下还可能要加上用户交互界面的显示、操作风格的设计及定制工作,这些工作是嵌入式操作系统移植的主要内容。

在软件开发层面,由于引入了开放式的通用嵌入式系统,不仅设备系统项目的应用软件开发人员能够更方便、更高效地进行默认基础功能的应用开发,而且对于第三方软件公司或业余爱好者来说,也能够将头脑中想到的、对于手中的移动便携设备有效利用的想法,通过开发兼容应用软件实现,这反过来又达到了充实对应设备系统系列的可用应用软件数量的目的,由此又会吸引更多的用户使用,从而在竞争激烈的消费电子市场上占有一席之地。

3.5.2　通用嵌入式操作系统定制及移植

此节以典型的、仍然拥有巨大市场(尤其在工商业、物流领域)的嵌入式操作系统 Windows CE 为例,简要介绍开放式的通用嵌入式操作系统的定制及移植过程。

嵌入式系统通常包括 4 层结构,分别为应用程序、嵌入式操作系统映像(OS Image)、BSP(板级支持包)、硬件平台组成。Windows CE 的定制过程也就是针对不同的 CPU、不同的目标板编写 BSP 的过程。由于 Windows CE 操作系统几乎完全是用 C 语言编写的,所以可移植到众多的 32 位微处理器上。这其中包括 ARM、x86、MIPS 和 SHx 等,而且 CPU 级的移植通常由微软或芯片制造商来完成,这会极大地减轻 OEM 厂商开发过程中移植操作系统的工作量,但板级层面的移植则还是需要由 OEM 厂商来完成的。为一个待开发的新设备系统的硬件定制 Windows CE 嵌入式操作系统,一般需要完成以下几个主要步骤。

（1）针对特定的硬件系统创建 BSP，包括 BootLoader、OEM 适配层（OEM Adaptation Layer，OAL）以及一些最基本、关键的驱动，如图 3-25 所示。其中 BootLoader 是一段引导程序，它在操作系统内核运行之前运行，负责初始化硬件设备、建立内存空间映射图，从而将系统的软硬件环境引领到一个合适状态，以便为最终调用操作系统内核准备好正确的环境。

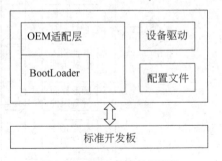

图 3-25　板级支持包（BSP）

（2）利用所创建的 BSP，设计定制一个操作系统框架，换句话说，就是通过 Platform Builder 创建一个工程项目。最终的运行时映像文件（Rumtime Image）需要由该工程编译产生。

（3）针对设备系统电路板上所设计安排的外围设备创建并编写相关驱动，然后添加到 BSP 中。

（4）在 Catalog 面板下添加自己需要的特征，并配置项目属性，如平台配置选项、设备的特性配置、操作系统核心服务、基础类库、通信服务、文件系统、字体、区域语言、Internet 程序、多媒体技术、安全设置、操作系统外壳与用户接口、编译选项等。

（5）使用 Platform builder 中的 Build OS→Sysgen 编译工程项目，生成内核映像（默认为 NK.bin），如果遇到任何错误，再分析源码及项目配置来解决。

（6）下载编译得到的运行时映像文件到目标设备，然后通过远程调试工具进行调试。

（7）在完成所有调试工作后，导出该运行时映像所对应的 SDK（Software Development Kit），应用程序的开发人员可基于此 SDK 编写该设备的应用程序。

可以看出，在整个 Windows CE 操作系统的移植过程中，BSP 的移植是最基础也是最关键的一步。而创建 BSP 的过程主要包括以下几步。

（1）创建 BootLoader，用于在开发的过程中下载操作系统映像文件。

（2）创建 OAL，主要完成硬件的初始化和管理，它最终被链接到内核映像文件。

（3）创建设备驱动，为主板上的外围设备提供软件接口支持。

（4）修改运行时映像的配置文件，主要包括 BIB、REG 等文件。

BootLoader 获取运行时映像主要有两种方法：一种是通过有线连接的方式，由网络（Ethernet）、USB 或串口从外部下载 NK 映像；另一种是从板载或扩展的存储器（多使用 Flash）中加载 NK 映像。

从上述步骤中可见，Windows CE 嵌入式操作系统的移植需要开发环境 Platform Builder 的支持，微软公司提供给 Windows CE 开发人员进行基于 Windows CE 平台下嵌入式操作系统定制的集成开发环境。它运行在桌面 Windows 下，提供了所有进行设计、创建、编译、测试和调试 Windows CE 操作系统平台的工具，开发人员可以用其来设计和定制内核、选择系统特性，然后进行编译和调试。另外，开发人员还可以利用 Platform Builder 来进行驱动程序开发和应用程序项目的开发等。Platform Builder 的 SDK 输出模板可以将特定系统的 SDK 导出，这可以是应用程序开发人员使用 Embedded Visual

C++ 就可以为特定的系统开发软件。Embedded Visual C++ 调试的是应用程序软件,而 Platform Builder 往往要编译整个内核再调试,两者的开发效率是不同的。具体来说, Platform Builder 提供的主要开发特性如下。

(1) 平台开发向导(Platform Wizard)、BSP(主板支持软件包)和开发向导(BSP Wizard),用来引导开发人员去创建一个简单的系统平台或 BSP,然后再根据要求作进一步的修改,提高了平台和 BSP 创建的效率。

(2) 基础配置。为各种流行的设备类别预置的可操作系统基础平台,为自定义操作系统的创建提供了一个起点。开发人员可以很容易地定制并编译出一个具备最基本功能的操作系统,然后再在其上做后续的修改。

(3) 特性目录(Catalog)。操作系统可选特性均在特性目录中列出,开发人员可以选择相应的特性来定制操作系统。

(4) 自动化的依靠性检查。特性(Feature)之间的依赖关系是系统自动维护的。开发人员在选择一个特性时,系统会自动将这一特性所依赖的特性加上;反之当删除一个特性时,系统会自动检测是否已经选择了依赖于它之上的其他特性并给出提示。

(5) 系统为驱动程序开发提供了基本的测试工具集。系统提供了 Windows CE Test Kit(测试工具包)。

(6) 内核调试器。可以对自定义的操作系统映像进行调试,并且向用户提供有关映像性能的信息。

(7) 导出向导(Export Wizard)。可向其他 Platform Builder 用户导出自定义目录 (Catalog)特性。

(8) 导出 SDK 向导(Export SDK Wizard)。使用户可以导出一个自定义的软件开发工具包,即可将客户定制的 SDK 导出到特定的开发环境(如 Embedded Visual C++)中去,这样开发人员可以使用特定的 SDK 写出符合特定的、操作系统平台要求的应用程序。

(9) 远程工具。可执行同基于 Windows CE 的目标设备有关的各种调试任务和信息收集任务。

(10) 仿真器(Emulator)。通过硬件仿真加速及简化系统的开发,使用户可以在开发工作站上对平台和应用程序进行测试,大大简化了系统开发流程,缩短了开发周期。

3.5.3　应用软件开发

作为与桌面操作系统类似的、开放式的嵌入式操作系统,必然要支持各类自编或商业第三方软件的载入运行,但由于嵌入式系统在体系结构、工作方式等方面相对于桌面系统的特殊性,目前第三方软件的开发仍旧需要在台式主机上完成,因而通用嵌入式操作系统各自提供的支持第三方软件开发的环境几乎都是基于台式机操作系统的开发环境。由于各主流嵌入式操作系统的体系不同,自然对应第三方应用软件的专用或推荐开发环境也各不相同。

对于 Windows CE 系统下应用软件的开发,微软公司为应用软件开发人员提供的开发环境为 Embedded Visual C++ (EVC)以及后继版本 Visual Studio 2005,还有一些 SDK 及相关升级补丁包、各种类型的软件模拟器等。如果你熟悉 Windows 桌面系统下

Microsoft Visual C++ 的开发，那么可以直接着手 Windows CE 应用程序的开发，因为同出一家的 EVC 的操作界面与 Visual C++ 相差无几，且同样支持 SDK、MFC、ATL，但要注意进行字符串操作时 UNICODE 的问题。例如，Visual C++ 中无问题的 CString strTest＝"ABC"，在 EVC 中必须改为 CString strTest＝_T("ABC")才可以编译通过。如果采用 Visual Studio 2005 进行嵌入式应用程序开发，则会更为高效。需要注意的是，无论打算采用 Embedded Visual C++（EVC）还是 Visual Studio 2005 进行开发，初始的开发环境安装配置工作都较为复杂烦琐，有必要参考书籍及网上教程资源了解具体细节及注意事项。

对于 Android 系统下应用软件的开发，目前主要基于 Eclipse 开发平台 ＋ Android SDK ＋ Android Development Tools(ADT)的组合环境。由于 Android 系统的开发是基于 Java 的，因而在进行开发环境配置之前，首先必须要做的就是安装 Java Development Kit(JDK,Java 语言的软件开发工具包)及 Java Runtime Environment(JRE,运行 Java 程序所必需的环境的集合，包含 JVM 标准实现及 Java 核心类库)，两者都是免费的，可到 Oracle 官网上下载最新的版本。随着开发平台技术的进步，已经发展出 3 种不同的环境配置方案可供选择。

最初最基础的方案就是全部手工配置：①下载 Android SDK；②下载较新的 Eclipse Classic 版本；③下载较新版本的 ADT 包；④安装 Android SDK；⑤安装 Eclipse；⑥在 Eclipse 中安装 ADT：打开 Help|Install New Software→选择已下载的 ADT 包进行安装，或在弹出对话框的 Work With 文本输入框中输入"https://dl-ssl. google. com/ android/ eclipse/"，并按 Enter 键，等待 Eclipse 自动搜索 ADT 插件，并列表供选择。对于 Android SDK 新版本的更新，可在 Eclipse 中打开 Windows|Android SDK manager，让 Eclipse 自行寻找未安装的 Android SDK 供选择安装。由于这种方式涉及的配置组件较多，对这些各自独立组件的下载收集又存在版本选择问题，且配置操作步骤繁杂，因而会由于系统设置、目录设置(要求 Android SDK 在全英文目录下)、版本匹配等因素，导致一次性配置成功的概率较低，往往需要多次调整尝试才可成功。

鉴于上述环境配置方案存在的问题，Google Android 官方提供了可供选择的第二种方案，即 ADT-Bundle 这种集成式 IDE，里面包含了 Android SDK＋Eclipse＋ADT＋其他附加包，解决了大部分新手手工配置开发环境遇到的诸多烦恼，下载安装后即可正常用于 Android 应用软件的开发。

进一步地，近来 Google 官方根据其发展战略需要，推出了一个全新的 Android 开发环境，即基于 IntelliJ IDEA(捷克的 JetBrains 公司开发的 Java 语言开发的集成环境，提倡减少程序员工作的智能编码)的 Android Studio，提供了集成的 Android 开发工具用于开发和调试，开发者可以在编写程序的同时看到自己的应用在不同尺寸屏幕中的样子。

对于 iOS 系统下应用软件的开发，苹果公司向开发人员提供的非开源的集成开发环境称为 Xcode，运行于苹果公司的 Mac 操作系统下。Xcode 提供了友好而方便的应用程序开发环境，程序的编码、测试、调试都在一个统一的用户交互界面窗口内完成。The Xcode suite 包含有 GNU Compiler Collection 自由软件(GCC、apple-darwin9-gcc-4. 0. 1 等)，并支持 C/C++、Fortran、Objective-C/C++、Java、Apple Script、Python 以及 Ruby、D

语言,提供 Cocoa、Carbon 以及 Java 等编程模式,一些第三方厂商还提供了 GNU Pascal、Free Pascal、Ada、C♯、Perl、Haskell 等编程语言支持。Xcode 套件使用 GDB(GNU 开源组织发布的一个强大的 UNIX 下的程序调试工具)作为其后台调试工具。基于 iOS 的 iPad、iPhone、iPod Touch 设备应用程序都可以用 Xcode 开发。

3.5.4　移动便携设备示例

基于开放式通用嵌入式操作系统的移动便携设备具有较强的通用性及可扩展性,可以更好地兼容诸多第三方系统应用,因而可以适应和支持多样化的用户应用需求,这类设备系统更多地被用于工商行业应用及日常电子消费应用,包括智能手机或者仓储、超市的便携 RFID 扫码设备等身边日常应用或接触的绝大多数类型的便携电子产品都属于这种情况。

3.6　本章小结

- 直接程序控制方式是一种相对最简单、最直接的移动便携设备系统控制方式,也是源自早期各式嵌入式系统的最初控制方式。
- 封闭式嵌入式操作系统控制方式适用于一些用途目的单一明确的、专用性较强的、不过于追求多功能综合的移动便携设备系统应用。
- 开放式通用嵌入式操作系统控制方式是基于开放式高级嵌入式操作系统的移动便携设备系统控制形式,也是目前被广大流行掌上设备所采用的控制形式。

思　考　题

[问题 3-1]　直接程序控制方式的一般实现步骤是什么?

[问题 3-2]　你认为直接程序控制方式的优、缺点有哪些?

[问题 3-3]　请叙述封闭式嵌入式操作系统控制方式的一般实现过程。

[问题 3-4]　你认为封闭式嵌入式操作系统控制方式的优、缺点有哪些?

[问题 3-5]　请分别为封闭式和开放式嵌入式操作系统找出实际的设备系统应用例子。

[问题 3-6]　请发挥想象力设想一种本章所述 3 种控制方式之外的未来的控制方式。

移动便携设备系统设计开发过程

本章学习目标
- 掌握嵌入式系统设计开发的基础理论；
- 熟悉移动便携设备设计开发的过程；
- 了解设计开发各阶段的内容。

移动便携设备系统的设计开发属于嵌入式系统开发的范畴，涵盖了软件及硬件系统两者的设计开发，但由于移动便携设备系统要求掌上型规格、灵活移动性、友好交互性、功能用途多样性等特点，其设计开发过程又有其独特之处。

本章主要阐述移动便携设备系统的设计及开发工程的过程，首先对一些在设计开发过程中需要应用的基础理论知识加以介绍，然后分别针对设计开发工程过程的各阶段，包括立项及需求工程、体系结构分析设计、软硬件协同开发、测试及发布逐一进行了讲解。

4.1 有关理论及概念

对于传统的软件系统设计开发，最早可追溯到 20 世纪中期计算机可编程起始阶段，当时主要依靠个人才智的无序状态的开发，经过几十年工程实践摸索及经验积累，已经逐渐演化出一系列日趋科学的理论知识，并由此形成了构建于工程实践及经验之上的、仍旧在与时俱进地发展中的软件工程学科，为现代化的工程系统开发提供着必要的过程方法指导。

作为一种兼具硬件及软件子系统的综合性系统，移动便携设备系统的设计开发虽然比纯粹的软件系统设计开发多出了硬件开发的内容，但从总体系统的角度看，从众多工程项目实践中积累总结而来的软件工程的大部分理论知识，对于移动便携设备系统的设计开发而言，都是可资借鉴的。下面首先对软件工程领域中一些基础的理论知识予以介绍。

4.1.1 统一建模语言

1. 定义

统一建模语言（Unified Modeling Language，UML）是支持模型化和软件系统开发的一个通用的可视化、图形化建模语言，用于对软件进行描述、可视化处理、构造和建立软件系统制品的文档，为系统开发的所有阶段提供模型化和可视化支持。1997 年 11 月，UML1.1 版本由对象管理组织（Object Management Group，OMG）公布为标准。

UML 可用于对目标系统的理解、设计、浏览、配置、维护和信息控制,适用于各种软件开发方法、软件生命周期的各个阶段、各种应用领域以及各种开发工具,是一种总结了以往建模技术的经验,并吸收了当今优秀成果的标准建模方法。另外,值得提出的是目前 UML 不仅仅限于对软件系统建模。UML 包括概念的语义,表示法和说明,提供了静态、动态、系统环境及组织结构的模型。它可被交互的可视化建模工具所支持,这些工具提供了代码生成器和报表生成器。UML 标准并没有定义一种标准的开发过程,但它适用于迭代式的开发过程。它是为支持大部分现存的面向对象开发过程而设计的。

UML 可兼顾描述目标系统的静态结构和动态行为,其将系统描述为一些离散的相互作用的对象,并最终为外部用户提供一定功能的模型结构。其中静态结构定义了系统中重要对象的属性和操作,以及这些对象之间的相互关系;动态行为定义了对象的时间特性和对象为完成目标而相互进行通信的机制。需要说明的是,UML 不是一门程序设计语言,但可以使用代码生成器工具将 UML 模型转换为多种程序设计语言代码,或者使用反向生成工具将程序源代码转换为 UML。

2. 内容

在 UML 1. x 版本中,包括 3 种构造块:事物、关系和图。

事物共有 4 种:结构事物、行为事物、分组事物、注释事物。

(1) 结构事物(Structural Thing)通常是模型的静态部分,描述概念或物理元素,主要有 7 种:①类(Class)是对一组具有相同属性、相同操作、相同关系和相同语义的对象描述;②接口(Interface)是描述了一个类或构件的一个服务的操作集,描述元素的外部可见行为;③协作(Collaboration)定义了一个交互,由一组共同工作以提供某协作行为的角色和其他元素构成的一个群体,这些协作行为大于所有元素的各自行为的总和;④用例(Use Case)是对一组动作序列的描述,系统执行这些动作将产生一个对特定的参与者有价值而且可观察的结果,用于对模型中的行为事物结构化,通过协作实现;⑤主动类(Active Class)是这样的类,其对象至少拥有一个进程或线程,能够启动控制活动;⑥构件(Component)是系统中物理的、可替代的部件,遵循且提供一组接口的实现;⑦节点(Node)是在运行时存在的物理元素,表示了一种可计算的资源,通常至少有一些记忆能力和处理能力,一个构件集可以驻留在一个节点内,也可从一个节点迁移到另一个节点。

(2) 行为事物(Behavioral Thing)是 UML 模型的动态部分,包括两类主要的行为事物:①交互(Interaction)是这样一种行为,由在特定语境中共同完成一定任务的一组对象之间交换的消息组成。一个对象群体的行为或单个操作的行为可以用一个交互来描述;②状态机(State Machine)是这样一种行为,描述了一个对象或一个交互在生命期内响应事件所经历的状态序列。单个类或一组类之间协作的行为可以用状态机来描述。

(3) 分组事物(Grouping Thing)是 UML 模型的组织部分,是一些由模型分解成的"盒子"。在所有的分组事物中,最主要的分组事物是包。包(Package)是把元素组织成组的机制。包纯粹是概念上的(仅在开发时存在),结构事物、行为事物甚至其他的分组事物都可以放进包内。

(4) 注释事物(Annotational Thing)是 UML 模型的解释部分,这些注释事物用来描述、说明和标注模型的任何元素。

UML 中常见关系有以下几种，即泛化（Generalization）、实现（Realization）、关联（Association）、聚合（Aggregation）、组合（Composition）、依赖（Dependency）。

（1）泛化是一种继承关系，表示一般与特殊的关系，它指定了子类如何特化父类的所有特征和行为。例如，摄像头属于传感器的一种，它既有摄像头的特性也有传感器的共性。如图 4-1 所示，泛化用带三角箭头的实线表示，箭头指向父类。

（2）实现是一种类与接口的关系，表示类是接口所有特征和行为的实现。如图 4-2 所示，实现用带三角箭头的虚线表示，箭头指向接口。

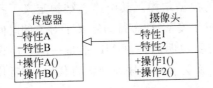

图 4-1　泛化关系

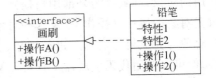

图 4-2　实现关系

（3）关联是一种拥有的关系，它使一个类知道另一个类的属性和方法。例如，教师与学生、丈夫与妻子关联可以是双向的，也可以是单向的。双向的关联可以有两个箭头或者没有箭头，单向的关联有一个箭头。如图 4-3 所示，关联在代码上由类的成员变量所体现，在图上用带普通箭头的实心线表示，指向被拥有者。图中，教师与学生是双向关联，教师有多名学生，学生也可能有多名教师。但学生与某课程间的关系为单向关联，一名学生可能要上多门课程，课程是个抽象的东西，它不拥有学生。

图 4-3　关联关系

（4）聚合是整体与部分的关系，且部分可以离开整体而单独存在。例如，手机和屏幕是整体和部分的关系，屏幕离开手机仍然可以存在。聚合关系属于较强的关联关系，即实际上是关联关系的一种，因而关联和聚合在语法上无法区分，必须考察具体的逻辑关系。如图 4-4 所示，聚合以带空心菱形的实心线表示，菱形指向整体。

（5）组合是整体与部分的关系，但部分不能离开整体而单独存在。例如，学校和班级是整体和部分的关系，没有学校就不存在班级。组合关系也是关联关系的一种，而且是比聚合关系更强的关联关系，要求普通的聚合关系中代表整体的对象负责代表部分的对象的生命周期。如图 4-5 所示，组合由带实心菱形的实线表示，菱形指向整体。

（6）依赖是一种使用的关系，即一个类的实

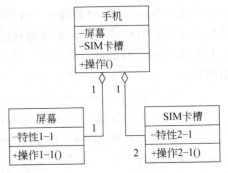

图 4-4　聚合关系

现需要另一个类的协助,所以要尽量不使用双向的互相依赖。如图 4-6 所示,依赖由带箭头的虚线表示,指向被使用者。

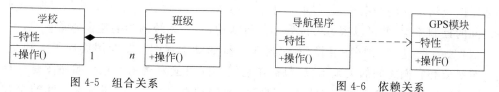

图 4-5　组合关系　　　　　　　　　　　　　图 4-6　依赖关系

如果将各种关系依据各自的强弱进行排序,得到的结果如下:

$$泛化＝实现＞组合＞聚合＞关联＞依赖$$

3. UML 图

为了最终实现可视化建模,UML 中定义了五类图,分别为用例图、静态图、行为图、交互图、实现图,这几类图又分别包含了多种具体模型图,常用的有 9 种,见表 4-1。

表 4-1　UML 的图

类型	图名	补　充　说　明
用例图	用例图	从用户角度描述系统的功能
静态图	类图	在系统的整个生命周期都是有效的
	对象图	通常从真实的或原型案例的角度建立
行为图	状态图	对类图的补充,适于描述跨越多个用例的单个对象的行为
	活动图	适于展现多个对象和多个用例的活动的总次序
交互图	顺序图	适于描述单个用例中多个对象的行为
	协作图	适于描述单个用例中多个对象的行为
实现图	构件图	适于表示系统中各个功能部件之间的依赖关系和调用关系
	配置图	与构件图相关,通常一个节点包含一个或多个构件

(1) 用例图,直接对应用例图,属于系统的静态视图。用例是对一组动作序列的抽象描述,系统执行这些动作序列,产生相应的结果,这些结果要么反馈给参与者,要么作为其他用例的参数。用例图展现了一组用例、参与者及它们之间的关系,指出了各功能的操作者。该图对于系统行为组织和建模是非常必要的。

(2) 静态图,包含类图和对象图,属于系统的静态视图(设计/进程)。类图用于定义系统的类,包括描述类之间的联系(如关联、依赖、聚合等)以及类的内部结构,即类的属性和操作,展现了一组对象、接口、协作和它们之间的关系,是面向对象系统建模中最常建立的图。对象图展现了一组对象及它们之间的关系,描述了在类图中所建立事物的实例的静态快照。

(3) 行为图,包含状态图和活动图,属于系统的动态视图。状态图展现了一个状态机,由状态、转换、事件和活动组成,描述一类对象的所有可能状态以及事件发生时状态的转移条件。状态图对于接口、类或协作的行为建模尤为重要,强调对象行为的事件顺序,有助于对反应式系统建模。活动图是一种特殊的状态图,描述为满足用例要求所要进行的活动以及活动间的约束关系,展现了在系统内从一个活动到另一个活动的流程,强调对象之间的控制流程,并可以很方便地表示并行活动,对于系统的功能建模非常重要。

(4) 交互图,包含顺序图和协作图,属于系统的动态视图。交互图展现了一种交互,由一组对象和它们之间的关系组成,包括在它们之间可能发送的消息。顺序图是一种强调消息的时间顺序的交互图,用以显示对象之间的动态合作关系,即对象之间的交互过程,而协作图则强调收发消息的对象的结构组织,着重描述对象间的协作关系。两者是同构的,因而也是可以相互变换的。

(5) 实现图,包含构件图和配置图,属于系统的静态视图。构件图描述代码部件的物理结构及各部件之间的依赖关系,展现了一组构件之间的组织和依赖。一个部件可能是一个资源代码部件、一个二进制部件或一个可执行部件。它与类图相关,包含逻辑类或实现类的有关信息,有助于分析和理解部件之间的相互影响程度,通常把构件映射成一个或多个类、接口或协作。配置图定义系统中软硬件的物理体系结构,展现了对运行时处理节点以及其中的构件的配置。它给出了体系结构的静态实施视图,可以显示实际的计算机和设备(用节点表示)以及它们之间的连接关系,也可显示连接的类型及部件之间的依赖性。

为了更好地说明这些图的类别属性关系,特列表 4-1 阐明。

需要注意的是,区分 UML 模型和 UML 图是非常重要的,UML 图是模型中信息的图形表达方式,但是 UML 模型独立于 UML 图存在。UML 的当前版本只提供了模型信息的交换,而没有提供图信息的交换。关于 UML 的更详细知识内容可参阅文献[4~7]。

4. 工具

可用来进行 UML 建模的常用工具有很多,这里简单介绍几种常见的 UML 建模商业软件,包括 Rational Rose、Microsoft Visio 及 Power Designer。

Rational Rose 是 Rational 公司出品的可视化建模工具,用于可视化建模和公司级水平软件应用的组件构造。Rational Rose 是伴随 UML 的出现和发展而诞生的设计工具,Rational Rose 通过对早期面向对象研究和设计方法的进一步扩展而得来并被 OMG 确定为标准,Rational Rose 的出现就是为了对 UML 建模提供支持。Rational Rose 易于使用,支持使用多种构件和多种语言的复杂系统建模;利用双向工程技术可以实现迭代式开发,其团队管理特性支持大型、复杂的项目和大型且通常队员分散在各个不同地方的开发团队。当设计师使用 Rational Rose 时,他以人员(数字)、使用拖放式符号的程序表中的有用案例元素(椭圆)、目标(矩形)以及消息/关系(箭头)设计各种类,从而建立起一个应用框架的模型。当程序表被创建时,Rational Rose 记录下这个程序表,然后以设计师选定的 C++、Java、Visual Basic、Oracle 8、CORBA 或者数据定义语言(Data Definition Language,DDL)等来产生对应的程序语言代码。虽然 Rational Rose 是非常有效且成功的建模工具,但它后期的版本是基于较低的 UML 1.4 标准的。IBM 在 2003 年并购 Rational 之后,基于 Eclipse 环境构建了新的建模平台,包含了 UML 2.0 版本的开源参考实现,新的平台在集成和易用性上达到一个新的层次,目前 Rational Rose 的替代产品 IBM Rational Software Architect、Rational Software Modeler 和 Rational Systems Developer 都是基于新平台的,提供了超过 Rational Rose 的更好的建模和自动化功能。

Rational Rose 及其后继产品虽然功能强大,但需要进行专门学习,且安装配置过程略显烦琐,因而如果不是专业性需要,可以使用 Microsoft Visio 的 UML 建模,Microsoft Visio 的 UML 解决方案也能够为创建复杂软件系统的面向对象的模型提供全面的支持。它跟 Microsoft Office 产品能够很好兼容,可将图形直接复制或者内嵌到 Microsoft Word 的文档中,但是对于代码的生成,则更多地支持了微软公司的产品,如 VB、VC++、Microsoft SQL Server 等。Microsoft Visio 具有对用 Microsoft Visual C++ 6.0 或 Microsoft Visual Basic 6.0 创建的项目进行反向工程,以生成 UML 静态结构模型的能力;反过来,还能够使用 C++、Visual C# 或 Microsoft Visual Basic 根据 UML 模型中的类定义生成代码框架。一般来说,Microsoft Visio 用于图形语义的描述比较方便,但用于软件开发过程的迭代开发则显勉强。

Power Designer 是 Sybase 公司的企业建模和设计解决方案的 CASE 工具集,提供了一个复杂的交互环境,支持开发生命周期的所有阶段,从处理流程建模到对象和组件的生成。Power Designer 引入了对 UML 的支持,将多种标准数据建模技术集成于一体,并与.NET、WorkSpace、PowerBuilder、Java、Eclipse 等主流开发平台集成,从而为传统的软件开发周期管理提供业务分析和规范的数据库设计解决方案。Power Designer 运行在 Microsoft Windows 平台上,并提供了 Eclipse 插件。利用 Power Designer 可以制作数据流程图、概念数据模型、物理数据模型,还可以为数据仓库制作结构模型,也能对团队设计模型进行控制。它可以与许多流行的软件开发工具,如 Power Builder、Delphi、VB 等相配合使开发时间缩短和使系统设计更优化。Power Designer 更加侧重对数据库建模的支持(支持市面上大部分数据库),因而很多人用它来进行数据库的建模,而非单纯 UML 开发。由于同属一家,Power Designer 在 UML 生成代码时对 Sybase 的产品 Power Builder 的支持很好。

Trufun Plato 是世界上第一个支持 UML 最新规范 UML 2.1 的 UML 建模产品,提供 Java、C/C++、PHP、Delphi 等 10 多种开发语言的自动转换,采用被广泛应用的设计和实施模式。Trufun Plato 基于 CVS 提供了团队建模支持以及版本管理和配置管理功能,并可以支持团队开发。Trufun Plato 还支持从模型生成分析设计文档、用户定制文档格式和内容以及跨平台应用。在设计方面,Trufun Plato 支持 18 类常用 GoF(Gang of Four,四人组,指 Erich Gamma、Richard Helm、Ralph Johnson 和 John Vlissides 四人)设计模式,且用户可以自由选择,以加快软件架构设计。值得一提的是,为了提高竞争力,Trufun Plato 还提供了多种常见模型类型的导入功能,如 Rose、Argouml、Poseidon、Xmi、IBM RSA、EMF 等,使得其他建模工具产生的建模文档大都可以轻松切换到 Trufun Plato。

实际上,UML 的相关工具还有很多,网站[14]总结了截至 2014 年 12 月全世界的各种 UML 相关工具,可查阅了解。

4.1.2 设计模式

设计模式(Design Pattern)通常是针对面向对象的软件系统设计而言的,是一套被反复使用、多数人知晓、经过分类编目的代码设计经验的总结。使用设计模式是为了可重用代码,让代码更容易被他人理解,保证代码可靠性。设计模式能够使得代码编写真正工程化;设计模式如同大厦的结构一样,是软件工程的脉络、基石。每个设计模式需要阐明的四要素包括模式名称、问题、解决方案及效果。软件系统的设计模式一般分为3种类型,共23种,包括:

(1) 创建型模式。如单例模式、抽象工厂模式、建造者模式、工厂模式、原型模式。

(2) 结构型模式。如适配器模式、桥接模式、装饰模式、组合模式、外观模式、享元模式、代理模式。

(3) 行为型模式。如模版方法模式、命令模式、迭代器模式、观察者模式、中介者模式、备忘录模式、解释器模式、状态模式、策略模式、职责链模式、访问者模式。

由于篇幅及主题所限,想进一步了解学习软件系统的设计模式,读者可参考 GoF 的经典书籍[8]。

对于嵌入式系统,特别是移动便携设备系统而言,由于包含了硬件、中间层、软件等几部分子系统,其可归纳的设计模式自然会与上述专用于面向对象软件系统设计的模式有所区别。长久以来,尽管嵌入式系统正逐渐发展得无处不在,但针对这种系统的设计并没有成为软件设计领域的主要焦点。大多数情况下,软件设计技术默认要首先满足桌面系统开发人员的需要,然后才被"再调整"以满足嵌入式实时应用开发人员的需要,虽然这种调整得来的技术仍有其优点,但由于通常出自软件工程师之手,很少能照顾到嵌入式系统领域硬件控制及实时应用的特殊性,也未能涉及仪表设备、数字信号处理、人工智能及控制理论等与嵌入式系统设计开发密切相关的工程技术领域内容,不能直接满足嵌入式系统设计人员的需要。近年来,由于移动便携设备,特别是智能手机、平板计算机等消费电子类设备产品的流行发展,这种情况才有所改观。

4.1.3 软硬件协同设计

传统的嵌入式系统设计常采用软硬件分开设计的方式,由于在硬件设计过程中缺乏对软件构架和实现机制的清晰了解,硬件设计工作带有一定的盲目性,往往需要反复修改、反复试验,整个设计过程在很大程度上依赖于设计者的经验,设计周期长、开发成本高,在反复修改过程中,常常会在某些方面背离原始设计的要求,为解决这些问题,人们提出了一种全新的系统设计思想,即软硬件协同设计。

软硬件协同设计是指对系统中的软硬件部分使用统一的描述和工具进行集成开发,不仅涉及软件系统设计,还涉及最底层的硬件系统设计,甚至包括集成电路设计,该设计理论的目的是完成全系统的设计验证并跨越软硬件界面进行系统优化。

软硬件协同设计理论中,首先关注的是系统的描述方法。涉及问题:如目前广泛采用的硬件描述语言是否仍然有效、如何定义一个系统级的软件或硬件功能描述。由于属于一种新兴的理论,因而至目前为止还少有业界公认的、可以使用的系统功能描述语言供设计开发人员使用。

其次要关注的是这一全新设计理论与已有的嵌入式设计理论之间的衔接。这种全新的设计理论应该是现有嵌入式设计理论的完善,是建立在现有理论之上的一个更高层次的设计理论,与现有理论一起组成了更为完善的理论体系。

再次要关注的是这种全新的软硬件协同设计理论应当如何确定设计最优性原则。显然,沿用以往的设计最优性准则是不够的。除了硬件及芯片设计师们已经熟知的速度、面积等硬件优化指标外,与软件相关的如代码长度、资源利用率、稳定性等指标也必须由设计者认真地加以考虑。

第四需要关注如何对这样的一个包含软件和硬件的综合系统的功能进行验证。除了验证必需的环境之外,还必须要能够解决对于设计错误发生位置和原因的确认这一难题。

最后要关注的是功耗问题。如果仅仅是硬件系统或集成电路芯片,在功耗的分析和估计方面已有一整套理论和方法。但要用这些现成的理论来分析和估计兼具软件和硬件两部分的系统或 SoC 芯片是远远不够的。简单地对一个硬件设计进行功耗分析是可以的,但对于由软件运行引起的动态功耗则只能通过软硬件的联合运行才能知道。

上述关注点只是软硬件协同设计理论所要面对的重点问题,此外还有其他一些新理论要涉及的问题,这些问题的解决共同构成了软硬件协同设计的理论体系。

软硬件协同设计流程如图 4-7 所示,涉及内容有 HW(HardWare)-SW(SoftWare)协同设计流程、HW-SW 划分、HW-SW 并行综合及 HW-SW 并行仿真。

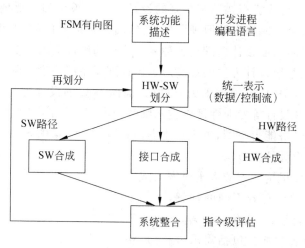

图 4-7　典型软硬件协同设计流程

(1) 用 HDL 语言和 C 语言,或 System C 等传统或专用开发语言,Cadence® Virtual Component Co-design 等开发环境进行系统描述,并进行模拟仿真和系统功能验证。

(2) 对软硬件实现进行功能划分,分别用语言进行设计并将其综合起来进行功能验证和性能预测等仿真确认(协调模拟仿真)。

(3) 如无问题则进行软件和硬件详细设计。

（4）进行系统测试。

4.2　设计开发过程

一个成功的嵌入式设备系统的开发离不开一个好的设计开发方法,优秀的设计开发方法首先能够使开发人员对自己所负责的工作任务,以及整个项目的进展程度有着较为清晰的了解,即做到心中有数,这有利于确保各阶段开发工作能够按照进度要求及时完成;其次便于借助各类通用辅助设计开发工具,从而有利于加快项目开发进度;再次,利于增强设计开发人员之间的技术交流、组件综合。

移动便携设备本质上属于嵌入式系统的子类,其设计开发自然遵循嵌入式系统的一般开发方法。由于其软硬件紧密结合的特点,与纯软件系统或者非程控硬件电子系统相比,嵌入式系统既需要进行硬件系统的开发,也少不了软件系统的开发。进一步地,由于软硬件之间需要相互协作以实现预定的系统功能目的,其软硬件系统的开发不可能是各自孤立进行的,而是相互之间有着有机的、密切的关联关系,在设计及计划安排上需要兼顾。

集成电路设计技术水平的快速进步和应用需求水涨船高的变化,促使嵌入式系统设计的理论方法不断发展。在硬件子系统上,传统的设计是基于电路原理图的形式,并借助Protel等辅助设计工具软件完成的,虽然由于技术惯性及成本因素,这仍旧是目前中小型嵌入式系统普遍采用的方式,但在硬件技术发展的前沿,基于硬件描述语言（HDL）对数字系统的硬件组成及行为进行描述和仿真的设计方法已被更加广泛地使用,设计人员在这种方法下,已经放弃了基于电路原理图的设计,转而借助专门的 HDL 工具对硬件电路的各种要素进行描述,从而设计出满足各种复杂要求的硬件电路系统。如今,伴随着 SoC 工艺的兴起,嵌入式系统设计方法的最高形态已达到了系统级设计阶段,其代表是以软硬件协同设计技术结合 IP 核重用技术为基础的、面向 SoC 的设计方法。但由于这种技术更多地牵涉集成芯片设计等专业性硬件技术细节的内容,超出了广大初、中级嵌入式系统开发人员的技术和经济能力范围,也不在本书内容范畴。本章内容主要阐述大众的、传统的嵌入式设备系统设计开发方法。

虽然不同的开发机构或权威人士对嵌入式系统的设计开发工程过程有着不同的理解,并制定了各种形式的规范,但从宏观角度而言,嵌入式系统的传统开发过程通常都会包括需求分析、规格说明、体系结构、组件设计、系统建构,如图 4-8 所示。其中,自顶向下的设计方法从对系统的最抽象描述开始,逐步向细化内容推进,以详细的描述结束;自底向上的设计方法则刚好相反,它从构成系统的每个组件开始。当不能确切地了解设计过程的后续阶段需要做哪些具体工作时,则应用自底向上的步骤路线会更适合,在这种方式下,某个

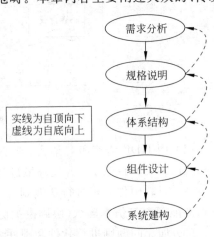

图 4-8　嵌入式系统设计过程概要层次

阶段的设计要取决于对将要发生情况的估计,如某个函数需要优化到具有多快的运行速度等。实践证明,对某个应用领域的嵌入式系统的开发经验越少,就越适合应用自底向上的方法来设计和优化系统。在实践中,根据项目具体情况,既可以自顶向下的方式进行,也可以遵循自底向上的路线进行。

4.3　立项及需求分析

大部分正式的移动便携设备系统项目最初都是由某个应用设计的想法起始,然后给出项目建议书,进而形成可行性分析报告,一旦获得认可,则正式立项并进入以需求分析为开端的研发阶段,直至最终产品形成。

4.3.1　立项准备

可行性分析报告是立项前期工作的重要内容,是从一个想法向最终产品形成所迈出的第一步,在确定实施项目研发前具有决定性的意义。针对于移动便携设备系统的开发项目,可行性分析报告一方面充分研究所需的软硬件技术条件,提出在当前所具备的人员及技术条件下进行预定项目开发的可能性,另一方面还要进行经济可行性分析评估,提出实施项目开发的合理性。可行性分析报告既是项目工作的起点及项目成败的关键,也是以后一系列工作的基础。作为投资决策前必不可少的关键环节,可行性分析报告主要对项目市场、可行技术、财务、工程、经济等方面进行系统、完备的分析,完成包括市场和销售、规模和产品、元器件等材料供应、工艺技术、设备选择、人员组织、实施计划、投资与成本、效益及风险等的计算、论证和评价,选定最佳方案,依此就是否应该投资开发该项目以及如何投资,或就此终止投资还是继续投资开发等给出结论性意见,为投资决策提供科学依据,并作为进一步开展工作的基础。

虽然由于开发团体、立项等级、项目领域及项目规模等的不同,会有不同的格式、内容等要求,但一个完整的可行性分析报告通常都会包括以下内容。

1. 项目提出的背景

对于引出项目目标产品的初始想法,描述提出原因及动机(即要解决何种现实问题),阐述开发该项目产品对解决现实问题的必要性及意义。

2. 目标市场分析

(1) 市场需求预测。对项目产品所针对要解决问题的应用领域市场,利用各种科学手段,预测其对项目最终产品的需求规模。

(2) 产业与市场发展现状。分析项目产品所属产业的情况、产业内竞争对手情况,以及该产业在市场当前的发展水平。

(3) 应用前景、领域、客户群。项目产品可预见的应用及发展前景,以及其可能被应用的主要及次要领域,还有与各应用领域相关联的潜在客户群的预期情况。

3. 产品规模及设计方案

为达到设计目标,所需开发项目产品的软硬件子系统复杂程度(如是否需要嵌入式操作系统、是否需要高性能处理器及相关器件、程序代码规模等),以及产品理想尺寸规格、外观元素及硬件组件的空间布局等构造设计方案。

4. 工程技术方案

实现项目产品开发的切实可行的最优化工程实践方案,包括以下内容。

(1) 技术方式。项目设计开发所预定选用的技术方法路线。

(2) 项目依赖。项目实施所必须依靠的先决支撑条件。

5. 技术可行性

对所选用技术方案完成项目最终产品可能性、及时性、难易程度等方面的分析。

6. 经济可行性

对依据预定工程技术方案进行项目开发所产生的投入及产出进行经济可行性的分析。

7. 运行可行性

在项目最终产品所针对的目标应用领域内,对当前一般化应用环境条件下,满足系统最低及最高运行条件要求的可能性进行分析。

8. 环保、安全、节能设计

在项目产品设计中,针对环保、安全及节能方面的标准及法规要求所采取的措施,如采用环保材料、提高设备稳定性及冗余度、降低产品设备功耗的措施等。

9. 项目人员安排

为在预定设计开发期限内达到项目最终目的,计划参与项目实施的各类人员的构成安排,内容一般包括如下。

(1) 管理机构、组织。负责项目设计开发总体管理的部门机构,拟建项目组的人员组织结构以及拟定项目开发主要负责人。

(2) 工作制度。根据待实现的项目产品的设计开发特点,拟定的规范项目组人员在项目开发期间的作息、交流、文档、资源申请、调研、评审、测试、质量保证等方面的规章制度。

(3) 分工安排。针对当前项目的预期时间进度限定要求、所涉及的相关辅助工作任务及难易程度各不相同的子系统组件开发需要,所应进行的人员工作分配。

(4) 人员定员。根据上述组织结构及人员安排所制定的合理的项目组各岗位人员数目及项目组人员总数。

（5）人员来源及培训。根据项目组各岗位特定技术人员需求，从何处（机构内部、外聘等）或以何种方式（任命、借调、外包等）征集人员组成完整项目组，以及项目概况、本机构规章制度、工作制度、所用开发技术、领域知识等方面内容的培训安排。

10. 进度计划安排

根据预期的交付截止时限（一般应包含最快、最糟限度）做出的项目设计开发具体进度安排，可以图形、表格等形式（如甘特图等）给出。

11. 投资估算资金筹措

完成项目产品的设计、开发、定型以及产品初期产量、市场宣传等方面所需投入资金总额的估算和这些资金可能的筹措来源。

12. 预期销量及盈利

预期销量及盈利对项目产品交付发布后的销售量规模，以及基于这个规模的盈利情况的预先估计，建议包含最高、最低和平均预期。

13. 资源分析

能否保障供应系统开发所需软硬件组件、环境、资金、场地、人员及技术资源等。

14. 社会及经济效益

社会效益指项目实施后能够直接或间接为社会所做的贡献；经济效益指项目设计开发所产生的资金占用、成本支出与有用生产成果之间的比较。

15. 附件

它包括各种参照标准、估算、计划表格等附属参考文件。

若可行性分析报告书获得有关负责人或部门通过，则开始正式立项。立项意味着预期产品的设计开发工作正式开始。由 4.2 节所述嵌入式系统的一般设计开发过程可知，接下来的首要工作任务即为需求获取。

4.3.2　需求获取

在设计移动便携设备系统之前，必须弄清楚所要设计的确切目标，该信息应当在设计的最初阶段获取，以用于指导系统的体系结构和组件设计，这就是需求分析阶段的任务。这一阶段的任务通常是分两个步骤实现的：首先是需求的获取，即从潜在客户那里收集对于目标系统的非形式描述；其次是对第一步所获取的需求描述进行提炼，得到进行系统体系结构设计所需的足够信息，这些信息格式化地组织起来就成为了系统的规格说明。

从上述两个步骤来看，显然需求获取和规格说明是有区别的，这个区别在于客户关于心目中所需系统的描述同体系结构系统设计师所需信息之间存在的距离。移动便携设备系统的受访客户通常不会是系统设计有关人员，甚至也不是最终产品设计人员，这些受访客户对与移动便携设备系统之间的交互理解，是建立在他们头脑中想象的基础上的，难免对系统怀有一些不切实际的期望，且他们对自己想法的表达通常不会用专业术语来呈现。因此，需要从客户的需求中获取一致性的需求，并将其整理成形式化的正式规格说明。

需求大致可以分为功能性需求及非功能性需求两大类，两者缺一不可。典型的非功能需求包括以下几点。

（1）性能。系统处理速度或一些软件性能度量的综合考量，其中系统的处理速度通常是系统的可用性和最终成本的主要考虑因素。

（2）成本。产品最终的成本或者销售价格。具体地，包含两种成本：生产成本（包括购买组件及组装的费用）和不可再生的工程成本（人力成本及设计系统的其他花费等）。

（3）尺寸和重量。最终产品的物理特性会因为使用的领域不同而各不相同，移动便携设备对系统的尺寸和重量有比较严格的限制。

（4）功耗。移动便携设备系统通常是依靠电池供电的系统，因而电源是非常重要的。考虑到以瓦为单位描述功率对于非专业客户是较难理解的，电源问题在需求阶段通常以电池寿命的方式提出。

提炼用户需求，尤其是交互操作需求的一种好的方法是建立一个系统原型模型，这样便于与受访用户交流目标系统如何方便使用，以及如何与系统更好地交互，有利于最终确定更优的规格说明。即使是一个非功能物理模型，也能够有助于让用户了解原始设计下，移动便携设备系统的尺寸和重量等预期的外在特性。

对于一个预期更复杂、更大规模的设备系统，对其需求进行获取及分析将是一项复杂而费时的工作，如果能够整理出相对少量、格式清晰简单的信息有助于对系统需求的理解。在设计开发实践中，可以在工程开始之时制作并填写一个需求表格，随后使用该表格作为考察系统基本特征时的检查表。表格中的条目说明如下。

（1）名称。简单实用的一项，既方便讨论，又能明确设计目的。

（2）目的。关于系统需求的描述，如果对于待设计系统应具有的主要特性非常了解，则一到两行的描述就能够阐明。

（3）输入和输出。包含大量复杂细节。

① 数据类型：是模拟电信号？是数字数据？是机械输入？

② 数据特征：是周期型到达的数据（如数字音频信号）？是用户输入？每个数据元素多少位？

③ 输入输出设备的类型：按键？模/数转换器？视频显示器？

④ 功能：关于系统所做工作的更加详细的描述，例如系统接收到输入时，它执行哪些工作？用户通过界面输入的数据或指令如何对具体功能产生影响？不同功能之间是如何相互作用的？

（4）性能。许多移动便携设备系统都要花费一定的时间来控制物理设备，或处理从外界输入的数据。在大部分情况下，这些计算必须在要求的截止时间内处理完毕。性能要求有必要尽早明确，因为这些要求在执行过程中需要仔细衡量，以便保证系统正常运行。

（5）生产成本。这中间主要包含了硬件组件的花费。如果不能确定将要花费在硬件组件上费用的确切数目，那么至少应该对最终产品的价格有一个粗略的了解，因为价格对体系结构的影响很大：一部标价 4000 元的平板计算机与一部标价 500 元的平板计算机相比，其内部结构毫无疑问是不同的。

（6）功耗。类似地，对系统消耗的功耗也可能只有一个粗略了解，但少量信息往往也非常有用，如对系统供电方式的考虑。

（7）物理尺寸和重量。对系统的物理尺寸和重量有一定的了解有助于对系统体系结构的设计。

对大型系统需要进行更加深入的需求分析，这可以基于上述表格做出一个更长的需求文档总结。在表格的介绍性部分之后，附加包含上述列举的每一项内容的细节的加长的需求文档。完成上述需求表格文档后，为稳妥起见，还应当进一步检查文档各条目的内部一致性。

4.3.3　规格说明

规格说明应该是更加精确的，因为常常需要将它视作客户和设计者之间的协议，因此规格说明必须严谨细致地编写，以便能够精确地反映客户的真实需求，并且还可在后续阶段进行系统设计开发时将其作为可以明确遵循的规范。

规格说明极有可能是设计新手最不熟悉的阶段，但其本质却是花费最少的精力来创建一个工作系统。在工作的开始时对于应当构造何种系统缺乏清晰认识的设计者，很容易在工作过程的早期使用并不完善的假设，以至于直到得到一个工作系统之前都无法发现比较明显的问题。这时，唯一的解决方案只能是把设备拆开，抛弃其中某些部件，然后再重新开始。这样做不仅要浪费大量的时间，最终得到的系统也是粗糙且充满缺陷的。

规格说明应该是易于理解的，以方便验证它是否符合系统需求并且完全满足客户期望。同时，它也不能存在歧义，设计者应该知道他们需要构造的目标是什么。设计者可能碰到各种不同类型的由于不明确的规格说明而导致的问题。如果在某个特定的状况下的某些特性的行为在规格说明中不明确，那么设计者就可能去实现错误的功能。如果规格说明的全局特征是错误的或者不完整的，则由这个有问题的规格说明构造的整个系统体系结构很可能就会不符合实现的要求。

系统设计开发过程进展到规格说明这一步，还未涉及系统如何运作的具体内容，只是详细地解释了系统应当做什么（有哪些功能）的问题。

4.4　体系结构设计

完成移动便携设备系统的规格说明后，下一步就要设计系统的全局体系结构，并协调分配硬件/软件方面的要求。设计系统体系结构的基本目的是描述系统如何实现规格说明中所定义的功能。体系结构是系统整体结构的一个规划，这个规划完成后将被用于指导设计搭建体系结构的组件，因而通常认为创建系统的体系结构是系统设计的第一阶段。

系统体系结构设计的结果通常是以分层细化的框图形式来表达的，图 4-9 所示为一个便携式 GPS 地图导航器的分层体系结构框图。分层细化就是需要首先设计一个忽略大量实现细节的初始体系结构并以框图体现，然后再根据这个宏观的、粗略的框图，将系统体系结构细分为针对硬件和针对软件的两部分,接下来再进一步分别细化出更多细节。

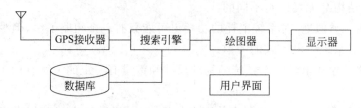

(a) 便携式GPS地图导航器总体框图

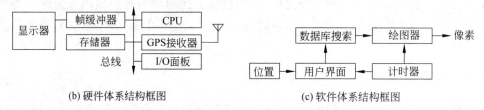

(b) 硬件体系结构框图　　　　　　　　　(c) 软件体系结构框图

图 4-9　便携式 GPS 地图导航器分层框图

体系结构描述必须同时满足功能上和非功能上的需求。不仅所需求的功能要体现,而且必须符合成本、速度、功率及其他非功能上的约束。先从系统体系结构开始,逐步把这一结构细化为硬件和软件体系结构,是确保系统符合所有规格说明的一种好方法:在系统框图中侧重考虑功能元素,然后在建造硬件和软件体系结构时考虑非功能的约束。

想确定硬件和软件体系结构是否确实符合速度、成本等方面的限制,就要在某种程度上估算框图中的组件。要想实现精确估算,部分地需要依靠经验,包括一般设计经验和类似系统的特定经验。但有时建造一个简化的模型也是有助于做出更精确估算的好方法。在体系结构建造阶段,对所有非功能约束进行合理估算是至关重要的,这是因为基于不良数据做出的决策会在设计的最后阶段显现出来,这实际上在表明,最初的设计并不符合规格说明。

在系统体系结构设计过程中,还可借助形式化的方法,即用图表的形式将不同设计阶段、不同抽象设计层次加以概念化。前面介绍的可视化语言——UML(统一建模语言)就是能够包揽完成上述工作的有力工具。UML 推荐在设计中逐层次地精简并逐渐增加设计细节,而不建议在每一个新的抽象层次上重新考虑设计。

由于 UML 是代表面向对象的一种建模语言,因而其强调两个重要的概念。

(1) 鼓励将设计描述为许多交互的对象,而非一些较大的代码块。

(2) 至少一些对象对应系统中实际的软件或硬件。另外,还可以用 UML 模型化与系统交互的外部世界,这时,对象可能对应的是人或者各类机器。有时,需要将人们认为是高层次的东西实现为由几个不同代码段组成的单一对象,有时则相反,需要在实现中打破对象的对应关系。但无论如何,按实际对象来考虑设计是有助于理解系统本身结构的。

对于由 UML 完成的面向对象的规格说明,有以下互补的两方面说法。

(1) 面向对象的规格说明通过精确地模拟真实世界的对象以及对象之间的交互作用来描述系统。

(2) 面向对象的规格说明提供一个基本的原语集,可以用特殊属性来描述系统,而不管系统构建和真实世界对象的关系如何。

4.5　设计模式相关

就目前而言,针对嵌入式系统的设计模式受到的关注相对较少,典型的观点如文献[9]给出的面向底层硬件设计选择及用于底层控制的一些模式,以及文献[10]所提出的面向 BSP 中间层及实时应用软件编程的一些设计模式。

4.5.1　与底层硬件相关模式

首先,对于底层硬件及控制,文献[9]对可用的模式做了详细的阐述,虽然该文献主要以 8051 系列微控制器为设计对象,但对于其他嵌入式微控制器同样具有意义。下面选择介绍了几种与纯粹底层硬件有关的模式,更具体的说明请参阅原始文献。

1. 嵌入式微控制器的模式

从创建基本硬件基础的角度,首要的就是选择嵌入式微控制器的模式,目的是决定是否可在系统中使用特定的嵌入式微控制器,一般来说,每种不同配置的嵌入式微控制器,都对应着一种供选择的模式,需要参照以下问题来选定适合的理想模式,即:

- 该微控制器的性能是否足以满足所需完成的任务的需要?
- 该微控制器是否有足够的片内存储器存储需要的代码及数据? 若不够,则是否允许使用适当的外部存储器?
- 该微控制器是否有适当的片内模块(如 SPI、PWM 等接口)来支持所需的任务?
- 该微控制器是否有足够的端口引脚以满足如键盘、LCD 显示屏等外部元器件连接的所有要求?
- 该微控制器的功耗是否适合于目标设备系统的应用环境(如户外、电池供电)?

此处每个模式的主要内容其实就是具体微控制器对应于上述问题的具体参数,这可以从模式对应微控制器芯片的数据手册上获知。

2. 电路振荡器硬件的模式

所有数字计算机系统都是由某种形式的振荡时钟电路驱动的,这种电路产生的时钟信号是系统的"劳动号子",是以处理器为中心的系统正确运行的关键,也关系到所有与时间相关的计算的误差程度,因而一个合适的振荡器电路是硬件设计的基础。对于电路振荡器硬件的选择,常见的模式为晶体振荡器和陶瓷谐振器。

(1) 晶体振荡器的特点:①晶体振荡器比较稳定,误差在每星期 1min;②多数嵌入式微控制器的硬件设计使用简单的晶体振荡器电路,开发人员对此更为熟悉;③大多数常用频率的石英晶体价格合理,要求的其他元件仅仅是两个小电容,但总体来说,晶体振荡器比陶瓷谐振器价格更昂贵;④晶体振荡器对振荡敏感;⑤稳定性随使用时间下降。

(2) 陶瓷谐振器的特点:①比晶体振荡器更便宜;②物理上不易受干扰,比晶体振荡器更不易受坠落等物理振动的破坏;③许多谐振器包含内置电容,能够在没有任何外部元件的情况下使用;④尺寸小,约为晶体振荡器尺寸的一半;⑤稳定性相对较低,不适用于需要长时间精确计时的系统,误差在每星期 50min。

3. 硬件复位的模式

不同型号、类型微控制器的启动流程一般而言是不通用的,由于硬件的复杂性,必须运行一小段由厂家定义的"复位程序"来使硬件置为一个正确的初始状态,然后再开始执行用户程序。运行此复位程序需要时间,且要求微控制器的振荡器已经运行。对于硬件复位的模式,通常包括阻容式复位及可靠复位两种。

当系统由稳定可靠的电源供电时,通电后电源迅速达到额定输出电压,断电则电源迅速归零,且接通时电压不会降低。这种前提下,就能够可靠地使用仅包含一个电容和一个电阻的低成本复位电路,即称为阻容式复位。但若电源不够可靠,系统又涉及安全性要求,这种简单的模式就不适用了,此时,需要考虑可靠复位模式,即采用现成的复位专用芯片,优点是即使在"缓慢上升的"电源或电压过低的情况下,也能提供可靠的性能,缺点是成本更高。当然,如果选择了目前常见的带有片内复位电路的微控制器,则可直接选择片内复位模式。

4. 使用存储器的模式

所有基于微控制器的实际系统都需要某种形式的非易失性程序存储器及某种形式的易失性数据存储器,这就对应了 3 种常见的存储器使用模式,即片内存储器、片外数据存储器及片外程序存储器。

很多简单任务情况下,不扩展外部存储器而创建应用系统是有可能的。仅使用内部存储器的优点是更低的系统成本、更高的硬件可靠性以及电磁辐射的降低,缺点是可用的数据存储器非常有限,限制了系统的功能及运行性能。

在一些更加大型的复杂任务系统中,必须扩展外部存储器。其中片外数据存储器模式能够为微控制器提供用于支持大系统的足够 RAM。而片外程序存储器模式的应用则方便了下述问题的解决:①需要某个片内硬件模块(如 CAN 总线、模数转换器、硬件数学处理等),却无法找到既有足够的 ROM 又有所需外设的合适的微控制器;②需要外部RAM 时,必然要建立所需的外部存储器接口,则再扩展外部 ROM 成为更经济的选择,因为可以不使用昂贵的带有较大容量片内 ROM 的微控制器芯片;③需要更新系统的运行程序时,替换一个小的 ROM 芯片而非整个微控制器会更为经济合算。但是,采用扩展外部存储器的模式会降低系统的可靠性。

5. 直流负载驱动的模式

典型的微控制器端口可由软件控制置为低电平或高电平,每个引脚一般可以灌入(或输出)10mA 左右的电流,因而这些端口可以被用来直接驱动低功率直流负载,如发光二极管(LED)、蜂鸣器等。适用这种形式的模式包括直接 LED 驱动和直接负载驱动。对于直接 LED 驱动模式,允许通过微控制器的端口驱动少数几个(通常为两个)LED,只使用最少的外部硬件;对于直接负载驱动模式,允许通过微控制器的端口用最少的外部硬件实现其他小负载的驱动。这两种模式都属于低成本解决方案。

当端口直接驱动多个低功率直流负载时,通常会超过微控制器的总的端口驱动能力,此时,使用缓冲放大器芯片是一种合适的解决方法。即使是负荷较小的系统,通过缓冲器驱动也能改善其可靠性。缓冲放大器芯片允许从单个端口控制多个小负载并改善电路可靠性,但会增加产品成本。

还有很多输出装置会需要远超出微控制器端口输出能力的高电压和大功率驱动,例如若想驱动一个小型直流电机就需要 12V/1A 的输出。为控制这样的装置,需要用适当的驱动电路将微控制器的输出转换到所需的水平,有几种模式可供选择。

(1) BJT(双极结型三极管)驱动器模式。虽然分立的三极管器件显得"不先进",但在许多系统中(特别在需要少量低功率或者中等功率驱动器的情况下),分立式三极管因其性价比很高而仍被广泛地使用着;BJT 可以在较低的电压下工作,这与很多低电压微控制器兼容;三极管的开关速度约为 $0.5\mu s$,虽然速度看起来很快,但在一些脉宽调制应用中还不够快。

(2) IC(集成电路)驱动器模式。若需要驱动两个以上中等功率直流输出,IC 驱动器是一个廉价且简单易用的方案;与三极管驱动器不同,IC 驱动器的工作电压限制比较严格,因而若想在电池供电设备中使用 IC 驱动器,则必须使用更复杂的电池电压供应设计,这会显著增加成本,只有当需要驱动 4 个以上输出引脚时,才会趋于经济;大部分廉价 IC 驱动器芯片需要 5V 电源,因而不能简单地用于 3V 电压的系统设计。

(3) MOSFET 驱动器模式。MOSFET 有大电压和大电流驱动能力;MOSFET 的开关速度很高;MOSFET 对静电敏感;对于小电流驱动的情况,BJT 会更经济;BJT 最大放大倍数大约为 100,这意味着单个 BJT 在大多数情况下,驱动电流被限制在 1~2A,而一个 MOSFET 可以轻易地开关 100A 的负载。

(4) 固态继电器驱动(直流)模式。与电磁继电器不同,固态继电器(SSR)基本上是纯粹的电子器件,没有活动的机械开关触点;正常使用下,固态继电器不会磨损、抗冲击和振动;固态继电器具有很高的开关速度;通过使用光电技术,固态继电器有很高的隔离水平;固态继电器可立即且不可恢复地被压/过流损坏;固态继电器工作时发热,需要散热器散热。

6. 交流负载驱动的模式

在很多系统中,必须安全可靠地控制电压相对较高的交流电源,存在两种普遍使用的控制方法模式,即电磁继电器驱动和固态继电器驱动(交流)。

对于电磁继电器驱动模式,可控电压可达上千伏,高于固态继电器;功率损耗小,不发热;成本较低;开关动作时间为毫秒级,远大于半导体开关的微秒级时间;存在机械抖动,可能引起可靠性问题;会产生严重的电磁干扰。固态继电器驱动(交流)模式的特点与固态继电器驱动(直流)模式的特点类似。

4.5.2　与应用软件相关模式

从面向 BSP 中间层及实时应用软件编程的角度,文献[3]提供了另外一种思路,将嵌入式系统的编程设计模式分成了 4 种类别,分别为访问硬件的设计模式、嵌入并发和资源管理的设计模式、状态机的设计模式以及安全性和可靠性模式。下面将每种类别下的每种模式的说明及应用效果做简要的介绍。

1. 访问硬件的设计模式

嵌入式系统最明显的特性是必须直接访问硬件。嵌入式系统的要点是软件嵌在"智能设备"中,提供一些特定的服务,并且需要访问硬件。大体上说,软件可访问的硬件可分为 4 种,即基础设施、通信、传感器和执行器。

基础设施硬件是指运行软件的计算基础设置和设备,不仅包括 CPU 和内存,还包括存储设备、定时器、输入设备、用户输出设备、端口及中断。大多数这种硬件不是面向特定应用的,它们或许是固定在同一个主板上,也可能是在子板上通过高速访问连接,或作为其他独立线路板共享通用基架。通信硬件是指在不同计算设备之间用于建立连接的硬件,如标准非嵌入计算机、其他硬件系统、传感器和执行器。通常子系统的连接可通过有线或无线方式。在嵌入式系统中,有时也会采用 DMA(直接内存访问)和多端口内存,但这有可能使得基础设施和通信硬件之间的界限模糊不清。剩下的两种用于监控或操纵物理单元的硬件设备是传感器与执行器。传感器采用电子、机械或化学手段监测物理现象的状态,如心跳频率、飞行器位置、物体质量或化学物浓度,而执行器则可以改变某些现实世界中要素的物理状态。典型的执行器如发动机、暖风机、发电机、水泵及交换器。

所有这些类型的硬件通常会初始化、测试和配置,通常是在启动或执行时,或是同时通过嵌入式软件执行这些任务。所有这些硬件组件要被嵌入式软件管理,这需要给软件提供命令或数据,或者从软件中收集命令或数据。

具体地,访问硬件的设计模式包括以下几种。

1) 硬件代理模式

硬件代理模式(Hardware Proxy Pattern)创建软件单元负责访问硬件的一部分、硬件压缩封装及编码实现。硬件代理模式使用类或结构体封装所有硬件设备访问,而不考虑其物理硬件接口。硬件可能是内存、端口或中断映射,甚至是通过串行连接、总线、网络或无线连接映射。代理负责发布服务允许从设备中读取或写入数值,以及初始化、配置和在适当时候关闭设备。代理为客户提供编码及与连接无关的接口,以促进设备接口或连接变换的易于修改性。

该模式很普通但具有封装硬件接口以及编码细节的所有优点。这为不对客户端进行任何改变,却从根本上改变实际硬件接口提供了灵活性,硬件细节已经在硬件代理内部完全封装。这使得代理客户通常不会意识到数据的本地格式,而仅在显示格式下操纵这些数据。缺点是会对运行的实时性产生不良影响。对高级客户而言,有时知道编码细节,并以本源格式操纵数据更有效率,但却降低了系统可维护性,因为真正要修改的是硬件接口或编码变化。

2) 硬件适配器模式

硬件适配器模式(Hardware Adapter Pattern)提供一种方法,使已经存在的硬件接口能够适应应用期望。该模式是适配器模式的简单衍生。

当应用需要或使用一个接口,而实际硬件却提供另一个接口时,硬件适配器模式是很适合的。该模式创建一个在两个接口之间转换的元件。

该模式允许不同的硬件代理及与之相关的硬件设备可以原封不动地在不同的应用中使用,而同时也允许已存在的应用不需改变地使用不同的硬件设备。该模式的关键在于适配器提供连接胶合来将硬件代理匹配到应用中。这意味着它将会更易用、不易出错或为应用更快速地改变硬件设备,或者在一个新的应用中重用一个已存在的硬件设备。

使用这种模式的代价是其增加了一级间接处理,于是会轻微地降低运行时性能。

3) 中介者模式

很多嵌入式应用要控制多组执行器,这些执行器往往必须彼此协作来达到预期目的。中介者模式(Mediator Pattern)提供了在一组硬件组件中对复杂交互进行协调的一种方法。

当硬件组件的行为必须按照有明确定义且复杂的方式协调时,中介者模式对管理不同硬件组件特别有效(尤其是对于 C 程序应用),因为它不需要很多专门化(子类化),能将复杂性放到实现中。

该模式创建中介者以协调合作的执行器集合,但无须直接耦合这些设备。这样通过最少化耦合点,并在单个组件内封装协作而极大地简化了整体设计。每当合作者想直接连接另一个合作者,它只需要通知特定的中介者,该中介者能够决定如何作为一个集合的、协作的整体来响应。由于很多嵌入式系统必须以高度精确的时间响应,动作间的延时可能导致不稳定或不良响应。中介者类能够在这些时间约束内反应是很重要的。当执行器与中介者之间有双向协作时,这必须重点考虑。

4) 观察者模式

观察者模式(Observer Pattern)是最常见的模式之一。这种模式提供一种方法来使对象"监听"其他对象,而不需要修改任何数据服务器。在嵌入式领域,这意味着传感器数据能够很容易分享给其他组件,当编写传感器代理时,组件可能甚至还不存在。

观察者模式通知一组感兴趣的客户,相关数据已经改变。要完成这些,它不需要数据服务器对它的客户有任何先验信息;相反,客户仅提供订阅功能,允许客户在通知列表中动态添加/删除其本身。数据服务器继而执行任何其所期望的通知策略。最常见的通知策略是当新数据到达时发送数据,但是客户也能定期更新,或以最小/最大的频率更新。这减小了客户的计算负担,并确保客户具有实时数据。

观察者模式仅仅是给一组在设计时还不明确的客户分发数据的过程,并且在运行时动态地管理感兴趣客户列表。该模式维护基本的客户机—服务器关系,而且通过它的订阅机制提供运行灵活性。因为客户仅在适当的时候更新,所以需要维持计算效率。最常见的策略是当数据改变时更新客户,但是任何适当的策略都能够被实现。

5) 去抖动模式

去抖动模式(Debouncing Pattern)用于消除来自金属表面间歇性连接引起的一连串假性事件。

按钮、拨动开关或机电式继电器都属于电子系统的传统输入设备,它们的一个共同问题就是当金属接触产生连接时,金属会变形或"反弹",于是在开关转换时会产生间歇性连接。由于这与嵌入式系统的电子反应速度相比发生得甚为缓慢,从而易导致控制系统中出现多个电子信号。该模式通过在初始化信号之后等待一段时间,从而将多个假性信号略过,然后以检查状态的方法解决上述问题。

这个用于执行去抖动的简单模式可利于应用程序只需关注由硬件状态变化产生的真实事件本身,但对于发出事件之前去抖动的硬件是不需要该模式的。

6)中断模式

物理世界从根本上来说既可能是并发,又可能是异步的,也是非线性的,但并非每件事情都如此。事情该发生时就会发生,因而嵌入式系统不加以关注的话,某些事件可能会被漏掉。当一个感兴趣的事件发生时,尤其是在嵌入式系统正在处理其他事件时发生,中断服务程序是用于通知事件的非常有效的方法。

中断模式(Interrupt Pattern)是一种构造系统的方式,用于对传入事件做出适当的反应。它确实需要一些与处理器和编译器相关的服务,但是大部分嵌入式编译器,甚至一些操作系统会为该目的提供服务。一旦初始化,中断服务将会暂停正常事务,而处理解决传入的事件,随后再次返回原来的正常计算事务中。

该模式允许高度地响应处理感兴趣的事件。它中断例行处理过程,因而当时间紧迫的进程正在进行时,应当慎重使用。通常情况下,当中断服务程序执行时,应暂时关闭中断,这也意味着中断服务程序必须快速执行以确保不会失掉其他新进中断。

7)轮询模式

另一种从硬件获取传感器数据或信号的常用模式是定期地进行巡查,这称为轮询的过程。当系统需要的数据或信号不是紧迫到无法等待下一次轮询时来收取,或者当数据或信号可用时,硬件缺乏生成中断的能力,此时采用轮询模式就很适合。

轮询模式(Polling Pattern)是从硬件上检查新数据和信号的最简单方法。轮询能够定期或者不定期进行,定期方式的轮询使用定时器来标识对硬件采样的时刻,而非定期方式的轮询采用当系统方便时进行轮询的策略,时机常选择在主系统功能执行之间或重复执行周期点之间等,此方式的轮询一般无规律可循,但对系统可能进行着的其他事务活动的时效性影响更小。

比起设置和使用中断服务程序,轮询方式更加简单,尽管定期轮询通常采用绑定了轮询定时器的中断服务程序来实现。轮询能够同时检测多种不同设备的状态改变,但通常不能像中断那样及时。考虑到这个因素,如果数据或信号轮询时间加上反应时间总是短于所涉及的最后期限,就必须加以注意。如果数据的到达快于轮询时间,则数据将会丢失。在一些应用中,这个情况算不上一个问题,但在某些应用中却可能是致命的。

2. 嵌入并发和资源管理的设计模式

大多数大中型嵌入式系统需要同时执行若干项活动,实现的关键是系统并发模型的定义和管理。具体地,嵌入并发和资源管理的设计模式包括以下几种。

1)循环执行模式

循环执行模式(Cyclic Executive Pattern)的优点是用非常简单的方式调度多个任务,但它对于紧急事件不够灵活,常难以及时响应。循环执行模式采用公平性原则进行任务调度,允许所有的任务有同等的运行机会。虽然在响应速度方面不够理想,但能够有预见性地满足所有任务的最后期限,即每个任务的最后期限必须不小于所有任务加上循环开销的最差执行时间总和。

循环执行模式主要用于两种情况:对于较小型的嵌入式应用,允许多个任务伪并发运行,无需复杂的调度程序或 RTOS 开销;在高安全性相关系统中,循环执行模式易于证明,因而在航空电子及飞行控制系统应用中较为流行。调度程序是一个简单的循环,它依次调用队列序列中的每一个任务。每个任务只是简单地通过调度程序调用的功能,它们运行完成然后返回。

该模式的主要优点在于其简单性,一方面调度程序不易产生错误,但另一方面其对高度紧急的事件响应不及时,因而该模式不适合那些有高度响应要求的应用。在资源需求方面非常轻量是该模式的另一优点,因此该模式还适合于具有较小内存的嵌入式设备。

使用该模式的缺点是,与其他模式相比,线程交互变得更具挑战性。如果一个任务需要另一个任务的输出,则数据必须保存在全局内存或共享资源中,直到该任务运行。另外,因为缺少抢占,不存在无界阻塞问题。

2) 静态优先级模式

大多数实时操作系统支持静态优先级模式(Static Priority Pattern),它可以很好地响应高优先级事件,并可以很好地扩展大量的任务。可以使用不同的方案分配优先级,但优先级的分配通常基于紧迫性、临界性或者两者组合。

静态优先级调度在嵌入式系统中是非常常见的模式,因其具有很强的 RTOS 支持、易于使用的特性以及对紧急事件的良好响应速度,这对于非常小、简单或不是由紧急异步事件驱动的高可预测系统来说是大材小用了。该模式易于对调度性进行分析,但是带有阻塞资源共享的基本实现能够导致无界优先级倒置。幸运的是,资源共享模式能够避免这种问题,或者至少能够将优先级倒置限制在不超过一定水平。最常见的分配优先级的方法是基于最后期限持续的时间(任务紧迫性)。离最后期限越短,就有越高的优先级。若最后期限在周期末尾,则该方式称为速率单调调度。虽然假设所有任务都是周期性的,但最小到达时间间隔可用于非周期性的任务,即使这经常导致对系统的过度设计影响费用。

静态优先级模式在有大量潜在的任务时运行良好,并且对传入事件提供及时响应。通常情况下,任务大部分时间处于等待开始的状态,当启动事件发生时变为活动状态。优先级仅是当有多于一个任务准备运行时的一种处理方式,在这种情况下,最高优先级的任务将优先运行。

3) 临界区模式

临界区模式(Critical Region Pattern)是与任务协调相关的最简单的模式。为使区域中当前执行的任务不被抢占,它禁止任务在区域内转换,因为资源不能被多个任务同时安全地访问,且有时保证任务在一段时间内不被打断地执行是至关重要的。

在可抢占的多任务环境中,可能会存在一段时间内任务不希望被中断或者抢占。临界区模式通过禁用任务转换甚至禁止中断来处理这些时间间隔,这为当前任务不被中断地执行提供了保证。一旦超出临界区,必须重新开启任务转换或中断;否则会引起系统的失效。

该模式能很好地执行临界区策略,且能够用于关闭调度任务切换,甚至更严格地,禁用有关的所有中断。但一旦超出临界区,任务切换将被重启。此外,使用这个模式能够影响其他任务时序,由于这个原因,临界区持续的时间通常会很短。

4)守卫调用模式

如果多个调用者以某种方式同时调用相互干扰的服务集合,则守卫调用模式(Guarded Call Pattern)将串行地访问它们。在该模式中,通过提供的锁定机制串行访问以阻止当锁定后来自其他线程的调用服务。

在一个相互排斥的过程中,多个客户抢占多任务环境中同时访问的相关的服务/功能集合,守卫调用模式可以使用信号量来保护这些服务/功能集合。守卫调用模式在服务没有其他任务使用时,提供及时的访问服务。但如果不与其他模式混合,该模式的使用会导致优先级倒置,即一种不希望发生的任务调度状态,一个高优先级任务间接被一个低优先级任务所抢先,使得两个任务的相对优先级被倒置。这往往出现在一个高优先级任务等待访问一个被低优先级任务正在使用的临界资源,从而阻塞了高优先级任务;同时,该低优先级任务被一个次高优先级的任务所抢先,从而无法及时地释放该临界资源。这种情况下,该次高优先级任务获得执行权。

该模式提供资源的及时访问,并能同时阻止多个能够导致数据损坏和系统错误行为的同时访问。若资源未被锁定,则访问将无延迟地进行,若资源目前已被锁定,则调用者必须阻塞直到释放资源锁定。

5)队列模式

队列模式(Queuing Pattern)是任务异步通信最常见的实现,它提供简单方法,在非耦合的任务间及时通信。队列模式通过在队列(一种先进先出的数据结构)中存储消息以完成这种通信。发送者将消息存入队列中,一段时间后,接收者从队列中取出消息。它也提供一种简单方法串行地访问共享资源:将访问消息排队,并在稍后的时间中处理,从而避免了共享资源常见的相互排斥的问题。

消息队列使用异步通信,通过队列实现在任务间同步和信息共享。这种方式具有简单的优点,并且不会遇到互斥问题,因为没有通过引用共享资源。很多线程之间的信息共享是通过传递值给另一个线程来实现的。这么做简化了线程间协作的复杂性,消息队列以单一的形式避免并发系统中通过传递引用共享信息而产生的资源损坏的问题。在传值共享中,制作一个信息的副本,并且发送给接收线程进行处理。接收线程完全拥有收到的数据,并因此能够自由修改,而不需要考虑由于多个写入者,或在一个写入者与多个读者中共享它们造成信息损坏。该模式的缺点是发送者传递消息后不能立即处理,进程需要等待直到接收者任务运行,并有能力处理处于等待的消息。

当数据在任务间传递,队列模式能提供很好的数据串行访问。与守卫调用模式相比,队列模式由于使用异步通信,接收数据不是很及时。

6)汇合模式

任务必须以不同的方式同步。当同步发生在简单的函数调用、共享单一资源或者传递数据时,队列模式和守卫调用模式能够提供运行机制。但当同步需要更加复杂的条件时,可以采用汇合模式(Rendezvous Pattern)。该模式将策略具体化为对象自身,可支持更复杂的任务同步需求。

汇合模式用于为同步的前置条件建模,或者用于为独立拥有数据和功能的对象线程的汇合。该普通模式易于用在确保运行时能满足任意复杂的条件的集合。基本的行为模型是:当每个线程变为准备汇合时,它使用一个管理同步的类注册,然后阻塞,直到该管理同步类释放它运行。一旦满足前置条件集合,则注册的任务使用任意目前生效的调度策略释放运行。

该模式中,两个或更多的任务可通过任意在管理同步的类中编码的复杂策略进行同步,模式本身简单灵活并易于进行专门化和改写。当任务必须在它们的同步点停止,则汇合模式最适合这种情况,实现阻塞汇合。

7) 同时锁定模式

同时锁定模式(Simultaneous Locking Pattern)是一种关注避免死锁的模式。它通过锁定条件:"当请求其他资源时,一些资源已经锁定"或"持有资源而等待其他资源"以达到目的。该模式以全或无的形式工作,要么所有需要的资源一次都锁定,要么一个也不锁定。

该模式通过一次性分配所有资源的方法防止持有资源而等待其他资源的条件发生。该模式比临界区模式更有优势,因为如果任务不需要任何已被锁定的资源,它允许更高优先级的任务运行。

虽然同时锁定模式可去除可能的死锁,但它可能增加了其他任务执行的延迟,这些延迟可能发生在甚至没有实际资源冲突的情况下。此外,该模式不能解决优先级倒置的问题,甚至还可能加重问题。

8) 排序锁定模式

排序锁定模式(Ordered Locking Pattern)是另一种确保死锁不会发生的方法,它防止条件"循环等待"的发生,即通过对资源排序,且需要客户总是按照该指定顺序锁定资源,若严格执行这个策略,则不可能形成循环等待条件。

排序锁定模式通过对资源排序并执行"资源必须仅能按指定的顺序分配"的策略消除死锁。对于可独立于其他应用功能的一元操作,客户能够调用它们而不需要特殊的考虑,且调用函数在内部将会锁定和释放资源。排序锁定模式的实现效果与所采用的排序算法有关,即针对某个系统的具体情况,采用不同排序算法所带来的效率是有差别的,引入合适的排序算法会导致阻塞的整体减少,因而建议在设计时进行分析来获得最好的排序。

3. 状态机的设计模式

状态机是一种广泛应用于嵌入式软件的结构。当嵌入式系统的输入采样是间歇性而非周期性时,将系统看作对这些输入的响应是很方便的。大多数嵌入式系统的响应可用接收到的输入和当前系统的状态来表征,于是自然可用有限状态机(Finite State Machine,FSM)来描述响应系统的行为。

有限状态机是由 3 个主要元素组成的有向图,即状态、转换和动作。其中状态是系统或组件的状态;转换是指从一个状态到另一个状态的有向路径,通常通过感兴趣事件触发;实际行为通过代表动作的组件执行。一个典型的座位安全带控制器状态机如图 4-10 所示。

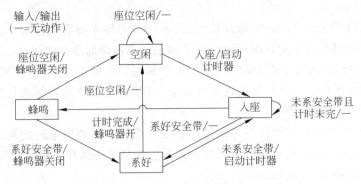

图 4-10 座位安全带控制器状态机

1）单事件接收器模式

单事件接收器状态机既能够用于同步事件，又可用于异步事件。单事件接收器模式（Single Event Receptor Pattern）依赖于单一事件接收器在客户与状态机之间提供的接口。在内部，该单一事件接收器必须接收事件数据类别，即不但要识别哪个事件已经发生，还要识别任意伴随事件的数据。该模式能够用在从客户直接接收事件的同步状态机，或者通过中间的事件队列接收事件的异步状态机。

由于所有的状态逻辑封装在单一事件接收器内，以至于限制了方法的可扩展性。

2）多事件接收器模式

多事件接收器有限状态机通常用于同步状态机，因为客户通常只关心它想要发给服务状态机的事件集合。在多事件接收器模式（Multiple Event Receptor Pattern）中，从客户发送的每个事件都有一个单一的事件接收器。状态机的多事件接收器方式的实现通常是同步状态机最常见的、最简单的实现，每个事件接收器本身仅需考虑处理单一事件以及执行相关动作。

该模式通过将状态逻辑分成一组事件接收器而简化了实现。

3）状态表模式

状态表模式（State Table Pattern）是为了大的、无嵌套或"与"状态的状态机创建的模式，仅支持同步状态机。虽然它在变为可用之前需要更多的初始化时间，但在使用上的表现更好。它们扩展到更多的状态相对较容易，但缺点是不能很容易地处理嵌套。

状态表模式使用二维数组来存储状态转换信息，该表通常用状态/事件构建表格。通常该模式有较为卓越的执行性能，且与状态空间，即状态表中的单元格数目大小无关。虽然状态表格不复杂，但表格的初始化需要耗费更多时间。该模式不过分追求系统的启动时间，但在状态空间很大的情况下是个良好选择。

4）状态模式

状态模式（State Pattern）提供一种实现策略，能够牺牲运行时的性能来优化数据内存，或者反之。另外，该模式同样适用于疏松或紧密状态空间，且有相对较低的初始化设置开销，但其使用动态内存的情况非常严重。

状态模式通过创建状态对象实现状态机，每个状态一个，模式维护这些对象的列表，通过一个内部变量识别这些对象中的哪一个是当前状态，所有的接收器被传递给当前活动的状态对象。

该模式分配行为将一个状态指定到单一对象,并简化和封装特定状态行为,于是能够通过添加新的状态类来添加新状态。该模式比状态表模式使用更多的内存,但可通过将复杂性分布到各种状态对象中而得以简化。其另一个优点是在实现中,能够在多个状态类的实例之间共享状态对象。

5) 分解"与"状态模式

"与"状态的语义是"逻辑上的并发",意味着在某种意义上状态机同时执行。分解"与"状态模式(Decomposed AND-State Pattern)通过创建不同对象之间的协作来扩展状态模式,以实现"与"状态。该模式带有拥有状态机的对象,并将它分解为一组交互的对象。主要的对象拥有全局的状态机,且其他对象拥有各自的"与"状态。该模式为管理状态机提供了扩展机制。

4. 安全性和可靠性模式

可靠性用于衡量系统的"可服务时间"或"可用性",尤其指在系统失效前计算能够成功完成的可能性,通常使用平均故障间隔时间来估计。安全性与可靠性不同,安全的系统是指不存在会引起人员伤亡或设备损害等危险因素的系统。危险发生的基本方面包括释放能量、释放毒素、干扰生存保障功能、给安全人员或控制系统提供误导信息、当危险情况出现时却报警失败。

1) 二进制反码模式

二进制反码模式(One's Complement Pattern)在检测由于外界影响或者硬件故障内存损坏时很有用。

二进制反码模式为识别单个或者多个内存位损坏提供详细设计模式。内存位损坏可能由电磁干扰、热量、硬件故障、软件故障或者其他外部原因引发。该模式通过存储两次重要的数据来工作,一次以普通形式,而另一次则以二进制反码形式。当读取数据时,二进制反码格式再次取反,并且与正常形式值比较。若值匹配则返回该值,否则处理错误。

该模式在数据的存储与检索上会有一些性能影响,但能够识别由电磁干扰、内存短路或地址位产生的错误。

2) CRC 模式

CRC 模式(CRC Pattern,循环冗余校验模式)基于循环多项式计算出固定大小的错误检验码,它能检测比错误检测码长度更大的数据集的损坏。

CRC 模式计算固定长度的二进制码,称为 CRC 值,在客户数据上检测它们是否已经遭到损坏。这个码附加在数据值上,并且当数据更新时设置,当读取数据时检查。CRC在实践中很常见且实用。CRC 以使用计算它们的多项式的位长为特征,但算法的计算可能复杂且耗时。CRC 对于任意长度的字符串提供很好的一位或者多位错误的检测,因此对于大型数据结构有益。

CRC 数据表使用很少内存以及相对较少的计算时间计算多项式,该模式提供对单个、少量的位错误的较好的检测,因为这样的连接往往极不可靠,通常用于通信消息传递。此外,它能用在严格的电磁干扰环境或关键任务数据的内存中错误检测。该模式对于处理带有相对较少位错误的大型数据集合非常适合。

3）通道模式

通道模式（Channel Pattern）是比前述模式规模更大的模式。通道模式用中等规模或者大型的冗余来帮助识别何时发生运行时故障，并且可能在这样的故障存在时持续提供服务。

通道是体系结构，包含执行端到端的软件或硬件，通过一系列的数据处理步骤，它能实现对从现实世界中采集到的原始物理活动的数据的处理。通道的优势是可以提供独立的、能够以不同的方式复制的功能的自我容纳单元，可以解决不同的安全性和可靠性问题。

4）保护单通道模式

保护单通道模式（Protected Single Channel Pattern）是通道模式的简单细化，它添加了数据检查，提供轻量级的冗余，但若是发现了故障，则通常不能够持续提供服务。

保护单通道模式使用单一的通道处理传感数据的数据处理过程，且包括基于这些数据的活动。安全性和可靠性通过在通道的关键点增加检查得到增强，但这可能需要一些额外的硬件。由于仅有单一通道，因此该模式将在出现持续的故障时，不能继续完成功能，但它能够检测并可能处理临时性的故障。

5）双通道模式

双通道模式（Dual Channel Pattern）是一种通过提供多个通道提高稳定性的主要模式，从而在架构层次上解决冗余问题。如果通道是相同的，则称为同构冗余通道，此时该模式能够解决随机故障（失效），但不能解决系统故障（错误）。若通道使用不同的设计或者实现，则称为异构冗余通道，此时该模式对于随机故障及系统故障均能够解决。

双通道模式提供架构冗余来解决安全性和可靠性问题。它切实通过复制通道并且嵌入管理它们的逻辑来做到这一点，并确定何时通道是"活动的"。

该模式通过复制通道以解决与安全性和可靠性相关的故障，这通常也需要大量的硬件复制，导致较高的经常性费用。如果通道是相同的，则所有的复制品会包含相同的错误，因此将会在相同的环境下出现错误。

4.6　软硬件组件开发及集成

在上述工作完成的基础上，可以开始着手按照体系结构设计进行具体的开发工作了。如图 4-11 所示，传统的移动便携设备系统层次化开发流程是参照系统规格说明及体系结构设计，将整个系统划分为硬件、软件两个子系统，且两者之间要定义并遵循一定的接口规范。接下来，分属两个子团队的硬件工程师和软件工程师分别进行各自子系统的设计、开发、调试和测试，这些工作完成后，软硬件子系统需要集成在一起并进行联合测试，若系统所有功能正常稳定，且满足所有性能指标，则完成并进入收尾交付阶段；否则需要对硬件、软件子系统分别进行验证和修改，并重新进行系统集成和测试。

系统体系结构描述指明了实现目标系统需要什么样的软件及硬件组件，而接下来的组件设计开发则要确保组件与已经设计完成的系统体系结构和规格说明相一致。组件的

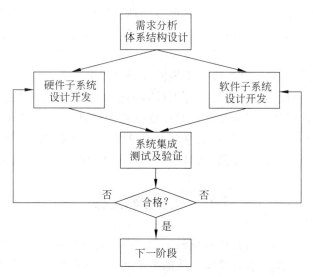

图 4-11　移动便携设备系统层次化开发流程

范畴通常既包括硬件模块,如现场可编程门阵列(FPGA)、印制电路板、功能电路、微控制器核心等,也包括各个层次的软件模块,如硬件驱动程序、嵌入式操作系统、算法模块、功能应用模块等。

　　经过多年来的发展和积累,现在移动便携设备系统项目开发中已经有一些可以拿来即用的组件:硬件方面如确定的微控制器就可算作一个标准组件,其他还有存储器芯片、通用接口芯片、A/D 转换芯片、复位电路、功放电路等都有现成的选择,软件方面更是包含相当丰富的、针对不同功能用途的可重用组件。因而大多数普通项目中,设计开发者的工作重心更多地放在比较并选择合适组件上面。

　　当然,作为新的移动便携设备系统设计开发项目,要包含一些创新性的内容,因此有时设计开发者必须自己实现一些组件,而且在硬件上即使使用标准集成电路,也必须要设计连接承载它们的专属印制电路板,同时在软件上还很有可能要进行大量定制编程以实现标志新产品的新功能。此外,在设计系统软件模块时,还必须针对当前待开发设备产品的具体配置情况,考虑如何满足实时性和存储空间等约束。

　　当系统的硬件、软件子系统基于各自组件设计开发完成后,就要进入系统集成与测试阶段。这个阶段就是要将基于组件的软硬件子系统集成在一起,得到一个可以运转的目标系统,当然该阶段不仅是简单地把所有的东西连接在一起。在系统集成中,通常可以发现一些组件设计时的错误,而合理的计划有助于快速定位并解决这些错误。例如,按阶段搭建系统并且在每阶段结束后进行测试,就有助于设计者更容易地定位这些错误。而如果每次只调试一部分模块,很可能更容易发现和识别简单的错误。只有在设计早期修正这些简单的错误,才能发现那些只有在系统高负荷时才能确定的、比较复杂的错误,因而必须在体系结构设计和各组件设计阶段尽可能地按阶段组装设备系统,并相对独立地测试设备系统功能。

　　系统集成时通常会发现问题。详细地观察系统以准确定位错误通常很难,因为与桌面系统相比,面向嵌入式系统的调试工具很少,因此可以认为确定系统为何不能正确地工作以及如何对此进行修复是一种挑战。在设计过程中小心地加入恰当的调试工具可以简化系统集成中的问题,但嵌入式计算本身的特性决定这一阶段就是一种挑战。

所有正式的、传统的移动便携设备系统的设计开发都不可避免地会涉及上述几方面的工作,但是一个好的设计方法会使设计人员对工作的进度有一个清楚的了解。而且,设计者还可以自己开发一些针对项目特点的计算机辅助设计工具,虽然限于时间及能力的约束,通常不可能开发一个能够贯穿完整项目系统设计开发流程的一站式工具,但可以先将整个过程分成几个可控制的步骤,通过辅助工具每次自动(或半自动)地完成一个步骤。

4.7 测试及发布

移动便携设备系统测试与其他系统测试的目的一样,是为了发现并修正缺陷,以提高系统的可靠性。移动便携设备系统安全性的失效可能会导致灾难性的后果,即使是非安全性系统,由于大批量生产也会导致严重的经济损失,这就要求对移动便携设备系统进行严格的测试、确认和验证。

对于移动便携设备系统而言,测试既包含了硬件系统测试也包含软件系统测试,当然也少不了全系统的软硬件联合测试。虽然将系统测试的问题放到了最后,但这并不意味着测试总是发生在系统开发的末尾阶段。事实上,严格的测试活动是需要贯穿系统设计开发的始终,这也包括对需求文档的测试。在移动便携设备系统设计开发的各个阶段对系统或系统组件进行各种测试,在系统设计开发的进程中是相当重要的,因为这往往是走向组件模块、子系统完成交付,或最终系统交付的最后关口,过了这最终一关(很多移动便携设备系统的测试只发生在末尾阶段),就是产品的正式发布及投入市场,此时再出现问题,付出的代价将会远远超出发布之前。有关系统测试需要阐述的内容很多,鉴于此,将单独在第 8 章将对这些内容进行更深层次的具体讲解。

4.8 本 章 小 结

- 移动便携设备系统的设计开发属于嵌入式系统开发范畴,涵盖了软件及硬件系统两者的设计开发,但其过程又有独特之处。
- 软件工程的大部分理论知识,对于移动便携设备系统的设计开发而言,都是可资借鉴的。
- 统一建模语言是支持模型化和软件系统开发的一个通用的可视化、图形化建模语言,为系统开发的所有阶段提供模型化和可视化支持。
- 设计模式是一套被反复使用、多数人知晓的、经过分类编目的、代码设计经验的总结。
- 软硬件协同设计是指对系统中的软硬件部分使用统一的描述和工具进行集成开发,不仅涉及软件系统设计,还涉及最底层的硬件系统设计。
- 嵌入式系统的传统开发过程通常都会包括的概要层次依次为需求分析、规格说明、体系结构、组件设计、系统建构。

- 可行性分析报告是立项前期工作的重要内容,是从一个想法向最终产品形成所迈出的第一步,在确定实施项目研发前具有决定性的意义。
- 在设计移动便携设备系统之前,必须弄清楚所要设计的确切目标。
- 需求大致可以分为功能性需求及非功能性需求两大类,两者缺一不可。
- 规格说明应该是更加精确的、易于理解的,并可能将其视作为客户和设计者间的协议。
- 设计系统体系结构的基本目的是描述系统如何实现规格说明中所定义的那些功能。
- 了解和学习设计模式有助于提高系统结构质量。
- 系统体系结构描述指明了实现目标系统需要什么样的软件及硬件组件,而接下来的组件设计开发则要确保组件与已经设计完成的系统体系结构和规格说明相一致。
- 移动便携设备系统安全性的失效可能会导致灾难性的后果,即使是非安全性系统,由于大批量生产也会导致严重的经济损失。

思 考 题

[问题 4-1] 请叙述 UML 对软硬件设计开发的作用。

[问题 4-2] 什么是设计模式?设计模式的作用是什么?

[问题 4-3] 软硬件协同设计理论所关注的内容有哪几项?

[问题 4-4] 需求和规格说明的区别是什么?

[问题 4-5] 软硬件组件的常见类型及获取实现方式是怎样的?

[问题 4-6] 在网上找到一个体系结构文档或框图,并分析说明其设计思想。

第 5 章

移动便携设备系统人机界面接口

本章学习目标

- 了解人机界面接口的必要性；
- 掌握移动便携设备系统常见的人机接口方式；
- 熟悉移动便携设备系统人机界面接口综合设计的原则。

不像一些可以无人值守的专用嵌入式设备等，作为移动便携设备系统，要发挥特定作用离不开持有者的操控，以及设备的即时反馈，这就必然需要移动便携设备系统的人机界面接口的协助。

本章主要介绍移动便携设备系统的人机界面接口相关内容。首先介绍人机界面接口的概念及发展历程；然后列举了针对于移动便携设备系统的人机界面接口的要求；最后对移动便携设备系统的人机界面接口综合设计的原则进行了简要说明。

5.1 概　　述

5.1.1 概念及历史

人机界面(Human Machine Interface，HMI)，又称用户界面或使用者界面，是人与设备系统之间传递、交换信息的媒介和功能接口，它实现信息的内部形式与人类可以接受形式之间的转换，是电子设备系统，包括嵌入式设备系统的重要组成部分，凡参与人机信息交流的地方都需要有人机界面的协助。目前随着科学研究发展的深入，人们认识到了人机界面与认知学、人机工程学、心理学等学科领域的密切关系，并不断融合发展。

人机界面接口可以宏观地区分为"输入"(Input)与"输出"(Output)两种类型，对于移动便携设备系统，输入指的是由用户一方所进行的对设备系统的操作，如通过按键、键盘、开关等的指令下达，还可能借助指划、手势、语音、动作等更加现代化的手段；输出指的是设备系统所发出或反馈出的各种形式的通知指示，如通过亮/闪灯、振动、鸣响、信息显示等给出的故障、警告、操作说明、执行结果提示等。设计良好的人机界面接口可帮助使用者更简单、迅速地操作设备完成所要达到的目的，也会使设备系统尽可能发挥出最大的效能，并延长使用寿命。

人机界面接口的发展历史，历经了从以设备系统为中心的、人适应设备的技术导向的思路，到以作为使用者的人为中心的，设备不断地适应用户的人本导向的思路的发展史。

通过人机界面交互的信息也借助技术水平的发展,由最初简单的输入输出信号到后来精确的输入输出信息,再到目前智能型设备系统所能接收的模糊化的输入输出信息。

早期的人机界面输入接口是以各式的手动按键为主,其中包括了常开常闭式按钮、接触-回归式按钮等,只能起到开关/启停、触发、急停、复位等简单控制作用。早期人机界面输出接口则往往是各种类型的指示灯,需要提示或通知给用户的信息通过指示灯的亮灭或多个指示灯的亮灭组合来表达,这需要预先对指示灯进行一次性定义并在面板和操作说明书上均予以标注。对于更加详细或精确的信息的表达(如无线电频率信息),则可以借助各类指针及其行程上的刻度来实现,如图 5-1 所示。而对于早期计算机等需要更多指令信息输入并可给出数据结果输出的程控系统,其输入则多是通过读取设备接收并解析预先手工编码制作的穿孔卡片上的较为复杂的指令信息(可能是程序、指令或数据等),而输出则是将信息编码后利用机载输出设备打孔到穿孔纸带上,或者输出到电传打字机上。

图 5-1　早期设备人机界面接口

20 世纪 60 年代,人们对电子设备系统的期望和需求已日益提高,在人机界面的输入方面,上述简单的接口即使加以组合利用也往往不足以承担更加复杂多样的指令输入,而且随着软硬件系统技术的进化及任务功能的提升,设备系统的很多操作不仅需要接收相应执行指令,还需要获取支持指令执行的必要数据。另外,电子设备系统的用户也由原来的以专业技术人员为主发展为兼顾业余技术人员或非专业人员,穿孔卡片式的输入方式由于需要掌握编码知识而限制了通用化的发展;为了与日渐丰富的输入需求相适应,在人机界面的输出方面,人们需要更加直接、自然的形式来显示更加丰富、多样化、有意义的反馈输出内容(如一些有精度的数据结果或某些更加详细的信息提示等),而以往的穿孔纸带等信息输出方式虽然也能够给出相对丰富的反馈或数据结果信息,但其属于非直接的信息输出方式,需要经过译码步骤才能得到最终信息,不能满足实时交互的要求,并且装置需要纸带等耗材,当时的自动译码的电传打字方式也仍然存在诸多不理想之处,这些问题都对设备系统的人机界面交互接口技术提出了更高的要求。为了能够方便地输入更加复杂的指令或数据信息,并实时、直观地将执行结果反馈输出给操作用户,从英文打字机演变而来的各类键盘(图 5-2)以及技术日渐成熟的几种显示技术成为新一代的人机界面输入输出接口形式,并开始广泛普及到各种以微处理器为核心的电子设备系统上。无论是与设备集成为一体还是作为接口外设,键盘作为一种人机界面接口设备类型,终于令人满意地解决了各种复杂的指令、数据信息的精确输入问题,几十年来一直发挥着难以替代的重要作用。

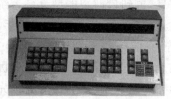

图 5-2　早期各式键盘

20 世纪中叶先后出现的 CRT(Cathode Ray Tube,阴极射线管)显示器、LED 数码管、LCD 等几种显示技术作为人机界面的输出手段,解决了不同应用目的下提示反馈及数据结果等信息的即时直观输出问题。第一种引入 CRT 显示器作为人机界面的计算机是 DEC 公司的 PDP-1,如图 5-3 所示。此外,能够辅助指示屏幕上的像素位置的接口设备——鼠标也初现雏形。图 5-4(a)所示为最早的鼠标。

图 5-3　第一种引入 CRT 显示器作为可选人机界面的计算机——DEC 公司的 PDP-1

(a) 最早的鼠标　　　　　　　　(b) 早期的一整套计算机用户界面设备

图 5-4　早期的用户界面设备

20 世纪 70 年代中期以后,随着图形显示技术及设备处理能力的进步,在原先以文本为主要元素的命令行用户交互界面接口的基础上,出现了早期的 GUI(Graphical User Interface,图形用户界面)接口,并不断进步发展起来。与通过键盘输入文本或字符命令来完成例行任务的字符型命令行界面相比,GUI 显现出许多所见即所得的优点。在 GUI下用户所看到和操作的都是图形对象,不必再死记硬背大量的命令行指令,取而代之的是可以使用鼠标等输入设备操纵屏幕上的图标或菜单选项,通过单击窗口、菜单、按键等方式来进行操作,极大地方便了非专业用户的使用,拓展了智能设备系统的用户人群。图5-4(b)所示为早期的一整套计算机用户界面设备。在人机界面的输入接口方面,90 年代后,一方面作为取代主流的键盘输入,探索更自然交互输入的尝试,基于各种原理的触摸屏技术暂露头角,并持续进步发展到今天;另一方面为了便于实现某些近距离的人机无线交互任务,一些非接触的接口技术也被陆续发展并应用,如基于红外的速率有限的数据传输或遥控技术、蓝牙(BlueTooth)近距离通信技术及 RFID 技术等。

进入 21 世纪后,人机界面交互技术的发展步入了一个新的、加速进步的历史时期,一些高技术、高智能的人机界面技术层出不穷。一方面,有基于网络的、综合无线控制技术的人机界面接口,如分别基于互联网、物联网及 Wi-Fi(Wireless-Fidelity,无线保真)的设备系统控制及信息交互技术,有用于识别用户手势或动作姿态、感知物体及实现三维复原重建的视频或多视频传感器,还有基于语音的智能人机交互技术等,一些三维显示技术及虚拟现实技术也已经得到了一定程度的发展;另一方面,在软件系统层面,除了研究服务于硬件接口电路单元设施或传感器的高效算法外,对于符合人机工程学、认知学、心理学等原理的图形用户交互界面设计技术的研究探索成为人机界面交互技术的重点研究方向之一。

如今,人机界面的设计目标已不再是单纯的显示和控制,它已经成为用户体验的不可或缺的一部分,开始追求对设备系统状况及操作流程状态的更优良的反映,并力求通过视觉和触摸的效果,带给用户更直观、自然的感受。

5.1.2　移动便携设备系统人机界面接口

移动便携设备系统根源于嵌入式系统,而当嵌入式系统技术兴起时,人机界面接口技术已经渡过了初始的发展阶段,积累了诸多已投入实用的接口技术,可为各种类型的嵌入式系统所选择应用。对于嵌入式系统而言,由于很多都是面向专用自动化控制的,并不一定非要配备较为完备的人机界面,例如一些设计为无人值守应用的嵌入式设备等,然而作为移动便携设备系统,要发挥特定作用离不开持有者的操控以及设备的即时反馈,这就必然需要适应于移动便携设备系统的、更加完备的人机界面协助。为了满足移动便携设备系统人机交互的基本需要,要求人机界面接口必须满足以下要求。

(1)一体化。由于面向移动便携应用,因而不希望像固定设备或大型设备(如台式计算机、工业控制平台等)那样,采取通过预留通用接口来外接人机界面接口设备的形式,为了保证设备的便携性,一般要求所有人机界面接口单元与主机集成于一体,这就要在设计移动便携设备系统时能够预先确定人机界面接口方式及主要的接口单元,以从全局角度安排部件等。

(2)小型化。为了更好地满足操作使用上的适宜程度,对移动便携设备系统的外形尺寸、重量等物理参数是有严格限制的,只有将用于人机界面的各类接口单元全部小型化,才有可能从基础上为满足上述一体化要求提供可能。

(3)高可靠性。对于通用台式系统,由于人机界面接口大都采用接口外接或扩展板卡的形式,如果有关部件设备出现问题,可以采取替换维修的方式来解决,但对于移动便携设备,由于大都是一体化的集成结构,若人机接口部件出现问题将会相当麻烦,只能拆机维修解决,可能会错过处理时机或导致数据损坏、消失等,紧急情况下将引起严重后果,因而应当从软硬件原理、制造生产工艺等方面对要集成的接口单元严格把关,确保其可靠性符合设计标准,且最好进行细致认真的测试。

(4)可多能化配置。鉴于移动便携设备有限的物理尺寸,其所能集成搭载的接口部件是有限的,因为即便各种接口都能够做到尽可能小型化,也是有一定限度的:考虑到手指粗细、力度等特征的限制,若接口的动作单元(如按键、键盘、方向杆等)太过精细,则会因手指误触而导致输入错误率提高,甚至无法正常完成操作。于是面对可能极其有限的接口部件,要想实现更多样化的快捷指令交互,就要具有对有限的接口动作单元进行多能化配置的软硬件能力,甚至支持用户自主定义设置快捷操作功能或快捷操作组合。

(5)低资源耗费。目前移动便携设备的运行仍然很依赖电池能量,而大部分接口部件的运转需要借助主设备的电力供应,一些接口部件可能会耗费相对较多的能源,大幅增加全系统的功耗开销,因此在设计人机界面接口时要考虑所要引入的接口部件的功耗问题。另外,人机界面接口部件都需要设备系统底层代码——设备驱动程序的支持,因而还要注意系统内存的占用消耗问题。

(6)舒适化。既然是用户便携应用的设备,就应当把是否符合人机工程学原理,便于用户使用,满足握持操作舒适性列为选择具体人机界面接口部件的考察点,这也是为了产品品质形象及市场竞争的需要。

5.2 移动便携设备系统界面交互模式

作为移动便携设备系统的人机界面交互的基础,硬件接口与软件接口两个层面缺一不可。需要硬件接口层面来负责对用户的操作动作进行接收并将信息传递给软件系统,或依据用户意图执行数据信息的获取/发送,而软件接口层面则主要负责对硬件接口层面传递来的用户指令信息进行解析,并根据解析结果做出任务处理,然后将处理结果通过屏幕、震动、指示灯等典型的硬件输出接口以适当形式给出可视化或感官反馈,其中对于具有屏幕输出显示接口的设备系统而言,往往会涉及复杂的可视化图形界面交互系统软件的设计开发。下面对硬件接口层面及软件的图形用户界面层面的常见设计模式以及两者的结合应用给予分别介绍。

5.2.1 硬件接口层面的模式

移动便携设备系统硬件接口层面设计中的常用模式主要有以下几种。

1. 传统的操作模式

即使用各类电子设备及嵌入式设备系统上常见的开关、按钮、键盘等作为基本控制、输入接口部件。作为起源最早的控制接口部件,各种类型的开关、按键部件很早就出现在各种电气、电子设备上,由于这类部件结构简单、原理可靠,至今仍被当作保证设备系统上电源管理、音量调节等的控制接口部件应用并持续改进,如图5-5所示。如今为了满足用户对更加自然方式的信息输入的要求,一些新形式的信息输入接口相继面世,而像键盘这样能够协助用户输入复杂指令或数据信息的、实体的信息输入接口部件走过了由简易数字键盘到精简多功能键盘再到全功能键盘的历程,目前已经开始逐渐淡出设备本体的配置中,转变为以可选附件形式存在,但作为一种目前仍必不可少的信息输入形式,大多数移动便携设备系统都以各种形式的屏幕虚拟键盘取而代之。

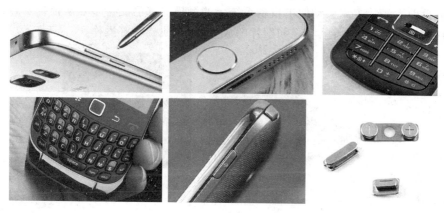

图 5-5　各种按键部件

2. 基于显示屏的操作模式

作为几乎所有移动便携设备系统的标准图形信息接口部件,各种技术类型的显示屏一直扮演着重要的角色。传统的显示屏都是作为显示文字及图形图像信息的单纯图形输出接口存在,对屏幕上各种显示元素的选择、编辑、移动等控制通常由键盘、鼠标等输入接口设备或部件实现。但是在很多嵌入式应用环境下,前述信息输入及界面操作形式往往受到空间、便利性要求等方面限制,因此人们开始探索研究兼具图形信息显示及控制数据信息输入的触摸屏技术,即在原有显示屏功能基础之上,实现控制指令或数据信息在显示屏上的输入。从最初发明的简单原型开始,经过数十年的创新和发展,如今已经累计推出了 5 种类型的触摸屏技术,包括矢量压力传感技术触摸屏、红外技术触摸屏、电阻技术触摸屏、电容技术触摸屏及表面声波技术触摸屏。其中,矢量压力传感技术触摸屏已经被淘汰;红外线技术触摸屏价格低廉,但其外框易碎、容易产生光干扰且曲面情况下会失真;电容技术触摸屏原理可靠且目前应用最广,但其图像失真问题仍难以根本性解决;电阻技术触摸屏的定位准确,但造价相对更高,且易被刮伤损坏;表面声波技术触摸屏清晰且不易损坏,适用场合广泛,但对屏幕表面清洁程度敏感,水滴或尘土的附着会影响触摸屏的工作状况。触摸屏的应用使得用户能够在设备屏幕上以更自然的即点即选、指画或手写方式直接实现指令或信息的直观快捷输入,从而很大程度上摆脱了系统操作对键盘、鼠标等非直接输入方式的依赖,精简了移动便携设备系统的人机界面接口配置设计。在对触摸屏的输入方式上,通常以手指点画操作方式最为常见,这种方式所需技术更简单、用户运用也比较简便,可以不需要其他辅助写画工具,但有时为了提高控制或书写精确度,也可以使用某些电容笔等辅助工具(据说火腿肠也是比较好用的),然而从原理上来说,这些输入形式的分辨率都不够理想,且与自然笔的书写感受(如笔迹力度等)存在较大差异,因此当对输入精度及书写感受有更高的要求时,应选择更高级的、支持电磁压感笔技术的触摸屏,这种屏幕所支持的电磁压感笔的感应分辨率更高、书写感受更好,能够分辨若干级别的用笔力度(典型为1024级),尤其适合在屏幕上进行美术绘制等应用,如图5-6所示。另外,早期的触摸屏触控技术以单点触控(同一时刻只能捕获感知一个点位的触控信号)为主,但目前大多数主流移动便携设备系统上的触摸屏都已支持多点触控技术,从而用户能够通过两指或多指的滑动实现如图片的放大、缩小或旋转等操作。

图5-6　手写笔

3. 无线形式的操作模式

移动便携设备系统所支持的无线形式的人机界面接口多用于传感信息的自动采集或受控采集、不同设备系统间的信息交换、智能识别检测及控制信号的发送/接收等。常见无线操作模式中,以红外、蓝牙通信方式出现最早,其他还有Wi-Fi方式、无线传感器网络方式、近场通信方式、视频智能识别方式、语音控制方式等,具体地,每种方式都有其特色应用领域。

(1)IrDA红外通信方式。IrDA(Infrared Data Association,红外线数据标准协会)红外接口是一种红外线无线传输协议以及基于该协议的无线传输接口。红外通信采取对射方式,最初主要用来取代点对点的线缆连接,并兼容早期的通信标准。其特点是方向性强(小角度锥角内)、短距离、点对点直线数据传输、保密性强、传输速率较高,但缺点是带宽低、数据传输速率有限。因此,大都用于简短操作指令的传输控制,可兼作输入、输出界面接口。

(2)蓝牙通信方式。蓝牙(BlueTooth)是一种短距无线通信的技术规范,蓝牙技术的主要目的类似于红外,即利用短距离(通常10m以内)、低成本的无线连接技术替代掌上计算机、移动电话等各种数字设备上的RS232数据线的电缆连接,从而为现存的数据网络和小型的外围设备接口提供统一的连接。蓝牙模块的特点是成本低、体积小便于集成、功率低,同时可传输语音和数据、接口标准开放。在设计中应用蓝牙模块需要注意的是,近来的实验发现USB 3.0设备、端口和线缆会与蓝牙设备发生干扰,当蓝牙设备和USB 3.0设备距离很近时,会导致数据吞吐量的下降或蓝牙设备与计算机的连接完全断开。为了解决此问题,可以尝试加大USB 3.0设备与其他蓝牙设备之间的距离,或购买屏蔽性能更好的USB线缆,还可以将设备系统中的蓝牙部件进行附加屏蔽。

(3)Wi-Fi传输方式。Wi-Fi是一种可以将个人计算机、便携设备(如PAD、手机)等终端以无线方式互相连接的高频无线电信号技术。Wi-Fi技术的出现目的是为了改善基于 IEEE 802.11 标准的无线网路产品之间的互通性。与更早出现的蓝牙技术不同,Wi-Fi 具有更大的覆盖范围和更高的传输速率,能够实现更加便捷、高效的远距离接口数据传输及控制应用。

(4) 无线传感器网络方式。无线传感器网络(Wireless Sensor Networks,WSN)是一种分布式传感网络,它的末梢是可以感知和检查外部世界的各类无线传感器节点,通过不同的针对性配置,可探测包括地震、电磁、温度、湿度、噪声、光强度、压力、土壤成分、移动物体尺寸、速度和方向等多种类周边环境信息。WSN 实现了数据的采集、处理和传输 3 种功能,网络设置灵活,节点位置可随时改变。移动便携设备系统在工农业领域的典型应用都离不开应用各类传感器对现场环境或其他监测对象信息的采集和处理反馈,这正是无线传感器网络方式的用武之地。

(5) 近场通信方式:近场通信(Near Field Communication,NFC)是一种短距高频的无线电技术,由非接触式射频识别(RFID)及互联互通技术整合演变而来,在单一芯片上结合感应式读卡器、感应式卡片和点对点的功能,能在短距离内与兼容设备进行识别和数据交换,如图 5-7 所示。NFC 芯片具有相互通信功能、一定的计算能力及涉及安全的加密/解密能力。目前 NFC 技术多用于智能手机等移动便携设备系统的电子支付等应用。

图 5-7　近场通信(NFC)技术

(6) 视频或音频传感器输入方式。如图 5-8 所示,为了实现数码相机或数字化录音机功能和视频智能识别或语音控制技术的高级软件算法,越来越多的移动便携设备系统上搭载了各种性能规格的摄像头和拾音麦克(对于手机这类设备而言,麦克是必须配备的),这为各种语音及视频输入控制技术和识别技术的引入创造了条件。

图 5-8　语音及视频输入识别技术

4. 附件连接的操作模式

这种模式的实现目的是扩展移动便携设备系统上有限的人机界面接口能力,常见的附件如各种类型的实体袖珍键盘或虚拟键盘(图5-9)、便携式的扫描仪或打印机、自制的环境信息传感器(如有害气体传感器、大气污染物传感器)等。

图 5-9　基于蓝牙技术的袖珍键盘和激光投射键盘

5.2.2　显示界面层面的模式

对于移动便携设备系统,显示界面层面的人机接口模式在此处定义为基于显示输出器件功能的可视化交互的呈现模式。目前常见的显示输出器件主要包括段位型 LED/液晶显示器件、点阵字符型液晶显示器件、更高分辨率显示屏器件等。其中段位型 LED/液晶作为低档的显示器件,所支持的界面交互显示模式只能是数字、简单字母或预先成型的固定标识(如特殊符号等),适于在一些专门执行测量或计算任务的移动便携设备(如对讲机、中低档数字万用表、电子温度计等)上搭载应用,仅提供简单的数值结果显示;点阵字符型的液晶显示器件是很多移动便携设备系统最常选用的中低档显示单元,通常支持文字信息的静态或滚动显示,能为设备系统用户提供更加丰富的信息反馈模式(如文字、简易图形、符号等信息元素的组合显示),适于那些提供更多附属功能的专用移动便携设备系统(如激光测距仪、简易 GPS 设备等)的交互显示,若设备上还搭载有简易键盘,则更可实现一种命令行交互的模式;更高分辨率的显示器件是现在及未来移动便携设备系统搭载的图形输出接口的主流,已有更多新开发或升级的移动便携设备系统选择搭载这类更先进的显示器件,以借助图形化界面实现开发者设计中的理想用户交互模式,从而尽可能地提升用户应用体验,也提升设备产品的竞争力。得益于显示器件制造技术的进步及新原理先进显示器件的开发,未来将会出现更加高级的图形用户界面交互模式。

在高分辨率显示器件的支持下,移动便携设备系统的人机界面交互能力显著提高,除了能够支持较为基础的命令行用户界面接口,更可以支持图形用户界面接口。在命令行用户界面接口下,可视交互的呈现模式主要包括基于指令或数据的对话形式的模式,以及由特定字符或符号构成的、以菜单选项为主要交互元素的简易菜单窗口界面的模式。在图形用户界面接口下,可视交互的呈现模式更加丰富,可以是基于各种控件(按钮、滑动条、列表框等)交互元素的对话框,可以是菜单、客户区等应用程序窗口交互元素,可以是基于快捷方式、任务栏、消息框、状态栏等桌面交互元素,可以是基于指点、手写板区或手写笔等辅助方式的即点即画的书写绘制呈现模式,可以是基于地址栏、快速链接等交互元素的网络呈现模式,更常见的是多种交互元素的综合呈现。

5.2.3　软硬件结合

移动便携设备系统人机界面接口要发挥出良好的功能,需要硬件、软件两个层面相互配合的一个完整交互流程来实现。其中硬件层面负责接收以各种方式输入进来的原始信号或信息并给予解析,然后提供给软件系统相应的接口模块等待处理;软件层面则负责根据硬件提供的输入内容进行相应处理,并将处理状态及结果以特定的交互方式反馈到屏幕界面上,有时还需以其他方式传递给负责输出的硬件接口部件实现其他形式的结果输出。典型的软硬件结合实现人机界面接口顺利运作的例子有以下几个。

(1) 视频智能识别。这是一种可用于人机界面接口交互的人工智能技术,其主要目的是通过对实时采集的视频图像的分析,来寻找目标并判断其行为动作所表达的含义,然后根据分析结果采取对应的操作处理措施。视频智能识别的主要阶段包括硬件部件对视频信息的采集及传输、基于图像处理的视频检测、基于模式识别的智能分析处理及识别结果的可视化反馈 4 个环节。视频智能识别的准确性不仅取决于软件层面的识别算法,还必然地受到硬件部件所采集到的视频图像的清晰程度的影响。

(2) 语音控制技术。即通过辨识用户所发出的语音命令来执行对应的控制或文字编辑操作。语音控制技术的基础核心是自动语音识别(Automatic Speech Recognition, ASR)技术,其目标是将人类的语音中的词汇内容转换为计算机可读的输入,如按键、二进制编码或者字符序列。根据实践中应用目的不同,语音识别系统可以分为特定人与非特定人的识别、独立词与连续词的识别、小词汇量与大词汇量以及无限词汇量的识别,这些类别的基本识别原理和处理方法大同小异。一个典型的语音识别过程主要包括硬件层面对语音信号的采集及预处理、软件层面对预处理后的信号的特征提取及模式匹配、按识别结果进行的控制执行、识别及控制执行情况的可视化反馈等几个部分。

5.3　整机人机界面接口设计原则

由于移动便携设备系统特有的"便携"特性,需要更加关注其人机界面接口设置的人机工学。为了能够达到更好的便捷性、合理性,尽量提高用户应用体验,充分体现以人为本的设计理念,应该以移动便携设备系统的需求规格目标为出发点,对其人机界面接口进行针对性的设计。

移动便携设备系统整机人机界面接口设计的基础是确定为完成设备系统的主要预定任务功能,用户和设备系统应当分别承担的任务,以明确人机任务交接的分界面,从而定义人机界面接口设计范围。对于任务分配的衡量,一方面可以从现实情况出发,对原有完成目标任务功能的手工流程或依赖台式计算机上相关事务软件的半手工流程进行深入的分割剖析,将其映射为移动便携设备系统人机界面上执行的一系列分解任务组成的任务组,另一方面可以通过研究设备系统的软硬件需求规格说明来确定一组与用户模型和系统预定任务目标相协调的系列任务组合,从而综合两方面的因素来确定出人机任务交接的最优分界面,即哪些操作、指令或数据由用户承担和提供,哪些处理由系统自主完成。

另外,如果需要进行更加深入细致的任务分析,可考虑逐步求精和面向对象分析等软硬件工程技术。逐步求精技术是把任务不断划分为子任务,直至对每个细分子任务的要求都十分清晰,而面向对象分析技术有助于识别出与应用有关的所有客观的对象以及与对象关联的动作。

下面针对移动便携设备系统人机界面接口的设计,基于设备系统的需求规格,从几个不同的角度给出整机人机界面接口设计若干原则。

5.3.1　基于用户及群体角度

移动便携设备系统最终是要交给用户握持使用的,为了使用户更易于分辨和掌握人机接口的使用规律和操作特点并能有效地使用设备,尽量提高交互友好性,从而吸引更多潜在用户的关注和选择,应当重视从用户的角度出发来考虑人机界面接口的设计问题。

从用户的角度出发,实质上又可以分为个体和宏观两方面。

从用户个体角度看,首先,作为用户的人大都存在着易遗忘、免不了出错、时常注意力不集中、情绪不稳定等固有的弱点,因而应当尽可能减少用户操作使用时的记忆负担,以力求避免可能发生的错误;其次,用户的知识经验和受教育程度会在一定程度上影响其对系统人机界面接口的认知和熟练程度,如果使用特定移动便携设备系统的不同目标用户在知识经验和受教育程度上存在较大程度的差别,就要对人机界面接口的设置安排进行衡量,以在尽可能保证足够的专业可操作范围的同时,也保证适当的易学易用性;最后,还应当调查与参考用户对目标设备系统的合理期望和态度以对症下药,不要盲目追求用户不需要的、过高的或不切实际的接口设计,也不要照搬旧例敷衍了事。

从作为宏观对象的用户目标群体角度看,必须认识到不同需求、不同类型的移动便携设备系统所面向的用户群体是存在着差别的,应当基于操作使用移动便携设备的既定用户群体的身份特征或工作性质来理解用户对系统的要求,并结合目标工作环境或应用环境,设计与之相适应的、便捷有效的人机界面接口,从而提高用户的应用效率和使用舒适度。

(1) 有的设备系统属于日常消费电子,如电子字典、游戏掌机、PDA、智能手机等,面向的是不分行业的普通大众的日常应用。这种用户应用情况下,考虑到用户群体的广泛性所带来的用户理解、操作能力的参差不齐,人机界面接口的设计应当尽量以简洁、易懂、易操作为主旨,避免那些较为专业、复杂的接口操作设计,并且应当将同类产品的接口操作方式设计得有规律可循,以适应更广大的普通用户群体。另外,为了便于用户随时随地的应用,消除寻找专用接口设备或连接线的烦恼,应当抛弃一些较为特殊的接口而使用更加常见的标准化接口。

(2) 有的设备系统是用于本行业(信息电子)自身的各种工作,如一些提供较为齐全接口并提供编程接口的工业 PDA、新型概念机、迷你开发套件等,面向的是本行业的二次开发或功能验证等研发应用,考虑到其用户群体是本行业的专业设计开发人员,为了便于用户以当前设备为基础进行灵活高效的二次开发或功能验证工作,人机界面接口的设计应当注重提供更加全面的接口及操作方式,以供开发用户比较选择。在这种类型的设备系统上的开发或验证取得成功后,很多用户将选择以其为蓝本,重新设计构建一套专门的移动便携设备系统。

（3）有的设备系统是提供简易专门性应用，如专用定位导航设备、激光测距设备等，面向的是特定领域用户的专业性辅助应用，即提供给非领域专业用户群的、具有专业性能的辅助设备，这种前提下，人机界面接口的设计应当强调以较少的、便捷易懂的操作或操作组合来尽量实现更多功能，即作为输入的软、硬件接口设计要考虑非专业用户的知识技能特点，以简便、易懂及高效为目标，尽量由设备系统自主智能地给定各项合理参数，以自动进行专业的计算处理流程，而作为输出的软硬件接口则要便于以专业的信息格式和形式给出及时、全面的信息反馈或动作响应。

总之，在系统人机界面设计过程中，只有深入了解用户、了解设备系统任务目标才能得到令人满意的结果。另外，作为必要补充，还应当尽可能多地向用户或潜在用户咨询交流，探求用户的意见，以抓住用户应用的特征，更明晰地定义用户的需求。

5.3.2　基于应用环境及场景角度

虽然移动便携设备系统是给用户亲自操作使用的，基本不会存在超出人类耐受范围的极限条件下的应用状况，但在日常的各种人类工作、活动环境下，也仍然可能面对着各类不同的不利因素或应用特点，因此对操作用户所处的应用环境加以针对性考虑仍然是具有一定现实意义的。

针对易脏污或有较大灰尘的操作环境，如农田、检查井、施工工地等，移动便携设备系统的人机界面输入输出接口应当尽量设计使用简洁可靠、抗尘能力强的部件，并设计防尘防水措施；针对高温的操作环境，设计中应当尤其注意按键等接口接触部件不要选择不耐受高温的材质；在潮湿的操作环境，设计中要特别关注整机密封与接口外露金属部件的耐锈等问题；针对低温寒冷的操作环境，移动便携设备系统的人机界面接口设计必须首先注意到作为常用输出接口的显示部件的选择问题，例如液晶等显示屏技术在低温下会因结冻而失效，其次要考虑到用户的操作状况——可能会因为寒冷而希望直接戴着手套操作，因此要将输入接口部件尽量设计为可粗糙操作的形式（如间隔适当的少量按钮等），而不是键盘之类的要求精细操作的形式；针对野外勘察探险这种情况多变的操作环境，在人机界面接口设计中需要综合借鉴前述环境下的对策，并重点考虑接口耐用性及显示输出的降耗问题；针对室内办公这种相对最理想的操作环境，则可以尝试设计一些精细的、新颖的人机接口。

除了应用环境外，还应当分析设备系统常见的应用场景，按照以往设备操作情况的统计或对未来用户使用情景的预期来判定预设接口的使用频率，并根据该频率及各预设接口的重要程度来设计接口的布局、方式及工艺，确保更高使用频率的人机界面接口位于更便于用户触及操作的位置，同时要根据使用频率及重要性的次序设计可靠性适宜的接口操作方式，并在工艺上优先保证其使用耐久性。

5.3.3　基于应用层次定位角度

基于成本控制及开发期限上的考虑，还需要针对目标客户群的应用层次，对移动便携设备系统及其人机界面接口加以区别设计配置，即根据设备系统的应用层次定位，如高端商务应用、研发应用、行业专业应用、低端消费应用等,来预先确定移动便携设备系统所需搭载的人机界面接口的类型及数量配置、接口部件所对应的技术层次、所选用接口接触部件的主要材质(各类合金、橡胶或工程塑料等)及工艺程序等要素。

5.3.4 基于系列化通用化角度

通常为了扩展移动便携设备系统产品的用户群范围,形成高低搭配,并保持产品的延续性,同时缩短研发周期、降低研发成本,开发机构会在初始型号产品定型发布后,采取系列化的方式进行市场扩展,开始后续产品系列的开发。

从系列化的角度出发,需要注意的是,设计为实现类似交互功能的软硬件接口配置及布局应当在如色彩、操作域、文字、状态表示等方面呈现出明显的一致性,以利于识别操作。由于重新学习一种新设备的操作方法对于很多用户而言是一种负担,系列化开发的产品因为具有操作方式上的连贯继承性,还在一定程度上培养了自家设备产品用户在应用操作上的习惯性,从而影响着客户在购买下一代设备产品时的选择。另外,有时出于安全性考虑,要将全系列型号设备系统的某些关键接口的相对布局位及操作方法设计为一致化,以期用户能够基于同系列其他老旧型号设备系统的应用经历,惯性地应对紧急情况,从而达到操作及时性,并减小关键操作的失误率。

一些接口软硬件组件公司或厂商为了扩大其销售覆盖面,会提供符合特定应用标准的、各种档次类型的、成熟的通用接口组件供广大客户选择。组件通用化的结果是导致大多数移动便携设备系统厂商的同类功能设备的同质化。

5.4 本章小结

- 移动便携设备系统发挥特定作用离不开持有者的操控及设备的即时反馈,这必然需要人机界面接口的协助。
- 移动便携设备系统人机交互要求人机界面接口必须满足一体化、小型化、高可靠性、可多能化配置、低资源耗费、舒适化等额外的针对性要求。
- 移动便携设备系统的人机界面交互中,硬件接口与软件接口两个层面缺一不可。
- 硬件接口层面设计中的常用模式包括传统的操作模式、基于显示屏的操作模式、无线形式的操作模式以及附件连接的操作模式。
- 硬件层面负责接收以各种方式输入进来的原始信号或信息并给予解析,然后提供给软件系统相应的接口模块以待处理。
- 显示界面层面的人机接口模式是基于显示输出器件功能的可视化交互的呈现模式。
- 软件层面负责根据硬件提供的输入内容进行相应处理,并将处理状态及结果以特定的交互方式反馈到屏幕界面或其他接口介质上。
- 整机人机界面接口设计的基础是确定为完成设备系统的主要预定功能,用户和设备系统应当分别承担的任务,以明确人机任务交接的分界面,从而定义人机界面接口设计范围。

- 可以基于用户及群体、应用环境及场景、应用层次定位、系列化通用化等几方面来考虑人机界面接口设计原则。

思　考　题

［问题 5-1］　简述人机界面接口的发展历史。

［问题 5-2］　列举几种你所能想到的移动便携设备系统人机界面接口器件,你更喜欢哪种?

［问题 5-3］　如何确定人机交互的分界面(哪些操作由用户执行,哪些操作由设备处理)?

［问题 5-4］　若设备面向户外工作环境应考虑哪些影响交互效果的因素? 解决策略是什么?

［问题 5-5］　对于专业用户,他更在意哪些设备系统特性和交互功能?

［问题 5-6］　如果让你负责新一代产品的开发,你会选择在设备产品上预留组件升级接口的模式还是选择将新的或增强的功能留给下一代产品集成的模式,或者两者兼顾? 为什么?

第6章

移动便携设备系统图形界面设计

本章学习目标

- 了解移动便携设备系统图形界面设计的概念；
- 掌握格式塔的7个主要原理；
- 了解基于大脑特性对移动便携设备系统图形界面设计的启示；
- 了解基于学习及响应特性对移动便携设备系统图形界面设计的启示；
- 熟悉移动便携设备系统图形用户界面设计的准则。

本章着眼于移动便携设备系统应用程序的信息呈现方式如何更好地适应用户，以增强系统易用性、提高使用效率，即针对移动便携设备系统的图形用户交互界面设计这一主题，鉴于这是一类取决于操作用户（主要是我们人类）的感知系统特性的针对性任务，应当从对人类知觉及学习系统（包括视觉、记忆、学习、反应、习惯等）的研究上寻找启示，以帮助我们实现更顺应人类感知特性的设计结果（如果使用者是其他生物，如鱼或者蜻蜓，那么就该研究针对它们的感知特征了，如鱼眼或复眼的视觉特性）。

本章首先介绍图形用户界面交互的概念及发展史，并进一步针对移动便携设备系统的图形用户界面交互做了分析介绍；接下来对面向视觉感知的7个常用格式塔原理依次介绍、举例并给出界面设计启示；然后分别阐述了基于视觉特性、大脑特性、学习及响应特性的分析而得出的针对移动便携设备系统图形用户界面设计的指导性启示；最后介绍一系列图形用户界面设计准则供进一步参考学习。

6.1　图形界面交互

6.1.1　概念及历史

图形界面，也称图形用户界面，属于人机交互领域范畴。从概念而言，交互是对象之间的相互交流和互动，因而人机交互便是人与机器（本书特指智能电子设备）、操作环境之间的相互作用关系及互动状况，是实现人与机器之间信息交流的过程，涵盖几乎一切实现人与电子设备之间控制、受控及反馈等功能任务操作的软、硬件设计及实现。

人机交互的必要介质和手段是人机界面，是人机双向信息交互的支持软件和硬件，通常对应着系统中用户可见的部分。用户需要通过人机交互界面与系统进行交流及操作。小如收音机的播放按键，大至飞机上的仪表板或是系统所搭载软件的界面等都属于人机界面。图形界面属于人机界面中当前广为流行的一类特定形式,而图形界面交互就是基于图形用户界面的人机交互,是经历了早期"人适应设备系统"的手工作业、作业控制语言及交互命令语言交互阶段后,跨越到以"设备系统更好地适应人"为宗旨的一个相对高级的阶段,是目前人机交互的主流方式。

6.1.2 图形交互的必要性

通过人机交互能否准确、流畅地达到任务目的,其关键在于控制信息的准确输入及反馈信息的及时、有效和直观。

早期由于技术水平的限制,人机交互的输入需要通过操作按键、开关、刻度转盘等机械电子器件的形式来实现,虽然由于形式简单而使得控制输入相对可靠,但可实现的控制类型有限,且相应操作的反馈形式也显得过于简单,往往要通过是否执行及执行结果正确与否来判断操作步骤的正确性。

电子计算机技术开始发展后,出现了以穿孔卡片作为指令输入手段,以打孔纸带和电传打字机为反馈输出手段的人机交互方式,并进一步过渡到了以键盘为指令输入手段,以CRT 显示器为反馈输出手段的人机交互方式,但此时的信息反馈界面是命令行形式的界面,即显示屏界面上的命令及操作结果信息是按行显示的字符信息,如图 6-1 所示。虽然这种形式下用户已能够获得及时、有效并有一定直观性的指令和数据信息反馈,但仍然存在着诸多不足之处,其中最主要的问题就是操作用户需要知晓和记忆众多的指令字符串及控制格式,以及一些特定操作步骤和注意事项,才能够正确无误地指示系统完成目标任务,往往需要借助专用的操作技术手册(例如 20 世纪在购买某些品牌的个人计算机时,往往会附赠厚厚的几本系统操作手册供学习使用),这就增加了用户的学习负担,限制了用户的知识层次,并且任务完成的效率与用户的操作熟练程度有较大关联,因而更适合于专业技术人员,而排斥了广大普通用户,影响系统的推广普及。另外,以字符串文字表示的反馈信息可能存在着歧义性,影响着用户对操作过程及结果的理解。

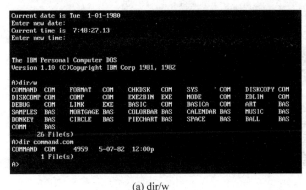

(a) dir/w   (b) chkdsk

图 6-1 DOS 命令

为了一定程度上解决这个问题,在命令行界面仍占主导的年代,很多程序开发人员已经认识到基于图形的界面形式可以较好地解决这个问题,并开始在基于命令行的操作系统下,编程实现基于各类符号、字符的简陋菜单交互界面(图 6-2),或者利用字符绘制各种图形(图 6-3),但这种改良所能达到的效果是比较有限的。

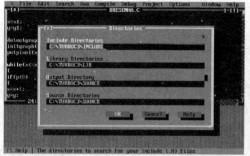

(a) TC PC

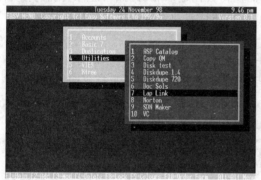

(b) NRDS Reader for DOS

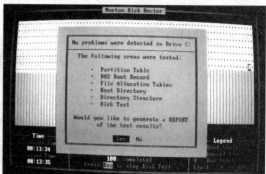

(c) Easy Menu

(d) Norton Disk Doctor

图 6-2　命令行 OS 下的图形界面

(a) 哈佛大学SYMAP制图系统　　　　(b) 米老鼠形象

图 6-3　ASCII 形式图形

　　当软件的操作系统相关技术、硬件的显示相关技术及鼠标等指点设备技术得到进步后,专门的图形界面相关技术开始出现。Xerox PARC 研究中心于 20 世纪 70 年代研究出了一款原型计算机系统 Alto(图 6-4(a)),首次采用了使用鼠标作为指点输入设备的,以窗口(Windows)、菜单(Menu)、图符(Icons)和指示装置(Pointing Devices)为基础的图形用户界面,也称 WIMP 界面,并于 1981 年推出了首个面向商用市场的、采用 WIMP 界面的计算机系统 Star(图 6-4(b))。1983 年,Apple 公司推出了更为知名的、采用 WIMP 界面的 LISA 个人计算机,这也是 Apple 公司自己的第一台使用鼠标的计算机(图 6-4(c))。从此人们开始逐渐告别晦涩的命令行界面交互方式,迎来了图形界面交互方式的发展。

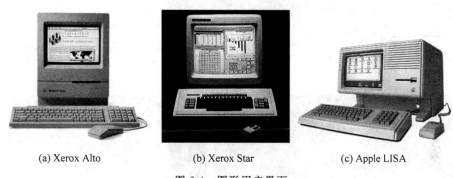

(a) Xerox Alto　　　　(b) Xerox Star　　　　(c) Apple LISA

图 6-4　图形用户界面

与以符号命令行为主的字符命令语言界面相比,以视觉感知为主的图形界面具有一定的文化和语言独立性,并可提高视觉目标搜索的效率。在符号阶段,用户面对的只有单一文本符号,虽然离不开视觉的参与,但视觉信息是非本质的,本质的东西只有符号和概念。在视觉图形阶段,借助计算机图形学技术使人机交互能够大量利用颜色、形状等视觉信息,发挥人的形象感知和形象思维的潜能,提高了信息传递的效率,如图 6-5 所示。图形界面交互带给的好处有以下几个。

① 能够同时显示多种类型信息,用户可在几个工作环境中切换而不丢失其间的联系。

② 用户可通过下拉式菜单方便执行控制型和对话型任务。

③ 图标、按钮和滚动等技术大大减轻了键盘输入负担,提高了初级用户的交互效率。

6.1.3　移动便携设备系统图形界面交互

移动便携设备系统的发展最初也经历了相对简单的命令行界面时期,但由于整个嵌入式系统领域的发展是建立在逐渐成熟发展的通用计算机领域之上的,当时图形用户界面已经初现端倪,加之为了应对各类(可能是非专业的)用户便捷操作的需要,实现更为复杂功能的移动便携设备系统的人机交互方式也借助各种层次的嵌入式操作系统,与时俱进地逐渐过渡到了图形用户界面交互方式,如图 6-6 所示。由于移动便携设备系统在尺寸和应用环境上的特殊性,对搭载其上的图形界面的设计往往有着额外的要求。

(1)屏幕适应性。移动便携设备系统的显示屏幕因应用设计的需要而规格不一,但大多数类型设备的显示屏幕尺寸都很有限,这就需要在设计应用程序时针对目标设备屏幕尺寸的大小、长宽比例等对交互结构、页面显示层次、控件布局、显示元素大小等进行专门设计,如果显示区尺寸过小还要考虑多页面交互结构。

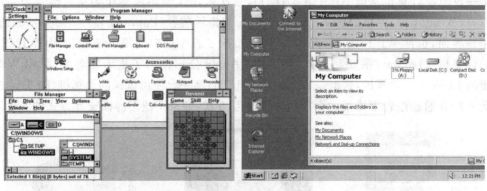

(a) Windows 3.0　　　　　　　　　(b) Windows 98

(c) Mac OS　　　　　　　　　(d) IBM OS/2

图 6-5　各类图形界面

图 6-6　各类嵌入式系统图形界面

（2）光线适应性。顾名思义，移动便携设备系统最大的特点就是其移动性，这就意味着其使用环境是多变的，可能的情况包括室外/室内、白天/夜晚、雨湿/干燥、炎热/寒冷等，在温度、湿度、光线等诸多变化的环境变量中，对图形用户界面的显示效果影响最大的无疑是光线变化的情况，除了借助一些新近可见的增强的显示技术而从目标设备本身硬件的角度去解决，还要在图形界面各部件元素的灰度或颜色配置上下功夫，尽量在不失美观的前提下提高同屏部件元素之间的反差效果，以利于用户对操作区域的清晰分辨。

（3）触控精度及容限。移动便携设备系统另一显著的特点就是其便携性，从"以用户为中心"的角度出发,这就要认真考虑便携应用的各种情况。在图形界面控制这一主题下,出于便捷性考虑,以往通常会提供给用户一个随设备尺寸而设计的精简键盘或者微缩的全键盘,这种做法的优点是物理按键可靠耐用,且符合多数用户长久以来使用键盘的感觉,缺点是过多占据了有限的设备系统面板空间,因而压缩了显示屏幕空间,且按键往往过小而时常导致误按。随着嵌入式显示屏幕技术的发展,如今更常见的方案是为用户提供一个与设备面板尺寸相近的全尺寸显示屏幕,而将用户的操控转为由屏幕显示的虚拟键盘以及触屏操作实现。由于人的手指是有一定粗细范围的,再加之便携操作的不稳定性(尤其是有时还要考虑单手或戴手套操作),在设计图形界面的交互功能操作时,应当根据设备系统主要使用环境的特点,处理好感应精度容限与操作区分界限(不同动作、不同控件敏感区域的区分)的关系,既为目标系统常见应用情况下的触摸按压操作留有适当容差范围,又保证分明的操作边界。

(4) 响应及时性。不像大多数通用桌面计算系统图形操作界面取决于当前多进程处理现状及资源占用情况的、常显拖沓的响应速度,移动便携设备系统的应用属性决定了其理想的图形界面操作响应速度应当是快速甚至实时的,这才能够满足用户提高工作效率的要求及使用感受。为了这个目标,在设计和实现移动便携设备系统的图形界面操作时,应当把操作的响应速度作为首要的关注目标。有时为了提高图形界面交互的易理解性、增强用户的使用感受,会追求某些操作的华丽效果,但这些效果(尤其是一些三维或动态效果)往往需要经过复杂的图形图像处理,这是最耗费系统性能及执行时间的,因此应当在保证响应速度的前提下(有时微控制器内部会提供相应的硬件如 GPU 来协助图形图像的处理)再去考虑实现效果的问题,但通常情况下如果以实现功能为主要目的,还是应当尽量将图形界面各类操作的过程或算法简单化而不要复杂化。

(5) 操作便利性。既然是移动使用的便携设备,就应当在设备系统操作的便利性上多加考虑。例如在某些不方便的情况下,有些用户可能会被迫进行单手操作,某些在其目标应用情景中可能会发生上述情况的设备系统为了适应这种可能的需要,就应当在图形界面设计时专门考虑适于单手操作的界面元素、控件的布局。但是面向这种问题的设计往往会由于单手的局限性而需要在界面布局安排上做出很多妥协,牺牲了本能够高效合理地容纳在同一页面下的诸多功能控件,使得需要设置更多的界面才能够容纳应有的全部功能入口,降低了设备系统的操作效率,因此很多面向移动便携设备系统的图形界面设计中,不会将其作为主界面方案,而转为通过提供单手操作的简化选项来实现必要时的切换。

(6) 传感器融合辅助。移动便携设备系统有一个有利的优势,即为了实现既定的应用目的,其本身会搭载多种辅助传感器模块,如图像传感器(摄像头)、加速度传感器、温湿度传感器、GPS 模块、光线照度传感器等,使得在设计图形界面交互方案时,可以考虑借助这些传感器来加强用户的使用便利性,增强用户体验。例如,借助图像传感器,可以设计基于手势或面部信息的操作选项;借助光线照度传感器,系统能够根据感知光线的强度来自动调整屏幕亮度;借助加速度传感器,用户可以通过向不同方向以不同角度或速度倾斜设备来实现界面上的方向控制(如赛车游戏)。

(7) 多通道辅助。移动便携设备上所搭载的一些外围器件也可以起到一定的辅助提示作用,如声、光、振动等。

6.2 视觉感知的格式塔原理

6.2.1 概念

格式塔理论是 20 世纪初奥地利及德国的心理学家在试图解释人类视觉的工作原理的过程中发现并归纳创立的,由于"形状"和"图形"的德语是 Gestalt,于是可音译为格式塔。格式塔原理就是具有不同部分分离特性的有机整体理论,该理论强调人类的经验和相应行为的整体性,在心理学上,认为人的心理意识活动都是先验的"完形",即"具有内在规律性的一个完整历程",是先于人自身的经验而存在的,并作为人的经验的先决条件。通俗地说,格式塔就是知觉(Perception,直接作用于感觉器官的事物的整体在脑中的反映,是人体对感觉信息的组织和解释的过程)的最终结果,即我们于心不在焉且还未引入反思的状态下的知觉,当要构建有意义的视觉图形时,格式塔理论可以发挥关键作用。由于格式塔理论如上所述,认为人所知觉的外界事物和运动都是完形的作用,因而又多被译为完形理论。

从格式塔的观点出发,可认为知觉到的东西往往要大于眼睛能够见到的东西,人类任何一种经验的现象,其中的每一组成元素都将牵连其他组成元素,每一组成元素之所以有其特性,是因为它与其他组成元素具有一定的关系,由这些组成元素构成的整体,并不由其中具体的元素所决定,而局部的过程却取决于整体的内在特性。完整的现象具有其本身的完整特性,它不能简单分解为一系列组成元素,它的特性也不包含于任何组成元素之内。在人类视觉上认为视觉系统是整体的,能够自动对眼睛所看到的影像,即视觉输入构建起结构,从而能够在大脑神经系统的层面上感知到宏观的形状、图形和物体,而非仅仅是局部的间断点、边缘线或区域面。总之,格式塔理论的核心可归纳为:整体决定部分的性质,部分依从于整体。

虽然对格式塔理论的评价褒贬不一,但格式塔理论中一些重要的原理确实对计算机系统的图形界面设计起到重要的借鉴意义,这些格式塔原理包括主体↔背景原理、接近性原理、连续性原理、完整闭合性原理、相似性原理、对称性原理、共同方向运动原理等。

6.2.2 主体↔背景原理

1. 原理

大脑能够自动将特定的视觉区域分为主体和背景,经过特意的设计安排,可以使人们感觉到某些特定对象凸现成为主体,而其他对象则退居到衬托地位而成为背景。一般说来,当一个小物体重叠在更大的物体之上时,倾向于认为小的物体是主体而大的物体是背景(图 6-7(a))。另外,图形与背景的区分度越大,图形就越突出而易被知觉,例如在寂静中会比在嘈杂声音中更清楚地听到手机的铃声;反之图形与背景的区分度越小,越易混淆图形与背景,各类野外迷彩伪装便是依此原理。总之,要使所设计的图形内容突出为知觉的重点对象,除了要具有鲜明特点,还应具有明晰的轮廓。当然,有时通过调整思维想象来颠倒主体与背景的定义,也可以达到完全相反的印象(图6-7(b)),这是一种二义性的表现,在设计时多数情况下要尽量避免,而在某些特殊情况下却有可能利用这种二义性以得到出其不意的效果。

2. 图例

当看到"墨迹天气"的 Logo 时(图6-8),大多数人所感知到的不只是一个由两种颜色构成的、平面上的单调图形那么简单,而是会感觉到这个 Logo 是富有层次感的,包括一个具象的云彩图案层面以及看似衬托于图案之后的背景。这就是格式塔原理在"主体↔背景"这一关系中的体现,一个较小的图形被一个更大且格式一致的图形围绕时,在视觉上会给观看者一种"较小的图形更为靠前,并具有封闭性"的印象。

(a) 主体和背景

(b) 主体和背景的反转

图 6-7 主体↔背景原理示意

图 6-8 "墨迹天气"的图标

3. 启示

在移动便携设备系统的图形用户界面设计中,根据主体↔背景原理,设计者应当全面考虑各种情况的图形用户界面下,主体与背景之间的区分度,要利用各种方法增强两者之间的对比反差,尽量避免两者在视觉上的模糊以及二义性问题。实际设计时,有时需要加强用户对应用所针对的目标、环境或领域的认知,则可以利用主体↔背景原理,将与界面控件元素具有较大区分度的相关内容图片作为界面背景,以起到衬托和暗示的作用;有时为了进一步突出界面元素或要表达的信息,使信息清晰明了,不被过于复杂花哨的其他背景元素所干扰模糊。例如,一些移动应用程序的欢迎或说明界面,也可将能够与界面元素呈现较大反差效果的纯色作为界面背景,这些都属于主体↔背景原理的静态应用,见图6-9(a)和图6-9(b)。

在应用程序运行中,有时需要响应用户的输入,给出可选的操作或设置选项,有时还需要针对应用程序当前运行状态(步骤进度、错误发生等)给出必要提示,并要尽量保证用户能够明确这些选项或提示的来源(哪个应用、哪个模块)及来源的当前界面状况,此时可以利用主体↔背景原理,将原来的应用界面暂时作为背景淡化在底层,将选项设置或信息提示等以新的子窗口或对话框的形式作为主体呈现在上层,当处理完毕并从界面关闭后,将背景重新作为主体呈现出来,这属于主体↔背景原理的动态应用,见图6-9(c)和图6-9(d)。

(a) Nextdoor初始界面　　(b) "圣诞"主题页面　　(c) "世界时间"界面　　(d) 三星手机的日历

图 6-9　主体↔背景原理的静态及动态应用

6.2.3　接近性原理

1. 原理

人们对目标视觉区域内对象元素的知觉,是根据它们各部分彼此接近或邻近的程度而组合在一起的。某些距离更短或相互更靠近的部分,容易影响人们感知其为整体。

2. 图例

毗邻距离相对更近的机器人图案在视觉上自然而然地组合成为整体的一组,让人感觉到每列为一组或每行为一组,如图 6-10 所示。

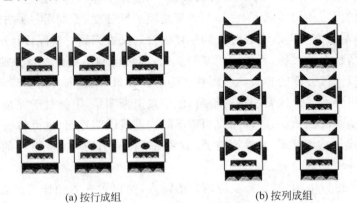

(a) 按行成组　　　　　　　　　　(b) 按列成组

图 6-10　按行成组与按列成组

3. 启示

根据接近性原理,要根据界面的尺寸及长宽比例细心安排界面元素,一方面要注意虽然移动便携设备系统的图形界面区域相对狭小,但是也不要为了尽量利用空间而把不属同类的界面元素或控件彼此靠得太近,以免用户产生错误的分组认知而造成不良后果;另一方面还要使得可划为一类或一组的界面元素或控件以某种方式(按排、列或者区块)尽量互相接近放置,从而使得界面更加简洁,图6-11(a)将当前状态下可以操作的选项列在一起归为一类,而不可以操作的选项则另行列出为一组;图6-11(b)中通过将图标与说明文字近距离排布的方式,显现出以行为分组单位的操作选项列表;而图6-11(c)则将各种类型的界面元素与控件按照关联关系以区域集中的方式分组显示出来,并辅以对比鲜明的主次背景作为加强;图6-11(d)很好地利用了接近性原理,使得用户能立刻了解到图片的获取历史。

(a) 选项归类　　　　(b) 图标文字按行组合　　　　(c) 区域分组　　　　(d) 图片按日期分组

图 6-11　接近性原理的应用

6.2.4　连续性原理

1. 原理

在知觉过程中,人们往往倾向于通过解析模糊或者填补遗漏,即感知连续的形式而非离散的片段,来感知整个对象目标,必要时甚至会主动填补遗漏,例如对于视觉区域中有间断的线条类型对象,知觉倾向于使直线继续成为直线,曲线继续成为曲线。因此当把一个圆形切割成若干曲线时,人们依然会默认为它们属于同一个圆形,因为理论上它们延伸下去便会再度恢复成圆形。而放射线无法连接成圆形,它们只是与圆形组成不同的角度。

2. 图例

在图 6-12 中,可看到跨越交叉的两条高架桥梁,其中一条有火车在行驶,我们看到的不是两截火车和两段高架桥,也不是一个左边公路右边火车的 V 形位于一个左边火车右边公路的倒 V 形之上。IBM 的 Logo 是利用连续性原理的另一个典型的例子,如图 6-13 所示。当观察这个 Logo 时,大多数人看到的

图 6-12　交叉掩盖的情形

是由间隔的平行短线组成的 3 个字母,很少会把每个字母看成是被隔开的 8 条短线。有人或许会说这是因为几乎每个人都认识 I、B、M 这 3 个字母,但这并不全面,为证明这个问题,图中也列出了 IBM 的希伯来语版本 Logo,虽然我们看不懂希伯来语的字母表,但也依然能够辨认得出 Logo 中的未知字母。在 IBM 的 Logo 设计中,依据连续性原理,与各字母顶端长短不一的线段相比,竖直方向的短线更为密集,其结果就是会把宏观的字母而不是字母顶端的短线看成是一个整体,就像透过百叶窗看到的效果。

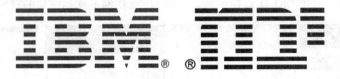

(a) 英语版　　　　　　　　　　(b) 希伯莱语版

图 6-13　IBM 的英语及希伯来语版本 Logo

3. 启示

连续性原理在移动便携设备上最常见的应用是在一些动态的显示元素或控件上,若加以精心设计则能够给用户以一种直观、动态、易于掌控的感觉,可以用于将某种当前的状态呈现给用户,如工作进度的状态、资源耗费的状态、控制量的状态等,如图 6-14 所示。

(a) 圆环模式显示存储空间情况　　　　(b) 进度条模式显示存储空间情况

图 6-14　连续性原理的应用

6.2.5　完整闭合性原理

1. 原理

知觉印象随环境而呈现最为完善的形式:彼此相属的部分,容易组合成整体;反之,彼此不相属的部分,则容易被隔离开来。基于人类的完型心理,通常知觉者心理的推论倾向是把一种不连贯的有缺口的图形尽可能在心理上使之趋合,即自动尝试将敞开的图形关闭起来,从而将其感知为完整的物体而不是分散的碎片,这便是完整闭合性原理,它为知觉图形提供完善的定界、对称和形式。当然,由一个形象的局部而辨认其整体的能力,是建立在头脑中留有对这一形象的整体与部分之间关系的认识的印象这一基础之上的,也就是说,如果某种形象即使在完整情况下都不认识,则可以肯定,在其缺乏许多部分时,依然不会认识。如果一个形象缺的部分太多,那么可识别的细节就不足以汇聚成为一个易于认知的整体形象。而假如一个形象的各局部离得太远,则知觉上需要补充的部分可能就太多了。在上述这些情况下,人的习惯知觉就会把各局部完全按其本来面目当作单独的单元来看待。总之,人类的心理不喜欢有头无尾的东西。当看到一件未完成的图形时,倾向于“完成”它,即便只是在想象中。通常会将图 6-15(a)中的形状组合感知为一个白色的三角形、一个黑边白心三角形和 3 个黑色圆形叠加在一起,即使画面实际上只是规则地画了 3 个 V 形和 3 个黑色的吃豆人。图 6-15(b)则看起来是一个缀满黑色锥刺的白色球体,尽管在绘制时只是有规则地画了若干个大小不一的黑色尖锐三角形,并在各个尖锐三角形的底边相应地做了不同程度的凸凹处理。

(a) 黑白三角形和黑圆　　　　　　　(b) 白球黑刺

图 6-15　完整闭合性原理的形状例子

2. 图例

许多世界知名的 Logo 都利用了完整闭合性原理,以最简洁的形式表达了最生动的效果。例如,图 6-16(a)所示的 Logo 是世界野生生物基金会(World Wildlife Fund)的标志,看到这个标志,就会“感知”到熊猫脑袋上的那道曲线,虽然事实上这条线并不存在。在图 6-16(b)所示的联邦快递的 Logo 中,有一个“隐蔽”的箭头,这个箭头并未动用任何线条,而是巧妙地利用了字母 E 和字母 X 的轮廓。

(a) 世界野生生物基金会Logo　　　　　(b) 联邦快递FedEx的Logo

图 6-16　利用完整闭合性原理的知名 Logo

3. 启示

完整闭合性原理经常被应用于图形用户界面的图像图标显示上。例如,往往可以通过仅仅显示一个完整的界面图形元素,并在其局部外围区域附加其他同类界面图形元素的一角的形式,凭借完整闭合性原理而能够造成一个写实的堆叠效果,其好处是:一方面足以让用户感知到由一叠对象构成的毫无违和的整体;另一方面经由图形元素的巧妙堆叠遮挡处理,可在一定程度上更高效地利用有限的移动便携设备系统界面空间来摆设更多内容。图 6-17 所示是 3 个暗示遮挡的例子,分别体现于具有立体堆叠感的图像、书籍资料的紧凑堆叠(以在一屏同时容纳更多展示书籍)以及直观易理解的晴雨提示图标。需要注意的是,在基于完整闭合性原理进行界面设计时一定要注意两点:一是间断的距离不宜过大而使图形过于支离破碎影响闭合感知,二是想要暗示的图形内容不能令人过于陌生。

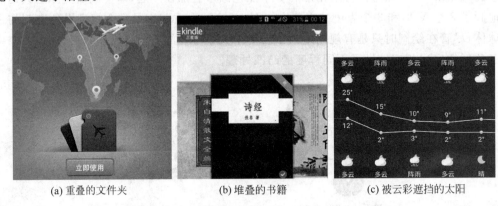

(a) 重叠的文件夹   (b) 堆叠的书籍   (c) 被云彩遮挡的太阳

图 6-17 完整闭合性原理的应用——暗示遮挡

6.2.6 相似性原理

1. 原理

如果其他因素相同,那么感觉上倾向于认为具有相似特征的物体看起来归属于一组。例如,当图形界面中各图标元素的距离虽然相等,但颜色或形状有差异时,那么颜色或形状类似的元素就自然组合成为整体。

2. 图例

在图 6-18 中,杂乱无章地遍布着同样形象的机器人,但是机器人的颜色存在着深色与白色的差别,此时知觉系统便自然而然地倾向于将图中的内容按颜色分为深色机器人的一组以及白色机器人的一组。

3. 启示

由于面对的是移动便携设备系统的图形用户界面设计,在这种有别于通用计算机系统大尺寸屏幕的应用情况下,界面显示空间的相对狭小导致了界面元素及控件设计安排上的紧凑原则,于是不同类别、组别的界面元素及控件有时会不可避免地相互靠近,这无疑会受到接近性原理所导致的视觉干扰,此时利用相似性原理来处理这个问题是个比较理想的办法。图 6-19(a) 和图 6-19(b) 均综合利用了相似性原理和接近性原理,在将条目按行分组的同时,还通过右边的滑动开关标识提供了相似性分组,让用户对所关注的整体状态一目了然;图 6-19(c) 则利用颜色相似性关系将完成任务的日子所对应的量级指示与

图 6-18　基于相似性原理的分类——机器人族群

未完成的显著地区分开来;图 6-19(d)则是基于相似性原理的典型日历标注方式,如公共假期的日子是标为深色的那些。

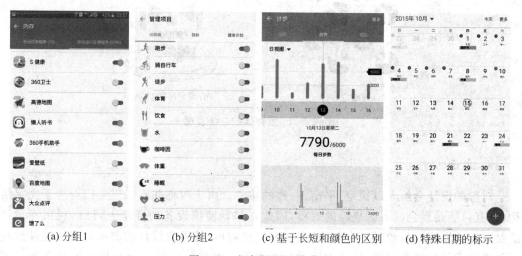

(a) 分组1　　　　(b) 分组2　　　　(c) 基于长短和颜色的区别　　　(d) 特殊日期的标示

图 6-19　相似性原理的应用

6.2.7　对称性原理

1. 原理

当面对复杂的视觉场景时,人们总是倾向于将其分解来降低复杂度。很多时候,视觉场景中所包含的元素信息本质上可以解析为多种组合关系,但视觉系统在自动组织并解析场景元素时倾向于最简化、最具对称性的解析形式。当看到图 6-20 中左边的复杂形状时,通常会理解为两个叠加的菱形,而不是两块顶部对接的折角块,或者一个中心为小菱形的细腰八边形,因为理解为叠加的菱形时,其边更少并且比另外两个解析更对称,即比其他两种解析更简单。

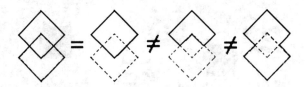

图 6-20　重叠的菱形

2. 图例

图 6-21(a)是对称性原理与完整闭合性原理的综合体现,通过在 8 个(每个代表一个顶点)黑色圆形上巧妙地擦除出现条,使知觉系统将二维的平面几何图形解析为三维的立体空间,从而看到了一个三维的立方体。图 6-21(b)所示为机器人添加了一个底座,利用对称性原理,通过两个椭圆形的叠加绘制,能够使知觉系统解析为两个椭圆面的叠加,最终感知为机器人放在一个三维底座上。

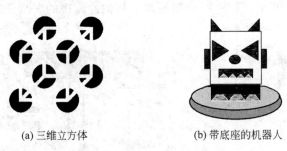

(a) 三维立方体　　　　　　　(b) 带底座的机器人

图 6-21　三维物体的二维表现

3. 启示

对称的设计会给人以稳定、平衡、一致的感觉。由于对称并不一定专门对应于文字结构,也有可能是颜色或者区块性的对称,因此在移动便携设备的屏幕上,可以利用视觉系统对对称性原理的依赖,用平面显示来表现三维物体,使得所设计的界面元素或控件呈现一种脱离扁平化的凸起感,这通常通过几个类似画面或轮廓的嵌套叠加就容易实现。图 6-22 所示的钥匙平台、翻页式时间牌、有深入感的能量圈等几个界面元素就是比较典型的利用对称性原理的例子。

6.2.8　共同方向运动原理

1. 原理

原本属于同一个整体中的若干部分,如果正在做区别于其他部分(同属同一整体)的共同方向的运动,则人们倾向于将这些做共同方向运动的部分视为新的整体。

2. 图例

例如,图 6-23(a)中的两排机器人,根据接近性原理,视觉系统会将其分为两组——每

| (a) 立体的图标 | (b) 翻页效果的时间 | (c) 圆盘效果的百分比显示 |

图 6-22　对称性原理的应用

排为一组,但是当这两排机器人中的某几个进行同时、同向的摇摆运动时(图 6-23(b)),视觉系统将会根据这种运动情况重新对这些机器人进行分组,其中发生共同运动的那些机器人将被划分成新的一组整体,而其他静止的机器人则被分为另外一组整体。

| (a) 初始的队列 | (b) 动态的一组 |

图 6-23　共同方向运动

图 6-24　共同方向运动原理——文件夹的复制转移

3. 启示

虽然在某些特定的时间点上,共同运动原理针对的对象状态与相似性原理看起来比较类似,但实际却有所不同,因为共同运动原理涉及的是非静止的物体。在屏幕界面上设计一些需要动态模拟展示的群体元素时,就很可能需要借鉴到共同方向运动原理。例如,当设计文件夹的复制动作时,可以实现图 6-24 所示的形象化动态效果,好像操作者真的在往出拿这些选中的文件夹,虽然本质上它们都是虚拟的对象。

6.3 基于视觉特性的启示

视觉是人类实现图形界面交互的必要基础之一,因此只有当图形界面交互的设计更加顺应人类视觉特性时,才可能实现更好的、更自然的交互结果。可从中获取有助于图形界面设计的重要启示的视觉特性主要包括人类视觉在浏览信息、色觉、边界视觉等方面的特性。

6.3.1 结构化信息呈现

视觉感知结构让我们能够很好地获取对象环境中的事物信息,但感知获取的速度和质量取决于信息的呈现形式。当信息的呈现显得繁复、杂乱无章或毫无结构时,迫使用户必须仔细观察阅读才有可能获取有用的信息要点并加以理解;相反,如果信息以结构化、简洁化的方式呈现时,用户通常可以不经认真观察分析,而只需快速浏览扫描,即可获取并理解相关关键信息,因此信息呈现方式越是结构化和精炼,用户就越能更快、更容易地定位及理解所关注的要点。使信息更加简洁和结构化的设计措施包括将信息充分归纳、提炼并尽量格式化,还应避免各项信息中出现重复的内容。

图 6-25 所示是两种软件分别提供的帮助功能:图 6-25(a)中采用的是直接将问题列出供用户浏览的形式,虽然排列规则,但需要用户逐一判断是否符合自己的问题。图 6-25(b)则将用户可能需要了解的问题进行了分类,在每个类别里进一步提供相关问题的详细解答,减少了用户的搜寻负担。

对于数字信息,尤其是较长数字的操作和浏览,为了不使用户的查看和核实变得困难,可以利用结构化来缓解用户的输入、理解和记忆的压力,方法是将长串数字按一定规则分割为若干部分,如图 6-26 所示。在需要用户输入长串数字时,可以允许用户用空格分开,但考虑到用户分割数字分组的不确定性,最好是提供分离的输入框,并允许用户连续输入而无需额外手动切换输入框,或者随着用户长串数字的输入而自动完成空格或短线辅助分割。在将长串数字呈现给用户时,也应该按照上述分割方式来显示,在分割方式上尽量按照长串数字的属性特点来设计。例如,按照数字中不同表意区段(如长途电话的区号、年月日期等)来分割,或者按照平均分割原则(如某个序列号)来分割等。另外,利用一些数据专用控件如滚动条、编辑框等的组合也能够提供这种结构化分割结构的界面效果。

特别地,信息内容的读取顺序也可以列入结构化的范畴,人们浏览信息的顺序通常是从上往下、从左往右的,但在某些国家或地区,这种顺序也可能是不同的,设计师在设计图形界面时应充分考虑目标用户群体的习惯顺序。

图 6-27 是几个阿拉伯语界面的例子,其中图 6-27(a)只是将显示语言改为阿拉伯语,

(a) 单层罗列的结构　　　　　　　(b) 多层分类的结构

图 6-25　不同形式的帮助信息设计

(a) 序列号输入的格式化

(b) 日期时间的结构化输入　　　(c) 日期调整的结构化

图 6-26　结构化的信息输入

但界面控件安排却未发生变化,而图 6-27(b)和图 6-27(c)则完全遵照阿拉伯语从右至左的顺序习惯来安排控件和显示内容。

　　视觉层次是视觉信息结构化的一种表现形式,良好的视觉层次能够让人专注于相关的信息,这是可视化信息显示的最重要目标之一。具体地,一个良好的视觉呈现层次,即对界面信息的布置安排应当做到以下几点。

　　(1) 将信息分段,把大块整段的信息分割为各个小段。

　　(2) 显著标记每个信息段和子段,以便清晰地确认各自的内容。

| (a) 只翻译了文字 | (b) 文字和顺序均作调整1 | (c) 文字和顺序均作调整2 |

图 6-27　阿拉伯语界面

（3）以一个层次结构来展示各段及其子段，使得上层的段能够比下层得到更重点的显示。

当用户查看信息时，视觉层次能够令他从与自己目标不相关的内容中跳出并立刻定位出与其目标更相关的内容，并将注意力放在其所关心的信息上。因为他们能够轻松地跳过不相关的信息，所以能更快地找到要找的东西。

图 6-28 是两个用不同方式实现较好的视觉层次关系的例子。图 6-28（a）中采用分级分栏的形式给出了层次化的视觉效果，便于用户快速找到自己想要了解的内容，而图 6-28（b）利用了不同大小、粗细、颜色的字体，以及分栏效果来实现良好的视觉层次，更容易使用户对信息梗概一目了然。

| (a) 机场信息的视觉表达层次 | (b) 航班信息的视觉表达层次 |

图 6-28　较好的视觉层次

6.3.2　重视和利用色觉

色觉也是重要的视觉特性之一,随着显示技术的发展,现在除了一小部分移动便携设备由于应用领域的功耗或成本上的要求使用黑白灰度的显示屏幕外,大部分系统都已使用不同分辨率的彩色显示屏幕,因而绝大部分的图形用户界面设计任务都属于彩色的图形用户界面设计,在这种情况下,应当充分考虑色觉即色彩感知特性对图形用户界面设计的影响。

对人类眼睛的生理学研究表明,眼睛包含两类感光细胞,即视杆细胞和视锥细胞,其中视杆细胞对亮度极其敏感,只能在低亮度下工作,而在白天或者人工照明环境下会过曝光;视锥细胞按照对不同频率光线的敏感特性通常进一步地分为 3 种,即分别对可见光中的低频、中频、高频部分敏感的视锥细胞。由于视杆细胞在明亮的图形用户界面下不能使用,因而在明亮条件下视觉系统完全基于这 3 种视锥细胞综合提供的信息。基于这 3 种视锥细胞的综合作用,使得视觉更倾向于通过检测边缘反差(细节)而非绝对亮度而工作,即视觉系统对颜色间以及亮度间的差别(表现为边缘反差),比对绝对的亮度水平要敏感得多,因此毫无疑问地,图形用户界面屏幕和观看条件会影响用户对颜色的感知。

在图 6-29 中,外围的灰度颜色是从左到右渐变的,图形左边的外围区域灰度颜色要比中心灰度色带深一些,而图形右边的外围区域灰度颜色要比中心灰度色带浅一些,这使得中间的那条色带看起来也是一个从右到左的灰度渐变,但实际上中心色带的灰度颜色是一致的。由于视觉系统对差异十分敏感,而外部矩形块的左边颜色较深,右边颜色较浅,这才使得我们感觉内部色块的左边较浅而右边较深。

图 6-29　边缘反差

由于人类视觉系统的上述特点,区别颜色的能力取决于颜色是如何呈现的,深浅度、色块尺寸、分隔距离 3 个因素影响了区分界面上颜色的能力:当颜色越浅时越难以区分;当颜色块越小时越难以区分;当分隔距离越远时也越难以区分。

例如,在应用程序界面上,通常习惯利用颜色来区分链接的访问或未访问等状态,此时要格外注意颜色的搭配,若颜色太相近则会导致状态难以区分,但不同用户对不同颜色组合的区分能力也略有区别,为了满足更广泛用户状况,有时除了设置一个默认的区分颜色组合外,还要给用户提供一个自主选择颜色组合的选项,如图 6-30 所示。

由于涉及颜色的呈现,还必须照顾到色盲用户的使用问题。在颜色呈现上影响交互系统设计准则的另一个因素是:使用的颜色是否能够被常见类型的色盲用户区分开。在设计图形用户界面时习惯于使用不同颜色来标记不同类别的项目,但应当考虑到色盲用户是无法区分某些色相的,图 6-31 是图像在不同类型色盲眼中的样子。为了考察哪些颜

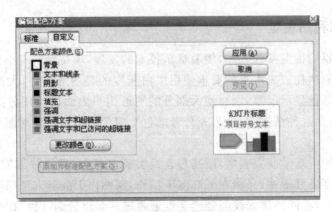

图 6-30　配色方案选择功能

色组合是适宜的，哪些是不适应的，设计人员可利用某种转换工具将界面图像转换为灰度显示来验证区分度，或者借助使用色盲滤镜/模拟器，或者提供界面元素颜色调整的功能（如图 6-32 所示的 Google Chrome 浏览器所提供的颜色增强滤镜工具）。

图 6-31　不同类型色盲看到的图像效果

在进行彩色图形用户界面设计时，还必须考虑到有些影响界面颜色显示的外部因素是设计者无力控制的，如彩色显示屏的差异、灰度显示器的问题、显示器角度问题、环境光线问题等。图 6-33 所示为笔记本计算机与液晶显示器显示效果的比较。由于这些影响色彩区分能力的外部因素的存在，图形用户界面的设计者往往并不能实现对用户的视觉体验效果的完全控制。

综合上述对人类色觉特性的分析，在依赖颜色来传递信息的用户交互界面系统中，可归纳出使用色彩的一些准则。

（1）用饱和度、亮度以及色相来区分颜色，确保较高反差，可转换为灰度来测试反差。

（2）使用独特的颜色：红、绿、黄、蓝、黑和白是人们最易区分的。

（3）避免使用色盲的人无法区分的颜色对。

（4）在颜色之外使用其他提示。

（5）将强烈的对抗色分开。

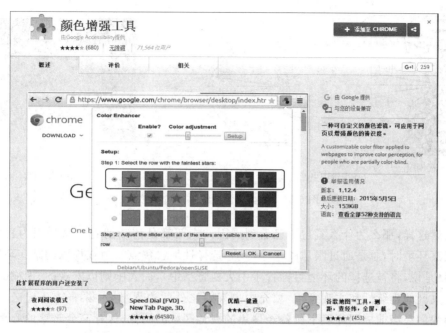

图 6-32 Google Chrome 浏览器提供的颜色增强滤镜工具

图 6-33 笔记本计算机与液晶显示器显示效果比较

6.3.3 边界视觉的作用

虽然同为成像系统,但视觉系统在分辨率的分布上是与相机的系统存在着较大差别的。在相机等人工制造的图像、视频采集设备的成像系统中,感光平面的像素分布是均匀化的,因而摄得照片的分辨率也是均匀分布的,这也符合人们对这类设备的要求;但天然的人类视觉系统却并非大多数人想象的那样——拥有均一的分辨率密度。事实上,人类视野的空间分辨率是从中央向边缘锐减的,因为在生理结构上,面积占比很小的中央视野(中央凹)的视锥神经分布比边缘紧密得多。于是,边界视野的视觉信息是严重压缩简化的,而且大脑视觉皮层有接近一半的区域都是用来接收处理中央视野的信息输入的,这样的情况就造成了中央视野的视觉分辨率远高于边界视野的特点。图 6-34 所示为人类视觉系统中央凹区域的结构示意图。

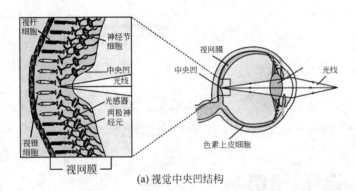

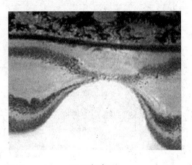

(a) 视觉中央凹结构　　　　　　　　　　　　(b) 中央凹

图 6-34　人类视觉系统中央凹示意图

既然这样,那么为什么觉得自己看到周围的东西都是清晰的呢? 这是因为我们睁开眼睛观察环境时,总是通过眼球的快速移动,选择性地将焦点投射在周围的某些环境目标上(也就是说,将被选择的环境目标置于中央视野当中),而大脑则以宏观的、模糊的方式,基于中央区的延续性和主观意识,填充中央视野之外的边界部分,除非特定记忆,大脑不需要为我们在当前周围环境下所曾经聚焦的视觉区域的图像,保存高分辨率的心理印象,因为如有需要,它可以控制眼睛采样或重新采样具体细节。对于视觉系统的色彩分辨率,也是受上述特征影响的,即分辨处于视野中央的色彩的能力要远强于视野边界的色彩。虽然中央区视野很关键,但边界视野的辅助作用也是相当必要的,对于视觉系统而言两者缺一不可。生活中,基于边界视觉,处于边界视野中的颜色暗淡的、静止的物体通常不易被注意到,然而通常会察觉边界视野中物体的哪怕微小的运动,这个特点与边界视觉所发挥的作用紧密相关。研究表明,边界视觉的作用包括引导中央区的注视、察觉周围环境中的运动以及增强黑暗中的视物能力。

1. 引导中央区

边界视觉的重要性之一是能够为视觉系统提供周围可视环境的低分辨率线索,以引导眼球运动,使得中央区能够聚焦到视野里所有有趣和重要的东西。眼睛扫描环境的活动不是随机而是有目的的。眼动是为了使中央区关注重要的东西,此时边界视野的模糊线索提供了必要信息。例如,在人群之中寻找一个穿着黄色衣服的人,一些处于视觉边界的模模糊糊的黄色色块很快就会吸引眼球和注意力,虽然这不一定是要找寻的目标。

2. 察觉周围环境中的运动

边界视觉能够很好地察觉边界视野环境中的运动,即使这种运动非常轻微也往往逃不过我们的注意,从而引导中央区注视。实际上,虽然可以有意识、有目的地移动眼球去注视某个对象,但多数情况下控制它们往哪儿看的机制是潜意识的、自动的、非常快的。

3. 增强黑暗中的视物能力

视觉系统的中央区内是没有视杆细胞的,它们都分布在外围区域,因此在低亮度条件下如果不直接看着目标,即利用边界区视觉感知目标,反而能看得更清楚。

在实际的图形用户界面应用中,用户的操作是有目的性的,用户的中央区视野通常是随着用户的操作进程而转换聚焦在当前操作的界面元素项上面的,而屏幕上任何处于操作位置 1～2cm 半径距离之外的元素内容,都是处于低分辨率的边界视觉下的,此时用户的操作如果出现错误,则若错误提示或警告消息远离用户眼睛当前可能关注聚焦的位置,就极难被用户注意到。例如,图 6-35 所示界面中,提醒用户绑定 12306 的提示被放到了屏幕最下端,远离用户关注的视觉范围,不利于引起用户注意。

当然,还需注意的是,即使将提示或警告信息设计在了用户关注的视野范围内,也仍然可能因为其他视觉原理因素而影响其可见性,例如提示信息的色彩与界面内某些元素的色彩重复,也会导致边界视觉未能区分,如图 6-35 所示。

图 6-35 易被忽视的提示

综上,让界面信息元素对用户可见的常用方法如下。

(1)将其放在用户所必然会注目的位置上,或必然搜寻的位置上。

(2)用特别的方式将重点显著地标记出来。

(3)考虑使用一些公认的、较为醒目的提示符号。

(4)在设计中,保留某种鲜明的颜色专供提示信息的呈现或提示之用,如红、黄等颜色。

图 6-36 所示的两个例子就是用醒目的标注方式来提醒用户注意想要强调的信息。有时在用户的要求下,或某些不得已的情况下(如犯错误的后果很严重),可能会需要使用一些效果很强但把握不好会产生较大副作用的措施。

(a) 新热门应用的提示

(b) 更新提示信息

图 6-36 用特别的、醒目的符号标示要强调的信息

措施一：使用弹出式对话框

这种措施的优点是用户很难将其忽略掉，而缺点是这种形式容易招致用户的厌烦。在图形用户界面设计中，人们所使用的对话框主要分为 3 种，分别对应对用户的由浅到深的不同干扰程度：当非模式对话框弹出来时，用户可选择继续自己原来的工作而不管它；当应用程序级的模式对话框弹出来时，用户不对其处理就无法继续当前应用程序下的所有工作，但其他应用程序可照常操作运行；当系统级对话框弹出来时，用户不对其处理就无法进行操作系统下的任何应用程序操作。设计人员可根据错误的严重程度来选择对应的对话框来提示。图 6-37 是使用弹出式对话框的两个例子，其中图 6-37(a)给出了"不再提示"的选项，某些宁可不升级也不愿被打扰操作的用户可以选择；图 6-37(b)使用了具有透明度的页面提示的形式，但本质仍然是对话框的原理。

(a) 版本更新对话框　　　　　(b) 提示信息对话框

图 6-37　使用弹出式对话框提示用户

措施二：使用声音提示

这种措施的优点是能够吸引用户主动去寻找导致声音发出的原因，即使这个错误提示位于用户当前视野之外，也能够最终吸引用户找到，而缺点仍然是容易招致用户厌烦，或引致用户的习惯性忽视。此外，声音提示的措施还存在一些局限性，例如多个设备同时使用时的区分问题、嘈杂工作环境下的声音淹没问题等。事实上，游戏应用通常都会使用这种方式来增强玩家的感官体验。

措施三：使用闪烁或者短暂的晃动

前面提到，边界视觉善于捕捉运动，因而图形用户界面的设计可以利用这一点。但要注意的是，闪烁或晃动的动作幅度和持续时间要适当，以免引起某些用户的不满，而且很多用户本能地厌烦晃动、闪烁的东西，而且很多广告或病毒在屏幕上作怪的时候都是采取这样的方式，另外这种措施也有引致用户习惯性忽视的可能。

视觉系统在进行搜索任务时是线性的，但是当目标跳入边界视野内时，或者边界视野内的某个物体移动时,视觉系统的中央区就会被非常有效地"猛拉"至出现异常的那个地方,这就是边界视觉的"跳入"或"跳出"效应,利用这个效应,可以把视觉搜索过程变得非线性,帮助图形用户界面设计师想办法吸引用户注意到某个界面元素或重要信息上,或更快地找到所需目标信息。例如,一些交互式电子地图在线导航系统中会利用颜色来表示道路通行状态,醒目的红色通常用来表示令人不快的拥堵路段,以提醒用户来注意,而通畅的道路则常用不那么显眼的绿色来表示,如图 6-38 所示。除了颜色之外,设计师们也常使用动态变化来产生"跳入"视野边界的效果。

有时,记忆系统也能够引起"跳入"效应,例如对于某个应用系统的图形用户界面中的菜单和列表(如九宫格的图标菜单等),在刚开始使用时,总是要进行线性的视觉搜索才能够找到所需要的菜单项,但经过多次使用的训练后,通常能够记住常用的选项在界面上所处的位置,此时搜索特定选项就变成了非线性的、更快捷的过程。因此,要记住在设计图形用户界面时,应当保证尽量不移动和变换菜单、列表和面板周围选项的位置排列,这会使得用户无法锁定选项的位置,从而只能永远

图 6-38　百度带交通流量地图

地通过线性搜索过程寻找目标,图形用户界面设计中一个巨大的错误就是设置动态菜单。

6.4　基于大脑特性的启示

大脑是一切行为活动的中枢,语言能力、记忆力与注意力、识别能力以及回忆特性归根结底都归属于大脑的特性及能力。本节分别针对基于语言能力的阅读行为、记忆力特性、注意力特性、识别及回忆特性等方面给出了分析以及其对图形用户界面设计的启示。

6.4.1　对阅读行为的研究及借鉴

阅读能力与行为是和大脑有着紧密关联的,然而从本质上讲,大脑其实是为语言能力而并非是为阅读而优化的,因为口头的语言交流和理解是自然的人类活动,人类在其孩童发育时期不需任何系统训练就能学会其母语,但阅读却不是这样的。事实上,阅读其实是一种为了从人为的书面介质上获取足够信息而通过系统的指导和训练获得的能力(就像学习打字一样),它不是一个生存所必需的选项。一般来说,一个人的阅读能力也与其所用的特定语言和书写文字系统有关。

学习阅读的基础是训练大脑基于视觉系统去识别各种特征和模式,尺度从单个文字式样到词组和成语等。学习阅读的过程还涉及训练大脑系统如何控制眼睛的运动,从而以特定的方式和速度浏览及理解文字模式,其中眼睛运动的主要方向取决于所读文字的书写方向(从左至右、从右至左、竖向)。当大脑及其附属视觉系统经过了训练后,阅读过程可以变成半自动或全自动的习惯过程。

模式识别可以是自下而上的特征驱动过程,也可以是自上而下的语境驱动的过程,因

而大脑控制的基于模式识别的阅读也是可以按照如此两种方式进行：在进行特征驱动的阅读过程中，视觉系统从辨别简单文字笔画特征开始，并进而组合成更复杂的特征，最终理解成带有含义的词组、句子和段落；在进行语境驱动的阅读过程中，与特征驱动的运作方式相反，模式识别从完整的句子或者段落的主旨开始，再到词组和单字。这两种方式体现在除了能够通过分析字和词来搞清楚一句话的含义，人们还能够从知晓一句话的含义去判断其中的字词。现实的阅读实践中，大脑和视觉系统通常是综合运用了特征驱动和语境驱动两种模式识别处理方式。进一步的研究表明，熟练流畅的阅读应当是以自下而上的特征驱动阅读方式为主、自上而下的语境驱动的方式为辅的。基于已经阅读的信息和已有的知识，大脑有时可以预测出那些视觉中央区还未阅读到的文字或含义，这使得我们能够略读这些文字。

将语境驱动的阅读作为一种候补的方法是因为这种方式很难达到完全无意识的、自然的阅读状态，因为这种方式下大部分词语和语句层面的模式和语境重复出现的频率通常远不足以达到有效训练大脑形成无意识习惯的程度。实际上，人们往往会在基于特征的阅读被蹩脚的书写或者显示等信息展示状况干扰时，转向效率偏低的有意识的、基于语境的阅读，这增加了人们的记忆负担，从而就降低了阅读速度和理解能力。

在图形用户界面中，这些蹩脚的状况包括：

（1）使用用户不认识的字或者不熟悉的词汇。例如使用了计算机术语或专业术语，会迫使用户为了辨认字词而转入有意识的处理方式，如图 6-39(c)所示的台湾版本界面，不仅是繁体字，而且使用的是台湾地区的计算机用语，大陆的用户可能会对某些词汇感到费解。

（2）使用难以辨认特征的书写字形。自下而上的无语境、无意识的阅读是对文字基于视觉特征的识别，因此即使是用户本来认识的文字，但是因为书写字形难以辨认就很难阅读，图 6-39(a)虽然写的是大多数人都很熟悉的古诗《静夜思》，但因为是用篆字写的，所以较难辨认，从而会迫使读者转为有意识阅读。

（3）使用对用户来说小到难以识别的字体。由于移动便携设备的界面显示空间有限，界面设计者有时会使用非常小的字体，在很小的空间里显示很多文字，但如果用户读起来很费劲，还不如干脆不显示文字。

（4）使用对文字信息存在干扰的背景。为了美化界面，有的设计人员会选择自认为合适的图案或颜色装饰背景，但如果图案过于复杂或者颜色与前景中的元素和信息比较接近，则会干扰对特征、字词的识别，使我们退出基于特征的无意识阅读模式，而进入有意识的基于语境的阅读模式。但是有些情况下，设计者却是利用这种形式来有意让文字难以阅读，例如安全验证中常见的验证码图片，如图 6-39(b)所示。

（5）来自文字本身的视觉噪声。当连续若干行信息里有许多重复内容时，用户用以判断当前读到哪行的依据会减少，导致不知道自己正在读哪一行，并很难从中提取重要信息。

（6）文字的不良对齐。在用户的熟练阅读过程中，当自动无意识地快速阅读时，视线被训练成回到同样的水平位置，同时向下移一行。如果文字是居中或者右对齐，每行的水平起始位置就不一样了。由此导致自动眼动会将用户的视线带到错误的位置，如图 6-39(d)所示，于是用户就必须有意识地去调整视线到每行的实际起始位置，这使得用户不得不退出无意识状态，最终降低了阅读速度。

(a) 篆字版《静夜思》　　　　　　　　　　(b) 图片验证码输入

(c) 不习惯的用语　　(d) 信息居中显示

图 6-39　图形用户界面状况例子

从上述分析中能够得到的有利于用户界面设计的启示是：在设计用户界面时，应该特别注意要尽量避免有可能干扰用户阅读的做法。熟练快速的阅读大部分基于对特征、单字和词组的无意识识别，而且识别越容易，阅读也就越容易、越快。一般来说，图形用户交互界面的设计者可以通过遵循下列规则来支持用户的阅读。

（1）保证图形用户界面中的文字能够被目标用户无意识地、流畅地阅读而不受干扰。

（2）使用小规模的、高度一致的词汇集。

（3）将文字格式设计出视觉层次，以便使浏览更轻松。

虽然不干扰用户的无意识阅读状态是重要的，但还应当从另一个重要的角度进一步考虑用户阅读负担的问题：一些应用系统为了向用户提供足够的参考信息，会在图形用户界面的显示元素上呈现过多的文字描述，这同样会加重用户的阅读负担，而且期待用户去阅读的很多内容都是用户所不必须了解的、可有可无的，完全可以将其压缩精简。因此，应当尽量减少对用户的阅读要求，在界面中提供尽可能精简的文字信息，或者将信息分级显示（例如在帮助系统里首先提供简要的 FAQ，在用户进一步提出具体问题需求时再提供更为详细的指导内容），而不是直接呈现给用户大段的文字；否则很可能会逐渐丧失很多阅读能力不佳或不乐意浪费时间的用户。

6.4.2　大脑记忆力特点对设计的影响

机器视觉系统要想良好工作，需要存储系统的紧密配合，人类大脑也是同样，不但具备一套独特的视觉系统，还具备一套独特的记忆系统，记忆力就依靠这一系统。如同视觉系统，记忆系统也有其优势和缺点。

当前的科学研究认为，大脑的记忆区可分为短期记忆和长期记忆，其中短期记忆的保留期小到几分之一秒到几秒,最长不过一分钟,而长期记忆的保留期则小至几分钟、几小时、几天,长至几年甚至几十年。短期记忆实际上是感觉、注意以及长期记忆留存现象的组合,而感知其实是短期记忆的一个组成部分。实际上,每一个感官都有其非常短暂的短期记忆,这是感官刺激后残留的神经活动导致的。若将长期记忆视作大脑系统中的 ROM 存储(主存内容)的话,那么也可将短期记忆比作大脑系统中的 RAM 存储(内存内容)。

如同嵌入式微处理器工作时所依赖的缓冲存储器一样,大脑同样存在一个容纳当前工作内容的缓冲存储器,这个缓冲存储器被称为工作记忆,就是在给定时间内意识到的所有事物的注意焦点的集合,它是感觉和长期记忆中那些被激活、能够在短期内意识到的部分。工作记忆等于注意焦点的集合,即当前的感觉和回忆起的记忆,集合内的任何事物都是随时能意识到的。很类似地,缓冲存储器直接或间接访问内存和主存读取数据以维护微处理器工作的过程就相当于工作记忆到短期记忆,以及到长期记忆中寻找匹配的过程。

如果我们正在做一项工作量大、涉及广泛内容的繁杂事务(此时工作记忆容量往往容不下所有有关事务内容),则很可能会焦头烂额、顾此失彼,当在某一环节的处理中需要其他环节的相关内容结果时,发现自己已经记不起来,只得重新查找处理那个环节时的相关记录。例如在编制一段实现复杂算法的冗长函数代码时,由于记忆有限而往往需要不时查看前面的变量定义以及早已编完的代码内容来确定当前代码的写法,也许这就是为什么编程规范要求编制的函数代码行数尽可能少(可通过分解为多个子功能函数)以及更喜欢在大屏幕下编程的主要原因——无需手动翻动页面就可浏览函数全貌,提高回溯浏览的速度。计算一道烦冗复杂的数学难题也会出现类似的记忆问题。相反,如果正在做的事情很简单而无需太多记忆消耗,或者已成自然的习惯(此时工作记忆往往会远小于短期记忆能力),则可以实现同时做两件这样的事务,例如边做饭边听音乐。上述这些情况符合现时对工作记忆的研究结果,即工作记忆具有 3 个主要特征,即较低的记忆容量、易忘记性、不稳定性。

实际上,这 3 个特征仍旧与某些微处理器中缓存存储器的情况相类似:当工作事务集合大过缓存容量时(相当于要做的一项工作量大、涉及广泛内容的繁杂事务),缓冲存储器必须到内存或间接从主存中取回当前需要的指令数据,并覆盖掉缓冲存储器中当前暂时不再使用的工作集合中的其他内容,且这种未命中发生的概率会比较高;而当工作事务集合远小于缓冲存储器的容量时(相当于正在做的简单或者已成自然习惯的事情),则缓冲存储器中可以容纳多个工作任务内容,使得微处理器能够高效处理多项事务线程。

工作记忆的小容量、易忘和不稳定对移动便携设备系统的用户交互的设计颇有影响。图形用户界面应帮助用户记忆其操作过程、步骤的相关关键内容,必要的时候要直接给予提示或提供帮助记忆的选项,例如在需要用户输入密码时提示其当前输入字符大小写状态(见图 6-40,用另一种背景对比色的向上箭头来表示当前的大写状

图 6-40　字符大小写状态的提示

态），而不是默认强迫用户记住系统状态或者回忆他们做过的内容，这会干扰他们专注于任务目标和达成目标的过程进度的注意力，从而导致不必要的工作记忆内容的切换。

在图形界面设计中，如果需要用有限的控件或实体按键实现更多的功能，很有可能不得不使用模式。模式方式下，通过对同样的控件在不同模式下提供不同的功能，即让系统分配不同的意义给同样的控件操作，能够使得一个设备具有比控件还多的功能，于是模式减少了用户必须学习的操作数量。例如在数码相机的人像、风景、夜晚等各种不同拍照模式下，按下快门拍照，会得到不同优化设置后的不同效果的照片，如图 6-41（a）所示；再例如在三星便携设备上的 S Note 应用中作画，选择不同类型、粗细的画笔会画出不同风格和颜色的图画，如图 6-41（b）所示。但使用模式也具有明显的缺点，即由于工作记忆不甚可靠，人们经常容易忘记系统当前所处的模式而导致误操作，这种错误更多地发生在对当前所处模式未提供足够反馈的系统中。因此当决定在用户界面中使用模式时，不要指望用户在没有清晰、连续的反馈时能够记住当前操作界面是处于哪个模式，即使模式的切换是由用户亲自操作实施的，所以要注意必须提供给用户足够的界面反馈，使用户随时知道他处在哪个具体操作模式下；否则如果已有的界面控件能够满足所有已定义的功能操作的分配，或由于种种原因无法保证能给用户提供足够的反馈，就应当避免使用模式。

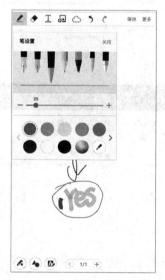

(a) 数码相机的操作模式　　　　　　(b) 绘图模式

图 6-41　两种模式

由于人类的工作记忆太不可靠，因此在设计移动便携设备系统中的用户界面时，要尽量保证每个页面内只设置一个交互主题以保证用户注意力的专注，而不要在同一个页面之内放置多个相互竞争、夺取用户注意力的主题元素。一个有关的准则是：只要用户明确了自己的目标，就不要显示一些会分散用户注意力的无关链接和主题。

同样地，考虑到人类有限而不稳定的工作记忆，移动便携设备系统中的应用程序的多步操作应该允许人们在执行操作步骤的过程中能够随时查阅参照使用说明。另外，移动便携设备系统产品的设计通常都要考虑如何更好地把用户引导至其所需的页面及操作目标处,提高用户操作满意度。针对非技术型目标用户,使用宽而浅的导航层级结构,即平面化结构是较好的方案,这要比窄而深的界面结构更易于使用。在图 6-42(a)中同一页面上既显示特定类别的常见问题,又利用收放结构显示解答信息,减少了用户深入链接的负担,并使用户随时清楚自己当前所处的层次位置;而使用多层导航结构(图 6-42(b))需要用户更多次地进行导航选择,而且还容易使用户迷失自己在应用中所处的链接层次位置。

(a) 扁平层次结构

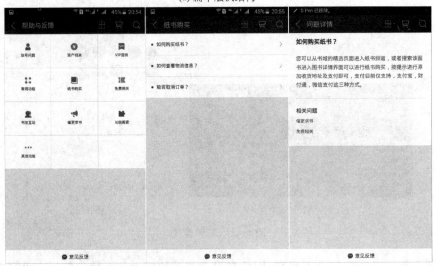

(b) 更为立体的层次结构

图 6-42　导航层级结构

与人类大脑的短期记忆相配合的是长期记忆。然而大脑的长期记忆也并不是像其字面意义上看起来的那样精确可靠,而是更应该被形容为一个容易出错、以短期记忆的总体特征印象为主、缺乏细节、可被反复的暗示所影响而回溯修改,也容易被记忆或者获取时的很多因素影响的较为模糊的记忆系统,究其生理学上的原因可以说是使用了高压缩比的方法而导致了大量信息的丢失。于是,存储在大脑长期记忆中的一切都被减弱到抽象特征的组合,不同记忆以不同的细节层次或特征的多少来记录。例如当面对某个曾经使用过的设备系统图形用户界面,往往能记得住有个命令可以办到某件事,但却很有可能忘记了细节,即这个命令在哪个页面或哪个菜单项里。

　　人类长期记忆的上述特点对图形用户界面设计的重要启示在于,在设计交互界面时,必须为用户着想,不要把记忆的责任推给用户,给用户的长期记忆带来负担,这可能需要设计人员采用一些辅助工具来分担用户的记忆责任。例如在一些界面应用中常见的身份认证页面操作中,有关安全问题的设置就应当充分考虑到用户的长期记忆能力的不足,而尽量不要让用户特意记忆自己当时设置的哪个安全问题,以及当时的解答是怎样的,因为有些安全问题对于用户而言可能有诸多正确选项,例如设置问题"你毕业的学校是哪个",这对于用户而言可能想到的是中学也可能是大学,而且学校的名称还可能有诸多称呼形式,如果用户忘了则很难准确回想到是诸多正确选项中的哪个。为此可以将系统设计成允许用户自己设置问题,但这涉及将自设问题保存到服务器端的诸多问题(对于大量用户,可能数据量会很大),也可以不使用安全问题的方式,而是允许用户通过注册时指定的邮箱或手机号取回其忘记的密码。或者,可能更好的方法是通过向本人注册登记的手机发送即时验证码来实现登录验证,如图6-43所示。

(a) 建行APP手机验证登录　　　　(b) 机票退改的手机验证

图6-43　短信发送即时验证码的登录方式

　　长期记忆特点对图形用户界面设计的另一个启示是:保证图形用户界面风格的一致性有助于用户快速学习和长期记忆保留。面对一个新的交互界面系统,用户总是要通过某种方式来学习操作应用,但如果不同功能的操作越一致,或者不同类型对象的操作越一致,需要用户学习的东西就越少,用户学习速度自然会越快,这可以通过统一界面的控件设置和操作风格来做到;反之,如果要求用户记忆太多的特征——风格和操作方式不一致而导致这种局面的概率是很大的,则界面将变得难以学习,也使得用户记忆更容易在记忆和获取时丢失核心特征,增加用户无法记起、记错或者犯其他记忆错误的可能性。进一步地,如果在开发的多种系列产品中使用相同的操作风格,那么会极大地吸引曾经用过系列中某一产品的用户来购买使用其他系列产品,因为这会很大程度上减轻其对新系统使用的学习负担——甚至无须学习就能上手使用。图 6-44 是目前最为流行的移动操作系统 iOS 及安卓系统,分别代表着不同的界面及操作风格。

(a) iOS系统风格   (b) 安卓系统风格

图 6-44　iOS 及安卓系统风格

6.4.3　大脑注意力特性对设计的影响

受到大脑短期记忆及注意力(工作记忆)的固有影响,人们在进行各种有目标的日常活动时,某些行为所显现出的特征往往是可以预料的,这些普遍存在的、可预料的特征可以定义为不同的模式。若在移动便携设备系统的用户界面设计上能够考虑到利用这些模式,就能够顺应用户的行为习惯,提高用户的界面体验。某些图形用户界面的设计准则正是考虑到了人类短期记忆及注意力的有限性特点而选择建立在这些模式上的。

第一个模式:人们在做事情时总是会专注于达成目标而顾不上对所用工具的关注。

这个模式的存在是因为人的注意力非常有限,所以当为了达成某个目的而去进行步骤操作时,自然地将大部分有限的注意力都放在了目标及与实现目标相关的内容上了。因此,如果由于某种原因而不得不将有限的注意力转移到为达成目标而使用的工具上时,就会使我们无暇顾及步骤细节,从而中断为达成目标而建立的思路。参照这一模式,设计人员若不想失去用户就一定要时刻注意,思考其所设计的应用系统界面是否会特别引起用户对界面及操作本身的注意,必须确保用户专注于自己的目标而不被其他事情吸引或干扰,例如某个控件不明确的用法或者其他不相关界面元素或进程的花哨的色彩、声音或振动等行为。

第二个模式:人们更容易注意到与目标有所相关的事物。

我们所注意到的内容其实是感知的过滤和挑选的结果,因此与注意以及记忆是紧密相关的。大脑不会浪费极其有限的短期记忆和注意力资源。虽然我们周围每时每刻在发生很多事情,但感知只会挑选那些在事件发生时,对当前目标显得重要的细节内容引导我们注意并记住,这种特性一般被称为非注意盲视,即当思维被任务、目标或是某种情绪完全占据时,经常会无视所处环境中那些平时能够注意到,甚至能够记住的一些与当前任务目标无关的其他事物。非注意盲视只是注意力特性的一种表现形式,注意力特性的另一种表现形式称为变化盲视,即除了自己所关注的目标之外,容易忽视事物之间的其他特征差异。这是因为目标凝固住了注意力。例如,当用户在界面上进行应用交互时,对当前所聚焦的元素操作如果引起其他非当前目标元素的变化,则往往不会注意到这种界面上的变化。由此得出的图形用户界面设计准则是:应当把界面的变化线性化,也就是说,高度突出变化的显示,然后通过一些醒目的措施将用户的注意力引导至变化发生的地方。

第三个模式:人们倾向于使用外界的帮助来记录正在做的事情。

这是因为在长期的进化过程中学会了不依赖有限的短期记忆和注意力,而是借助周围环境中的元素做出标记来提醒自己任务的进度情况。这些外界帮助诸如数东西时设置标记、读书后插入书签、计算时使用计算器、记录事务清单、文档按编辑进度分类等。这个模式对图形用户界面设计的启示是:移动便携设备系统的应用系统界面应为用户随时随地的使用提供助记帮助,即标记其任务进度或标记分类。图 6-45(a)所示是一个物品质量信息的列表,界面中不但给出了物品分类,还在上方和下方均标示出了当前列表内容是值得信赖的红榜产品,以免用户误解;图 6-45(b)提供给用户各种资料排序的选择,而图 6-45(c)将用户的笔记分类列出,便于用户查找编辑。

(a) 红榜商品　　　　(b) 文档排序顺序的选择　　　　(c) 印象笔记的笔记本

图 6-45　应用界面的助记功能

第四个模式:人们倾向于跟随信息的踪迹靠近目标。

这个模式的意思是说,人们在进行应用交互时,只会注意到界面上与他们的目标相关联的东西,并且这种关联是"自认为"的关联,即仅从字面上来判断的。如果用户想要编辑记事,其注意力会被界面上任何编辑、书写、新建等字样或笔形、本子形等图形的元素所吸引,而不考虑其真正功用。跟随信息踪迹的目标导向特征提醒设计人员:交互应用界面可以设计得带有较为明显的信息踪迹,且这些踪迹不应该是虚设的,而是真正能够引导用户去实现其目标。设计人员如果想要做到这一点,需要从目标用户群体特征的角度上理解他们每次在做决定时目标可能是什么,并能够保证应用系统为其每个重要目标都提供合适选项,且清晰地标识出各个目标所对应的选项。在图 6-46 中,当退出系统应用时,图 6-46(a)的选项除了包括"确定"退出和"取消"退出,还包括一个"隐藏",但很多用户可能不经有意识的思考就不会想到其真正作用是将音频隐藏在后台播放而非彻底退出,而图 6-46(b)则很明显地给出了"后台播放"这一选择,更不容易将用户带入有意识思考的、转移注意力的状况,但图 6-46(b)的问题在于没有提供"取消"选项,而是要依靠用户触摸或按下(取决于具体设备)通用快捷键的方式实现。在图 6-46(c)中,仅仅看静态的界面没有什么问题,但是在实际操作中,用户要退出地图就需要首先触摸或按下通用快捷键,然后地图系统考虑到用户误触的情况,会给出一个确认对话框,那么问题来了,用户往往依据无意识的习惯,继续触摸或按一次通用快捷键企图退出系统,而不是去屏幕上选择"确定"按钮,因此结果就是对话框被取消并退回到应用界面,而非退出地图系统,这种体验是很糟糕的。相比而言,一些设计更好的应用系统则采取了触摸或按两次通用快捷键这种更便捷、更符合习惯的退出方式。如图 6-46(d)所示,当用户第一次触摸或按下通用快捷键后,还在焦点视场范围内给出了"再按一次退出程序"的提示。

(a) 确定、退出和隐藏　　(b) 退出和后台播放　　(c) 取消和确定　　(d) 更加便捷的退出操作

图 6-46　对话框信息的导向

第五个模式:人们习惯遵从熟悉的路径。

当我们想尽快地实现某个目标时,只要有可能的选择,更倾向于低风险地采用熟悉的路径达到这个目标,而不是承担风险探索新的路径。就像是因为要赶时间,所以选择走熟悉的、知道多长时间一定能够到达的远路而不选择可能更近,也可能更远,且未知因素太多的路一样。人类这种采用熟知路径的做法是相当自动的,而且这不会消耗太多的注意力和短期记忆资源。做一件事情通常总会找到更高效的方法来实现,但找到这个捷径却需要花费时间和动脑筋,大脑的惰性常使得大多数人都不愿意做这两种耗费资源的活动。一旦学会了采用某种方法和步骤来操作应用系统完成某个任务,再次遇到类似任务时,很可能仍然会继续按原来学会的方式去做,而懒得再去动脑筋搜寻学习更有效的方法,结果

大多数人更愿意为了少动脑筋而多敲键盘。从生理学角度上来看,有意识思考的特点是迟缓、耗费大量工作记忆资源、消耗大量能量;无意识活动的特点是快速、节省工作记忆资源,因此大脑会试着尽量用无意识的方式运转。这个模式对图形用户交互设计的启示是:鉴于用户这种对熟悉的和相对不需要动脑筋的路径的偏好,设计人员应当想办法直接地引导用户到最佳路径上,例如在应用系统的第一页面上就把到达用户目标的通常操作路径展现出来,或者自动逐页、逐步骤引导。设计人员还应帮助有经验的用户提高效率,例如在为新用户提供的较慢的操作路径之外,应提供可能的快速路径的选项,如在菜单中标记出常用功能的快捷键,另外一些较为大型或专业软件的安装往往会提供"专业(自选)安装"、"全部安装"、"推荐安装"、"最小安装"等选项以适应不同类型的用户。图 6-47 所示是两个较好的导向设计。图 6-47(a)所示是关于日记记录应用的界面之一,当用户选择要建立日记或记录时,此界面进一步给出了建立不同类型日记或记录的选项,免去了用户自己费力记忆操作的负担,图 6-47(b)给出了系统优化的建议和选项,用户可以按需选择个别项目操作,也可以选择让该应用自动执行清理和优化,自动操作界面如图 6-47(c)所示。

(a) 建立不同类型日记的选项　　(b) 系统优化选项　　(c) 自动优化执行界面

图 6-47　应用的便捷导向

第六个模式:完成任务的主要目标之后,经常忘记做收尾工作。

大脑对注意力这种有限资源的分配很吝啬,它不会把注意力放在一个不再重要的事情上。因此当人们完成一个任务的主要目标后,之前专注于完成这个任务的注意力将被释放,并转移到当前其他更重要的信息上,这常会使得人们遗忘使任务完整结束的次要环节——收尾工作,如把 U 盘插在计算机上进行存取文件操作后忙于其他操作而忘记把它拔下来。但是对这些由注意力转移而造成的任务残余的短期记忆失效,是一种完全可以预计到的常态,因而是可以通过一些措施来避免的。本模式对图形用户交互设计的启示是:应当在界面交互上采取相应的措施来避免用户因忘记收尾工作而造成的失误,即对还没做彻底的事情做出提醒,甚至在某些合适的情况下,应用系统能够自动自主地帮助用户完成收尾工作,例如当在完成文字或图像编辑后退出应用时,有时可能会忘记保存,此时应用系统有责任对此作出保存提醒,或者给予自动保存(但考虑到有时用户会由于某种原因故意不想保存,因此很少有应用会不经用户确认而这样做)。

6.4.4　识别与回忆

识别与回忆是长期记忆的两个重要功能,两者的基础是记忆,而记忆是大脑的神经活动模式,它能够通过两种方式激活:①大量由感官而来的感觉;②其他大脑活动。如果一个感觉与之前的相似并且所处环境足够接近,就能触发一个相似的神经活动模式,从而产生似曾相识的感觉。实际上,识别就是感觉与长期记忆的协同作用。以人脸的识别为例,看见并想对其进行识别的脸会被存储在一个独立的短期记忆里,然后与长期记忆里的人脸进行比较。如果这张脸曾经见过,则它所对应的神经活动模式就已经被激活过,于是同样的一张脸再次被感觉到后会重新激活同样的神经活动模式,而见过的次数越多则被重新激活的次数就越多,这张脸就比以前见到时更容易识别,这其实就是识别活动的原理及过程。

一个目标或情景模式的再次激活就是这个模式所对应的分布在人脑内的长期记忆的再次激活。与计算机存储单元的寻址不同,人类长期记忆中的信息是通过内容的神经网络匹配来寻址的。因此对于人脸识别的例子,当一张从未见过的脸出现在眼前时,并不需要花太长时间搜索记忆,就能肯定这是我们所不熟悉的人,因为这与通常意义上的搜索不同,一张崭新的面孔在大脑中只会触发一个之前从未被触发过的神经网络活动模式,当然也就没有识别结果,即熟悉的感觉。

通常回忆比识别要更难些,大多数人的感受也是如此。与识别不同,回忆是没有当前直观感觉作为参照输入的,回忆的过程仅仅依赖长期记忆对神经模式的重新激活,这要比用相同或者接近的感觉去激活困难得多,且人类大脑没有进化出为回忆事实而优化的能力,因此现实中很多人不喜欢上历史、地理或政治等需要死记硬背的课程。

识别与回忆这两个长期记忆的特性让我们认识到:相对于回忆来说,进行识别活动会更轻松些,这也被当作图形用户界面设计的指导基础之一。首先,在界面上,用户通过观看和选择(显示可选项目)的方式与系统进行交互要比通过回忆和输入(记忆操作指令或操作流程)的方式进行交互容易得多。根据这个规则,图形用户界面最终大面积地替代了命令行图形用户界面。但是,事情都具有两面性,虽然回忆相对较难,但通过使用命令语言(特点是精确、多样化)来控制应用系统却能达到比图形用户界面更强的表达力和更高的效率,因此在某些特殊的专业应用情况下,回忆和输入仍然被作为一个必要的手段,而且专业用户由于长期的操作工作,总能够轻松记起什么情况应该输入什么。

但是对于广大普通用户而言,还是应该尽可能在设计基于识别的各种交互形式上下功夫,如使用图标来表达功能。相对于文字,人们总是能够更快速地识别图形图像,而且对图形图像的识别也能够触发对相关信息的回忆,因此在图形用户界面中使用图标元素来表达各种功能成为一种广为流行的做法,况且对于当今移动便携设备系统的操作要求而言,图形用户界面下的图标操作也是更好的解决之道。对于图标的类型,一种类型是源于身边现实世界中的图像,这种类型的特点是不需要特意学习,人们就能够成功识别,如图 6-48(a)所示,但条件是它们所代表的我们熟知的意义要与应用系统中对应的功能含义能够较好匹配;另一种类型是更为抽象的图形,只要它们被设计得好,或者符合一些人们熟知的通用形状意义(如一个放射性核标识符等,图 6-48(b)),应用系统的用户也能够很容易将它们与想要代表的意义联系起来。

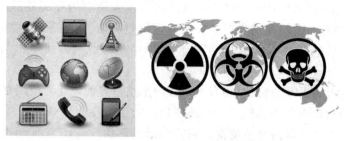

(a) 自然形象的图标　　　　　　　(b) 通用醒目的图标

图 6-48　图标的例子

千百年来的日常生活中,我们总要在不同距离下去识别各种视觉对象,而大脑在识别对象事物时,对呈现在眼前的对象元素的尺寸并不敏感,大脑所重视并依据的是对象元素的特征,只要大部分同样的特征在新图像和原始图像中都出现了,新的感知就会触发同样的神经活动模式,从而产生识别。因此,当使用图像类型的图标时,通常可以使用缩略图来紧凑地描绘全尺寸的图像,显示缩略图能在保持合适的界面元素尺寸的同时,让用户一眼看到更多的选项、数据和历史等信息,而且对一张图越熟悉,能识别出的缩略图就可以越小。而图形类的图标通常采用的是矢量图,因此可以随意地放缩而不失真。

如果一个应用系统不经意地将它的功能隐藏在界面后面,当用户碰巧需要的话,就得回忆如何操作,由于回忆经常失败,一些回忆不起来的用户就无法使用它。因此在图形用户界面设计上,应当注意要让多数人都需要的功能保持在界面上高度可见,以利于用户马上能看到并识别出所需的功能选择,而不是费劲地回忆。那些少数人员才需要使用的功能,或者偶尔才用到的功能才可以隐藏起来。在图 6-49 所示的读书应用中,为了尽量扩

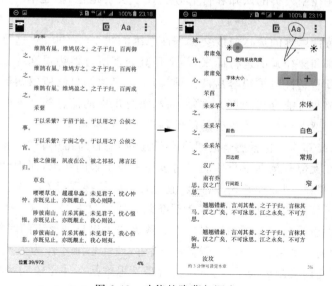

图 6-49　功能的隐藏与调出

大书籍文字显示区,采取了逐级隐藏功能的策略,在阅读状态时往往会把功能区域尽量缩小或隐藏,用户读书时最常见的需求是希望知道当前进度,这在屏幕底部会有简单显示,当用户想知道详细页码时,可通过特定屏幕点击操作来使应用界面显示出上下边带有限的常用功能区以获知详情,而用户进一步想进行调整字体、亮度等时,可点击上方功能图标来显示调整对话框以进行操作,而更多较为少用的功能则需要退出阅读状态后进行操作。

关于回忆的容易失败的特性,还有一个在图形用户界面设计时应当尽量满足的规则:应当借助视觉提示让用户知道他们所处的位置。由于视觉识别是快速且可靠的,因此应用系统交互设计人员可以借助视觉提示来实时地告诉用户他们当前所处的页面位置,从而缓解用户的记忆负担。

6.5 基于学习及响应特性的启示

取决于大脑的学习能力和反应能力虽然因人而异,但大都是分布在一定的能力范围内的,并且具有较为一致的共性特征,因此对人类学习能力和响应能力的特性的研究结果同样对移动便携设备系统的图形用户界面设计有着重要的指导意义。本节分别从经验与问题解决、影响学习的因素、响应度等几方面角度出发,对大脑学习特性及响应特性进行介绍分析,并给出了其对图形用户界面设计的启示。

6.5.1 经验与问题解决

认知心理学的研究认为,人类思维的进化过程中,首先进化出来的是基于潜意识的思维,称为无意识思维,是感知和行为的主要控制器,它是习惯性的、情绪化的思维,它有一个更为熟悉的名称,即感性思维;在早期的社会生产生活中,人类又进化出来另一种更为精确的思维,它在控制人类的认知和行为方面处于次要地位,但也有一个熟知的名称,即理性思维。

一般来说,感性思维的运行速度会比理性思维的快 10～100 倍,这是因为感性思维是凭借着直觉、猜测和捷径式的运行而来,结果是其处理所有事物得到的都是近似值。由于其运行方式的原因,感性思维很容易被误导,而且它只根据自己所感知到的内容信息做判断,而不会在意那些可能存在的更为重要的、与潜意识中的信息相冲突的信息。当遇到难以解决的问题时,感性思维会用更容易的问题进行替代和解决。

每个人的思维都同时包括感性思维和理性思维,感性思维的自然、非特意为之的感知和决策非常快,在大部分情况下足以满足对事物一般了解的需求,而理性思维的运行需要更多意识和脑力消耗,因而通常比较消极,它往往会直接接受感性思维快速做出的粗糙的估计和决策,而不管这些估计和决策多么不准确。通常只有当目标是把某些事情做得更加精确时,当感性思维由于难以识别对象而导致无法给出自动反应的时候,当感性思维给出了多个相互冲突的结果且没有快捷解决方式时,理性思维才作为人类大脑解决复杂问题的终极武器而在前台施展身手。当然,进行理性思维是一件比较耗费能量的事情,即常说的“脑力劳动”。因此,为了节省能量,大脑将感性思维作为感知和行为的主要控制器,而理性思维只在需要时才介入,于是造成的后果是:思维做不到完全的理性和清醒。实际上,当进行感知时,这两种思维的共同作用表现出了我们的思想和行为。由于感性思维比理性思维反应快,经常会在自己有意识地做出决定之前,根据感性思维的反应做出行为。

人们善于从具体的经验和观察中概括并得出结论,但实际上人们往往意识不到自己正在不断地从经验中学习。这似乎暗示着从日常经验中学习是一个人类进化出来的潜意识的过程。因此从经验中学习,然后相应地调整行为时,并不需要有意识的理性思维的介入,感性思维就可以完全胜任。但这同时也造成了一些缺陷:首先,当面对的是涉及很多可变因素的复杂情况,或者受到难以预料的外界干扰时,人们就很难从中得到归纳学习;其次,对经验的采纳学习与对经验信息来源的信赖程度有关,比起那些读到的或者听到的经验信息,更倾向于认可从那些知名公众人物或者自己亲朋好友那里获得的经验,尽管可能反而是错误的经验;再次,遇到失败之后,并不能保证学到正确的教训,因为往往会忘记自己到底做了什么才导致失败的。最后,很容易犯基于经验过度概括的毛病,这会导致我们认识问题的片面性,但在获取或积累到这种经验的小的生活环境圈子里,这种片面性只要不是很极端的,通常还是没有反例的。

总之,对于大脑而言,基于各种渠道来源的经验进行概括和学习是一件不那么费劲的工作,虽然从这些来源于自己或他人的有可能片面或存在误差的经验中学习所能达到的成效是有限的。

当进行一件已经重复做过很多次,或者已经通过经验很熟练地学习到的事情时,会以几乎无意识的动作状态完成这件事情,而不需要多少主动思考(即主动意识),如骑自行车、使用鼠标、操作触摸屏等。认知心理学家认为,人们对例行动作和熟练掌握的行为的执行消耗很少甚至不消耗主动意识的认知资源,或者说,并不受注意力和短期记忆的限制。日常生活中,无意识的活动甚至能够与其他活动并行处理,例如一些人能够做饭时唱着歌,或者听讲时记笔记而不会陷入两个任务的相互干扰。因此要想一个新的行为活动能够容易地学会并能熟练进行,就应当通过不断训练而使其最终成为无意识的,即习惯成自然。

现实生活中,面临的大部分任务都是既包含熟悉的步骤又夹杂着陌生的步骤的,也就是说,是由无意识的和受控的部分组合而成。当人们想要在预定时间内做完更多的事情时,为了节省时间和脑力,也为了减少犯错的机会,会倾向于选择那些包含更多无意识的或者至少半无意识的组成部分的方法。因此,图形用户界面交互系统的设计者要想将任务设计得更容易操作并更少出错,就应当想办法把应用任务的操作设计得能够尽快地被大多数人的无意识思维所掌握。

从前面的讨论内容中,能够得到以下一些有关图形用户界面交互设计上的规则。

① 应当在界面上明显地标识系统当前状态和用户当前进度,这样就减轻了用户在注意力和短期记忆上的压力,即用户不用在关于他们“当前所处应用状态是怎样的”这个问题上过度地分心。

② 使用线索暗示,或提供显式的向导来引导用户向他们的任务目标前进。

③ 明确无误地告知用户需要了解的信息,不要让他们自己去推测,同时避免让用户

通过排除法确定某些事情。

④ 不要把系统问题的诊断推给用户,这需要技术训练。

⑤ 将应用系统需要设置的参数的数量和复杂度尽可能减小,或者将大多数不常需要变动的参数设置放进可选的高级设置中,不要期待大多数用户的专业能力。

⑥ 减少对用户的计算要求,能让计算机计算的就尽量让计算机帮助计算,尽量用图形化的方式来取代一些看起来可能要求计算的问题,以允许人们通过无意识的或半无意识的方式而不是有意识的计算来达到目标。

⑦ 维持或增强人们对新版系统的熟悉感觉,这可以通过遵循行业标准和习惯、让新系统的工作方式遵照用户习惯了的旧系统、研究目标用户群体以发现他们的操作习惯和所熟悉的界面形式。

6.5.2　影响学习的因素

人类大脑所具有的优异的特性之一是其可塑性:对于之前已经各自参与担负某些认知或行为的一些神经元,为了重新担负其他功能,能够重新建立合适的相互连接,并相一致或者相对抗地活动。基于可塑性,大脑能够通过不断重塑自己来适应新的情境和环境要求。正是由于重塑性这一特性,能够从影响学习的因素入手,想办法使用户对交互系统的学习变得更高效,即如何设计使得使用初期的高度受控和有意识的操作能够在一个合理的学习时间范围内进步到最终无意识的操作。

一般来说,当学习实践发生得频繁、有规律且比较精确时,人们的学习过程会变得更快。因此如果对于某个交互系统只是偶尔使用一下,则当人们再次使用时将很难记住操作细节,但若是使用得较为频繁,则对这个系统的操作熟悉程度就能够很快提高。因此在进行图形用户界面设计时,应当参照应用系统目标用户可能的使用频率来考虑方案。例如 ATM 的设计者会考虑到人们每次使用时都不记得如何操作,因此采用简化操作的方案,将其设计得简便易会,并能够将其具有的功能以及使用方法提示给用户。而各种类型的文档编辑软件、电子日历、智能手机短信应用等都是基于用户每天都会频繁使用的假设,从而认为用户能够在较短时间内完成学习过程并记住使用细节,因此几乎都采用可提供丰富的功能、操作为主的方案。

对于一项操作事务的训练学习,人们从高度受控和有意识地操作到能够几乎无意识地操作的时间不仅取决于实践的频繁程度,还取决于实践的规律性和操作的复杂程度,保持实践的规律性会使无意识习惯形成得更快,而越复杂的操作则会使形成无意识习惯所花费的实践时间越长。

实践学习的精度也是个需要认真考虑的问题,实践学习的实质是反复训练激活对应的神经元网络,训练的精细程度决定了所激活的神经元网络的精细能力,人们越认真、精确地实践某个活动,激活对应的神经元网络时就越系统化、可预测。而对同一个实践活动来说,如果实践得马马虎虎,那么所激活的神经元网络也会是粗糙的,由此会最终导致实践活动的无意识执行也是粗略、不精确的,即不精确的实践会强化不精确性。因此如果某个任务目标既重视效率又强调精确度,则在设计支持这个任务目标的交互应用系统时,应当使得该应用系统的功能操作和辅助文档能够帮助用户提高操作精确性(如提供标尺和网格），并引导用户认真细致地使用。

工欲善其事，必先利其器。当应用系统所提供的功能操作能够专注于任务目标，并具有简单和一致性特点时，我们也会学得更快。为了更顺利地完成任务目标，往往需要借助特定的应用系统作为工具，但大多数应用系统工具都具有一定的通用性，所提供的功能操作是没有特别针对性的单元功能操作，需要根据自己的任务要求以及应用系统工具所能提供的功能操作情况，将可用的操作进行合理的组合排序并执行，以完成达成任务所需要做的工作。认知心理学家把用户想要的工具和工具所能提供的操作之间的差距称为"执行的鸿沟"，使用工具的人必须主动进行认知活动，将他的任务转换成一系列工具能够提供的操作，从而跨越这道鸿沟。但这种主动的认知活动会将人们的注意力从其任务上吸引开，而聚焦到了对工具的使用上。

为了提高用户工作效率，必须想办法缩小这道鸿沟，使得尽量不逼迫用户去专注工具的使用方法，从而将用户的注意力尽量保持在其任务目标上。最直接的办法就是在设计应用系统工具时，使其提供的操作能够自然地匹配用户所要做的事情。要达到这个目的，设计者必须很彻底地了解系统潜在用户的通常目标以及工具所要支持的任务。具体来说，可以通过首先做系统任务分析，并设计以任务为中心的概念模型，然后严格按照任务分析和概念模型来设计图形用户界面而达到。

初次接触一个陌生交互系统的用户总要经历从受控的、有意识的缓慢操作阶段，进步到无意识的、快速自然的操作阶段的学习过程，这个过程历经的时间会受到系统一致性的严重影响。如果这个交互系统所提供功能的操作可被用户更容易地预料，则其一致性就越高。也就是说，在一致性较高的系统中，一个功能的操作可以从他的类型中看出来，这使得用户能够更快速地了解系统的运作方式，从而加速使这个操作成为习惯性的学习过程。相反，在不一致的系统中，用户往往难以对系统功能的操作如何运作作出预判，因而必须对大部分甚至所有功能操作进行逐个学习，这就极大拖延了学习过程，导致用户对这些功能的使用更多地处于受控的、消耗注意力资源的状态。

为了使所设计的图形用户界面交互系统达到一致性，与缩小"鸿沟"的方法类似，同样要求设计师必须首先提出一个尽可能简单、统一、面向任务的模型，在这一模型的基础上进行图形用户界面的设计，才有助于尽量减少学习使用该应用系统所需的时间和经验，最终让操作变得无意识。

从更深层次上来说，交互系统可以在两个不同的方面上讨论一致性，即概念方面和物理操作方面。概念方面的一致性即系统中的对象所具有的操作和属性命名的一致性，而物理操作方面的一致性的目标是培养机体的"肌肉记忆"，或称"习惯性动作"。在概念方面，需要确保概念的名称与任务搭配，并尽量采用广为熟知且具有一致性的词汇，而不要强迫用户去学习一套全新概念词汇，因为熟悉的词汇更容易被自动地识别，不熟悉的单词会迫使用户动用更多的主动意识去理解，从而消耗了有限的短期记忆资源，同时也降低了对系统的理解。另外，还要保证这些概念词汇是关于任务而非技术的。对于物理操作方面的一致性的实现，要求对同一类型的所有操作的实际动作进行标准化，即遵循一些广泛认同的图形用户界面操作标准。

6.5.3 与响应度有关的议题

移动便携设备应用系统的一个重要特性要求就是必须具有良好的实时性能,以满足实时要求较强的系统任务以及用户的实时交互要求。但用户对交互式应用系统的满意程度却与这个系统的响应度而非实时性有着更大的关联,如果系统的处理能够跟上用户操作,并能及时告知用户当前系统操作状态而避免他们的无故等待,即使系统在其他方面有些小毛病,用户也会感到非常满意。那些无法与用户的时间要求较好同步的应用系统很有可能会因为不能令人满意的响应速度而被视为效率较差的工具淘汰掉。但要注意:高响应度的交互系统却并不一定是高性能的。

由于性能所限,高响应度的系统也有可能无法立刻完成用户的请求,但即使在这样的情况下,系统也会对用户的操作和执行情况提供反馈,并根据人类感觉、运动和认知的典型反应时间来安排反馈的优先顺序,以让用户及时了解当前的系统情况。具体来说,高响应度的系统在无法立刻完成用户的请求时,应当做到的事情包括:①及时告知用户其输入已经被接收到;②利用界面显示手段给出操作所需时间的提示;③在等待应用系统工作时,允许用户做其他事情;④较为智能地对事件队列进行管理安排。

相对而言,某些高性能的交互系统虽然运行速度指标很好,但在与用户交互时却可能表现出非常糟糕的、无法达到人们指定的时间要求的响应度。结果就是系统难以与用户保持一致的步调,且未能对用户的操作作出即时的反馈,以至于用户不能确定他们做了什么或者系统在做什么。更严重的是,用户只得在无法预期的时间里等待,且由于担心错失交互时机而不敢轻易离开当前系统去做其他事情。实际应用中的典型情况包括:①当用户按下按钮或滑动条等控件时,界面反馈表现迟钝;②某些操作相当耗时,且强制性地阻断了其他活动的进行,还无法被取消;③对长时间运行的操作没有提供需要多长时间完成的线索(如只用沙漏而不是进度条来表示等待状态);④不流畅的动画效果;⑤执行用户没有请求的系统后台任务而打断用户输入。

在设计图形用户界面交互时,为了实现一个对于人类用户而言快慢适中的响应速度(某些情况下太快的响应速度可能会使用户应接不暇,而且过于耗费系统资源),需要针对性地考虑人类在各种情况下的响应能力典型值,这可以通过查阅关于人类大脑的一些重要感觉和认知功能的响应时间常量的文献来得到。

6.6　图形界面设计准则

对于图形界面设计任务,总是希望能够获取一些宝典性的东西作为设计开发过程中的指导或参考,已经有一些发表于期刊、书籍、网络等各类信息载体的重要图形界面设计准则,这些准则都是前人经验的宝贵总结,对后来者的图形界面设计具有可贵的指导作用,作为本章的结尾,本节列举了一些已被广泛认可的较为重要的图形用户界面设计准则,并基于移动便携设备系统开发的角度做了针对性的阐述。

6.6.1　图形界面设计的前提

在开始图形用户界面设计任务之前,设计师一定要先对自己将要面临的局面有一个清晰的认识,如果觉得缺乏头绪,可以试着从回答下列问题开始:

① 你觉得你的目标用户对于即将设计开发的移动便携设备系统的功能和性能有着怎样的先入为主的想法及期待?

② 能找到一些与用户的想法相类似的移动便携设备系统的图形界面交互范例吗?

③ 你认为用户将会怎样应用这个计划中的设备系统? 如果系统将要面向多类不同应用方式的用户群,会需要进行有针对性的定制或子型号设计吗?

④ 对于计划中的这个设备系统为实现预期功能而衍生的可能特点,用户可能会犯哪些类型的错误?

⑤ 当使用计划中的系统而遇到问题时,目标用户群习惯于以哪种方式寻求帮助?

⑥ 目标用户群体乐于通过翻看用户手册来学习系统吗?

一般来说,在项目启动初期画一系列不断改进细化的 UML 用例图来进行由浅入深的分析是个好习惯。

6.6.2　常被提到的图形界面设计准则

1. 清晰明了是第一位的要务

只有让用户能够轻松识别的图形界面才是受欢迎的,并且通常是有效的。清晰明了的界面能够让用户确切知道何种情况使用何种界面控件,即当用户与图形界面进行交互操作时,能够预料到使用每个界面控件元素都能够导致什么样的动作结果,从而能够自信地与应用程序进行正确交互。如果图形界面设计得不够清晰,那么虽然能够满足用户一时紧迫的需求,但并非长久之计,感受到交互操作的一些不便后,若非同类应用程序独此一家,用户可能转而寻求设计有清晰图形界面的同类应用来长期应用。

2. 界面存在的终极目的是促进交互

界面的存在,促进了用户和世界之间的互动。优秀的界面不但能够使人做事有效率,还能够激发、唤起和加强我们与这个世界的联系。

3. 重视并保持用户的注意力

在阅读的时候,总是会有许多事物分散注意力,使得我们很难集中注意力安静地阅读。同样地,用户在使用便携设备系统的时候也会存在注意力被分散的情形,因此在进行界面设计的时候,就要考虑如何能更好地保持用户对图形界面中当前工作(如操作或阅读)的注意力,而避免设计的一些五花八门、布局纷乱的界面元素分散用户的操作注意力。一定要谨记:保持界面的整洁是能够吸引并维持用户注意力的先决条件和重要措施。如果显示广告等内容是必需的要求,则建议在用户完成当前任务之后再显示。重视并尊重用户的注意力,不仅可使用户更满足,也会使加入广告的效果更佳。

4. 让界面处在用户的掌控之中

当能够掌控自己和周围的事物时，人们往往会感到很舒心。全然不照顾用户感受的移动便携设备系统应用剥夺了用户掌控事物的这种舒适感，并迫使用户不得不涉入意料之外的交互，自然不易受到用户的青睐，并影响其市场竞争力。因此对图形界面的设计应当保证用户觉得自己能够决定系统状态，设备系统始终处在其掌控之中。

5. 接近自然形式的直接操作能使用户获得最好的感觉

当直接操作事物时，用户会有最自然的感觉，但这并不太容易实现，因为在界面设计时，增加的图标往往并不是必需的，我们习惯于安排过多地使用按钮、图形、选项、附件等各种烦琐的东西，而使得我们最终操纵的是图形界面元素的各种低效率的显示转换，而忽略了重要的事情，即最初的目标——希望简化而能够直接操纵。为此在进行图形界面设计时，应当尽可能多地考虑借鉴一下人们日常生活中很自然打出的手势，通过提供简洁的图形界面及更自然的交互元素设计，让用户有一个直接操作的感觉。

6. 每个页面都应该拥有一个主题

移动便携设备系统的显示屏幕往往是狭小的，使得设计者为了容纳完整的交互内容，不得不提供分页界面，但所设计的每一个图形界面页都应该赋予一个单一确定的主题，这样不仅能够让用户使用到它真正的价值，也使得上手容易。如果同一页图形界面支持两个或两个以上的主题，则会让整个界面看起来混乱不堪。正如文章应该有一个单一的主题以及强有力的论点，界面设计也应该如此。

7. 莫让从属动作喧宾夺主

每个屏幕包含一个主要动作的同时，可以有多个次要动作，但尽量不要让它们喧宾夺主。文章的存在是为了让人们去阅读它，并不是让人们在微信朋友圈上面分享它。所以在设计界面的时候，尽量减弱次要动作的视觉冲击力，或者在主要动作完成之后再显示出来。

8. 尽量让交互过程自然过渡

界面的交互都是环环相扣的，所以设计时要考虑到交互的下一步。这就好比日常谈话，要为深入交谈提供话由。当用户已经完成该做的步骤，不要让他们不知所措，给他们自然而然继续下去的方法，以达成目标。

9. 外观要遵照功能

人总是对符合期望的行为最感满足。当其他人、事物、电子设备或者软件的行为始终符合期望时，就会感到与之关系良好。这也是与人打交道的设计应该做到的。在实践中，这意味着用户只要看一眼就可以知道接下来将会有什么动作发生，如果它看上去像个按钮，那么它就应该具备按钮的功能。设计师不应该在基本的交互问题上要小聪明，要在更高层次的问题上发挥创造力。

10. 利用外观差异区分功能

如果屏幕元素各自的功能不同,那么它们的外观也理应不同;反之,如果功能相同或相近,那么它们看起来就应该是一样的。为了保持一致性,新手设计师往往对应该加以区分的元素采用相同的视觉处理效果,其实采用不同的视觉效果才是合适的。

11. 尽量增强视觉层次感

如果要让屏幕的视觉元素具有清晰的浏览次序,那么应该通过强烈的视觉层次感来实现。也就是说,如果用户每次都按照相同的顺序浏览同样的东西,视觉层次感不明显的话,用户不知道哪里才是目光应当停留的重点,最终只会让用户感到一团糟。在不断变更设计的情况下,很难保持明确的层次关系,因为所有的元素层次关系都是相对的:如果所有的元素都突出显示,最后就相当于没有重点可言;如果要添加一个需要特别突出的元素,为了再次实现明确的视觉层级,设计师可能需要重新考虑每一个元素的视觉重量。虽然多数人不会察觉到视觉层次,但这是增强设计的最简单方法。

12. 恰当组织视觉元素、减轻用户认知负荷

恰当地组织视觉元素能够化繁为简,帮助他人更加快速简单地理解你的表达,如内容上的包含关系。用方位和方向上的组织可以自然地表现元素间的关系。恰如其分地组织内容可以减轻用户的认知负荷,他们不必再琢磨元素间的关系,自己去把问题搞明白,因为你已经表现出来了。不要迫使用户做出分辨,而是设计者用组织表现出来。

13. 色彩并非决定性因素

物体的色彩会随光线改变而改变。艳阳高照与夕阳西沉时,看到的景物会有很大反差。换句话说,色彩很容易被环境改变,因此,设计的时候不要将色彩视为决定性因素。色彩可以醒目,作为引导,但不应该是做区别的唯一元素。在长篇阅读或者长时间面对计算机屏幕的情况下,除了要强调的内容,应采用相对暗淡或柔和的背景色。当然,也可以将背景色选择的权利交给用户,让用户根据自己的喜好选择采用暗淡、柔和还是明亮的背景色。

14. 逐步循序展现

逐步循序展现即以界面分页的形式展现界面元素内容,且每个界面只展现必需的内容。如果用户需要作出决定,则展现足够的信息供其选择,他们会到下一界面找到所需细节。避免过度阐释或把所有一次展现,如果可能,将选择放在下一页以有步骤地展示信息。这会使界面交互更加清晰。

15. 隐式智能地提供"帮助"

在理想的图形用户界面中,"帮助"是不会作为一个选项出现的,因为图形用户界面能

够有效地指引用户学习。类似"下一步"的操作引领实际上就是在上下文情境中内嵌的"帮助",并且只在用户需要的时候出现在适当的位置,其他时候都是隐藏的。对于一个平常的设计中,一些设计者往往认为应当在用户有需要的地方建立一个帮助系统,让用户去在帮助系统中寻找他们问题的答案,但是一个优秀的设计不会把发现用户需要的义务推诿给用户,而是要提供措施确保用户知道如何使用应用软件所提供的图形界面,让用户在界面操作中得到指导并学习。

16. 关键时刻:零状态

用户对一个界面的首次体验是非常重要的,而这常常被设计师忽略。为了更好地帮助用户快速适应设计,设计应该处于零状态,也就是什么都没有发生的状态。但这个状态不是一块空白的画布,它应该能够为用户提供方向和指导,以此来帮助用户快速适应设计。在初始状态下的互动过程中会存在一些摩擦,一旦用户了解了各种规则,将会有很高的机会获得成功。

17. 收集问题、完善界面

人们总是寻求各种方案去解决已经存在的问题,而不是潜在的或者未来的问题。所以,在对待移动便携设备系统的图形界面的设计问题上也是同样,不要为假设的、想当然的问题设计图形界面,设计师应该首先主动观察目标系统所针对的应用领域中现有的行为和设计,根据实际情况解决现存的问题。这是一件不甚容易的、需要耗费额外精力的事情,但却是最有价值的事情,因为一旦所设计的图形用户界面更加完善、贴近现实问题,就会有更多的领域用户愿意使用对应此图形界面的设备系统。

18. 优秀的设计是不惹人注目的

优秀的设计往往具有一个颠覆人们想象的属性,即它通常会被它的用户所忽视。究其原因,是因为如果设计非常成功,则会导致其用户能够更好地专注于完成自己的目标,从而却忽略了自己面对的图形界面,用户顺利完成自己的任务目标后,他们会很满意地、自然地退出界面。这虽然会对优秀设计师有点不公平,但这些优秀的设计师通常不会介意这些,因为他们心里明白,满意的用户往往都是沉默的。

19. 多领域交叉借鉴

视觉、平面设计、排版、文案、信息结构以及可视化,所有的这些知识领域都应该是界面设计应该包含的内容,设计师对这些知识都应该有所涉猎或者比较专长。一定要尽量从中获取尽可能多的值得学习的东西,以此来提高工作能力。设计师的眼光要长远,要能从看似无关的各类学科中吸取灵感。

20. 界面是因为有所用途而存在的

图形界面设计成功的现实要素就是有无应用价值,实际上就是有没有用户需要依靠使用这个界面来达成自己任务的目的。例如,一个设计有精美界面的应用软件,其功能只有打开 TXT 文件并显示,甚至没有编辑功能,那么基本不会有用户来选择它使用,因为通常对于阅读并编辑 TXT 文件这样一个简单任务,用户更关注打开速度及附加功能,因而它也就是失败的设计。一把漂亮的椅子,虽然精美但坐着不舒服,那么用户不会选择使用它,它也就是失败的设计。因此,界面设计不仅仅是设计一个使用环境,还需要创造一个值得使用的艺术品。界面设计仅仅能够满足其设计者的虚荣心是不够的:它必须要有用。

6.7 本章小结

- 图形用户界面交互是当前包括移动便携设备系统在内的大多数应用系统的人机界面交互方式。
- 图形用户界面交互方式脱离了"人适应设备系统"的阶段。
- 相对于通用计算机系统,移动便携设备系统的图形界面交互还存在一些特殊性。
- 为了使得设备系统在交互时能够更加适应人,需要从人类的大脑感知特性出发,深入理解图形界面交互设计的原理。
- 基于人类的视觉感知特性,尤其是视觉感知的格式塔原理,在信息的结构化呈现、色觉系统特性、边界视觉作用等方面能够获得对图形界面设计有用的启示。
- 基于人类大脑特性,能够借鉴对大脑阅读行为研究的结果来指导对图形界面的设计,并知晓大脑的记忆力及注意力特点对图形界面设计的启示。
- 基于学习及响应特性,主要是关于经验与问题解决、影响学习因素以及响应度等问题,也同样得到了至关重要的设计启示。
- 人们总结了一些重要的图形界面设计准则以作为设计时的参考和提示。

思 考 题

[问题 6-1] 移动便携设备系统对搭载其上的图形界面的设计有何额外要求?

[问题 6-2] 格式塔理论包括几条常见原理?各是什么?

[问题 6-3] 对图形界面设计有所启示的主要的视觉特性有哪些?

[问题 6-4] 人类大脑记忆区可划分为哪两种记忆?各有何特点?

[问题 6-5] 影响学习的因素有哪些?

[问题 6-6] 试举几个图形界面设计准则的例子。

数据可视化呈现

本章学习目标

- 掌握可视化的概念、历史；
- 熟悉数据可视化的信息描述方法；
- 熟悉数据可视化的信息表达方法；
- 熟悉数据可视化的交互方法。

数据可视化是计算机科学的一个重要的新兴分支，它的核心任务是帮助计算机用户更快捷有效地从大量数据中提取出有用信息，这对作为嵌入式计算系统的移动便携设备在有限的掌上交互空间内发挥更强有力的信息呈现及挖掘作用是很重要的。如果说图形用户界面设计是解决在移动便携设备上任务实践的人性化便捷、高效的交互操作问题，则信息可视化技术的目的是解决信息的高效可视化表达问题。

本章的目的是对信息可视化技术进行基础性的介绍，力求起到引领入门的作用。在内容上，首先介绍了有关数据可视化技术的历史及有关概念，然后针对移动便携设备系统应用背景，分别对于数据可视化的后台数据准备工作、可视化的呈现技术、用户基于视图的交互查询等内容进行了详细讲解，最后展望了数据可视化技术之于移动便携设备系统的未来发展。

7.1 基 础 概 念

7.1.1 概述

数据无处不在，充斥着人们生活的方方面面。近年来，随着数据采集手段的快速发展，数据积累呈爆炸式增长，计算机(包括嵌入式计算系统)用户面临着数据过载的严峻考验。但是因为数据往往要转化为有用信息才能易于被人们所认知，因而从信息利用的角度上，由于大量的数据、文字等资源往往处于未能良好组织的状态，非专业人士，有时甚至专业人士也难以完全理解并从中得出更多有用的启示，即有用信息远未达到过载的程度。实际上，多年来人们分析数据的能力已经远远不及获取数据的能力。为了更有效地帮助人们认知数据中可能蕴藏的信息，并发现及理解这些信息所反映的实质，需要通过合理组织、数据结构创建以及设计有意义的数据描述，将信息转化为更容易理解、更便于迅速探索的形式。这正是可视化(Visualization)的核心目的所在。可视化主要利用图形图像等技术对各类数据进行可视化信息表示,对人们的记忆和思维起着外部认知辅助的功能。有效的视觉描述可以帮助人们浏览并理解数据中包含的信息。可视化系统结合了数据的说明性描述和交互式用户界面,可使人们能够从各种不同的角度对数据进行探索理解,从而增强人们对数据所反映的更深层次信息认知。

20 世纪 80 年代中末期,借助计算机及相关技术的发展,为了能够把抽象数据交互地、可视地表示出来,国际科技领域对基于现代手段的可视化技术逐渐重视起来,先后出现了科学可视化、信息可视化、数据可视化等不同概念。

1987 年 2 月,美国国家科学基金会召开的首次有关科学可视化的会议上正式命名了科学可视化(Scientific Visualization)这一概念。科学可视化是面向科学和工程领域的可视化,侧重于利用计算机图形学来创建视觉图像,从而帮助人们理解那些采取错综复杂而又往往规模庞大的数字呈现形式的科学概念或结果,主要关注的是三维现象的可视化,如建筑学、气象学、医学或生物学方面的各种系统。

1989 年信息可视化这一概念被正式提出,信息可视化的处理对象可认为是非结构化、非几何的抽象数据集合,如图表、文本资料、层次结构内容、地图、软件、复杂系统等。信息可视化是一个起源于统计图形学的领域,与信息图形、视觉设计等现代技术有着关联,更加关注抽象、高维度的数据,但其表现形式通常设定在二维空间。

关于各个可视化概念的研究范畴及相互关系,众多国内外学者基于不同的角度有着不同的看法。但是大多数观点认为数据可视化可作为较早提出的科学可视化和信息可视化的泛称,处理对象涵盖任意类型数据。作为一个新兴并快速发展的研究领域,基于现代手段的数据可视化技术结合了科学可视化、信息可视化、人机交互、数据挖掘、图像技术、计算机图形学、认知心理学等诸多学科的理论和方法,旨在研究大规模数值及非数值型信息资源的视觉呈现。一般来说,数据可视化的实现主要包含两个重要因素。①作为可视化的服务对象的人的因素,只有认清可视化任务目的,深刻了解使用者的感知、认知特性及习惯,才有可能开发有效的、有实际应用价值的信息可视化系统;②实现信息可视化的技术手段支撑,即实现数据转化描述的技术基础,如数学、制图学、计算机图形学、用户界面技术等有助于从大量数据信息中创建出清晰、美观、易于理解的可视化视图的技术。

7.1.2　历史发展

虽然基于现代手段的数据可视化属于新兴的技术领域,但是广义的可视化思想的运用却在历史上出现得相当早(虽然当时并没有"可视化"这一时髦的词汇定义),因为从根本上来讲,可视化源于一个动机简单的思想,简单地说,就是利用某种装置或图示等视觉手段来将事物隐含的、可能是错综难辨的信息(原本通常是非直观的文字描述或数据等信息)明晰地展示给其他的观者,以辅助说明所关注的问题情况。以现在的科学语言来概括,就是创建那些以直观方式传达抽象信息的手段和方法。因而,广义的可视化并不一定需要多么高级的信息处理技术,即没有什么必然的依存关系,通常在每个技术历史时期都会有对应于当时技术条件的、将数据转化为可视化信息的方式,而且为了实现更加完美的可视化效果,这些可视化手段往往实现为科学、技术和艺术的优秀结合体。

在古代,人们喜欢观天测地来对自然进行探索和认知,但由于科技水平的局限,很多自然地理信息是难以直接获得较为准确的定量数据的,因而都是发现人以文字描绘来呈现原理或现象,且即使能够得到不直观的定量数据,也还要解决对数据进行明晰表达的问题;否则在古时人们的平均科技知识水平下,很少有其他人能够看得懂数据或文字描述中蕴含着的种种意义,因而必须面对不被人理解和承认的当然结果。

为了解决这种不利情况,古代科学家们想出了种种办法将这样的信息可视化地、直观地表示出来,例如我国东汉时期张衡发明的地动仪(图 7-1)。张衡所处的东汉时期地震比较频繁,张衡对地震有不少亲身体验,为了掌握全国范围的地震动态,他经过多年研究,在阳嘉元年(公元 132 年)发明了世界上第一架测地震的仪器——候风地动仪,该地动仪有 8 个方位,每个方位上均有口含龙珠的龙头,并在各自的下方都有一只蟾蜍相对应,当任何一个方向上有地震发生,该方向所对应龙口中所含铜珠即落入下方蟾蜍口中,由此便可及时得知地震的发生及其所对应的方向。汉顺帝阳嘉三年十一月壬寅(公元 134 年 12 月 13 日),地动仪的一个龙机突然发动,吐出铜球掉进了下方对应蟾蜍的嘴里,但当时处在京师洛阳的人们却丝毫未感觉到地震的迹象,于是有人开始质疑地动仪的准确性。几天后,距洛阳 600km 的陇西(今甘肃省天水地区)有人快马来报那里前几天发生了地震,人们这才开始对张衡的地动仪变得信服。张衡的地动仪能够让人们即时、直观地判断出远方地震的发生及具体方位,而无须了解地震的规律及原理。

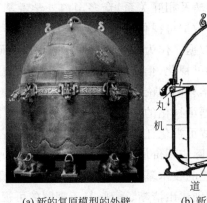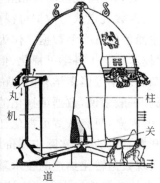

(a) 新的复原模型的外壁　　　(b) 新模型的内部结构

图 7-1　张衡的地动仪

对于地动仪这类信息可视化手段的实现,其背后往往不具有具体的、各种类型的数据支持,而主要是凭借经验总结与分析所认识到的信息传感原理,因而这与当今主要以图形图像信息表达为主的可视化思想有所不同。

更接近现代意义的可视化实现的古典代表应属具有特定信息支持的各种形式的图表,最常见的就是各种地图。地图是经过种种方式的勘察统计后得到的地理信息的抽象表示,其采用图像的表达方式将自然、人文等地理信息通过严谨的科学方法(需要按照一定的制图法则,并具有严格的数学基础、符号系统、文字注记)可视化地表达出来,使人能够对宏观的地理关系、分布特征等状况一目了然,常常比单纯的文字描述更具说服力与沟通力,易于为常人所接受。

在史前时代的古人就知道用符号来记载或说明自己生活的环境、走过的路线等。现在世界上能找到的最早的地图实物是4500多年前刻在陶片上的古巴比伦地图,留存至今的古地图还有存于19世纪末在尼普尔遗址(今伊拉克的尼法尔)发掘出土的泥片上的公元前1500年绘制的《尼普尔城邑图》。我国关于地图的传说和记载可以追溯到4000年前,如公元前21世纪夏朝"河伯献图"的故事,以及《左传》、《周易》、《周礼》等古籍上的多处记载。西晋裴秀(公元223—71年)编制了《禹贡地域图》和《地形方丈图》,还总结了"制图六体",其表述精确并熟练地运用了计里画方绘图方法,贡献可与公元2世纪,在天文学和地理学上奠定了近代西方地理学和绘图学基础的克劳迪亚斯·托勒密相媲美。唐朝贾耽(公元729—805年)用朱墨二色分示古今地名编制的《海内华夷图》传世500年。北宋沈括(公元1031—1095年)编制了"二寸折百里"的《天下州县图》20幅,是当时最好的全国地图。宋代绘刻的《禹迹图》(图7-2)是我国现存最早的石刻地图之一,《禹迹图》长宽各一米多,图中采用计里画方的绘制方法,每方折地百里,横方七十一,竖方七十三,总共五千一百一十方。其中水系、海岸尤接近现今地图的形状。所绘内容十分丰富,行政区名有380个,标注名称的河流近80条,标明的山脉有70多座、湖泊有5个。此图按照裴秀的计里画方法绘制,但又参照唐代地理学家贾耽绘制于802年的《海内华夷图》结构做了纠正。此图历史价值和科学意义很受后人重视,英国研究中国科学技术史的权威学者李约瑟在其《中国科学技术发展史》中,即称此图是"当时世界上最杰出的地图,是宋代制图学家的一项最大成就"。南宋绍定二年(1229年)吕梗、张允成、张允迪刻制的苏州城市《平江图》(图7-3)制作精细,包括了山脉、湖荡、城墙、河流、官厅、街道、塔桥、园林、商行、书院、宅第、库房、牌坊等景观,全面反映了苏州当时的情况,据称是世界上最早的城市平面图。元代朱思本(公元1273—1333年)绘制了长宽各7尺的全国地图《舆地图》两卷。

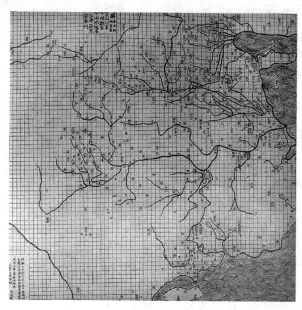

图 7-2　宋代禹迹图

　　进入18世纪后,各类数据的原始积累已达到了一定程度,这些数据的价值也开始为人们所重视,有关天文、测量、医学等学科的大量实践数据被更加规范、有计划地记录下

(a) 石刻碑

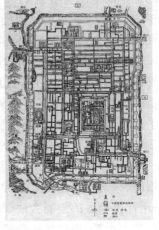
(b) 印本

图 7-3　平江图

来,人口、商业等方面的经验数据也开始被系统地收集整理。出于对事物进行观察、测量和管理的需要,统计学在这一时期诞生并进入萌芽状态,人们开始有意识地探索数据信息高效表达的形式,于是可视化的抽象图形和图形的功能被大大扩展,还出现了一些和绘图相关的重要技术,在这样的背景下,很多新的数据信息可视化形式不断涌现,此时期的可视化思想已开始更加具有数据统计意义,成为现代意义的可视化技术的真正开端。在地图技术中,出现了等值线(用一条曲线表示相同的数值,如温度)、等高线(用一条曲线表示相同的高程,对于测绘、工程和军事有着重大的意义(图 7-4))、时间线等。现在所熟悉的基本统计图形如饼图、圆环图、条形图和线图也出现在这一时期。

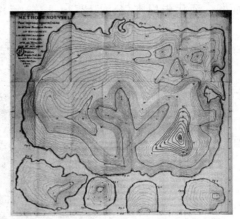

图 7-4　18 世纪法国人 Marcellin Du Carla 绘制的等高线图

19 世纪是可视化技术进一步快速发展的年代,随着社会对数据的积累和应用的需求以及技术和设计的进步,如统计图形、主题图等这些现代信息可视化的主要表达手段都在此期间开始出现。在此时期内印刷形式的可视化图形取代了手绘的传播方式,图形的视觉表达方式在前人的成果上继续得到极大发展:在统计图形方面,散点图、直方图、极坐标图形和时间序列图等当代常用统计图形形式都已出现;在主题图方面,主题地图和地图集成为当时展示数据信息的一种时髦方式,其应用领域涵盖了社会、经济、疾病、自然等各个主题。

极坐标面积图(Polar Area Diagram)在当时被视为一种充满创造力的表达数据的方式,同时也是视觉表现力最优美的统计图形之一,这种图可以被视为饼图的一个变种,它将极坐标平面分为若干等角但不等面积的区域,适合表示周期循环的数据。因为每个扇区面积不同,又被形象地称为玫瑰图。图 7-5 是现代护理的创始人、优秀的卫生统计学家南丁格尔(Florence Nightingale)整理克里米亚战争期间英军的死亡人数,在 1858 年发表的著名的玫瑰图。其中,图 7-5(b)所示为 1854 年 4 月至 1855 年 3 月的死亡人数,图 7-5(a)所示为 1855 年 4 月至 1856 年 3 月的死亡人数。玫瑰图不仅清楚展示了这两年军队死亡人数的变化,更重要的是,它将 3 种死亡情况也分别用不同颜色标记出来:蓝色表示死于可预防的疾病、红色表示死于战争伤害、黑色表示死于其他原因。这样可以清楚知道军队伤亡原因的结构,真正影响战争伤亡的并非战争本身,而是由于军队缺乏有效的医疗护理。

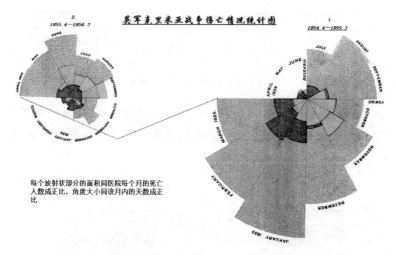

图 7-5　南丁格尔绘制的克里米亚战争英军伤亡玫瑰图

19 世纪一个极具可视化代表性意义的、必须提到的优秀例子是法国巴黎的工程师 Charles Joseph Minard 于 1869 年绘制的 1812 年拿破仑率大军试图征服莫斯科的艰苦旅程的信息图示(图 7-6)。这场战争以法国军队的惨败而告终,出发时的 40 多万人最终生还者仅寥寥数万,除了俄罗斯人的顽强抵抗,1812 年冬季恶劣的自然条件也是造成法军损失惨重的原因——大批士兵都因严寒冻死在路上。该图的可贵之处在于通过一张简单的二维地图表现了丰富的信息(法军部队的规模变化、地理坐标、法军前进和撤退的方向、法军抵达某处的时间、撤退路上的温度等),从视觉上直观地反映了这场战争的全景。大多数人不需要仔细阅读相关资料,只要看到这幅地图,就可从中获得关于这次东征的大量信息,例如撤退路上在别列津河的重大损失。不需要询问就可以看出地图中线条的粗细代表军队中的士兵数,灰色表示进军而黑色表示撤退。从黑色粗线的趋细变化中可以清楚地看到极端天气如何击败了拿破仑的军队。大多数人在看过这张地图之后的较长一段时间里,即使地图没有再次摆在眼前,拿破仑的那次远征失败的总体过程及关键事件、地点仍旧会停留在脑海里。另外,这张图也让人们在反思战争的时候,更深入了解战争的真实代价。在这张地图强烈的视觉表现力之下,历史学家的文字描述在理解力上显得相形见绌。

作为可视化领域的先驱者之一,Minard 还陆续发展了其他多种图形形式来表现数据信息。例如,在 1844 年,Minard 为了显示运输货物和人员的不同成本,绘制了一幅名为

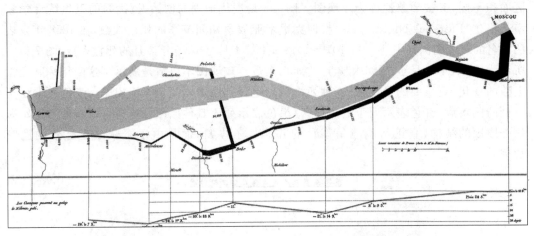

图 7-6　Minard 的拿破仑东征俄国路线图

Tableau Graphique 的图(图 7-7),图中创新地使用了分块条形图,其中条形块的宽度对应路程,高度对应旅客或货物种类的比例。该图被看作为现代马赛克图的创始。

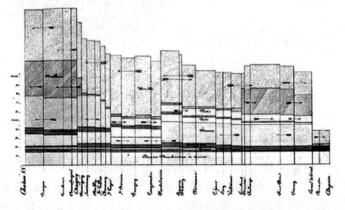

图 7-7　Minard 的 Tableau Graphique 图

在我国 20 世纪前期,一个典型的可视化的例子是 1935 年,地理学家胡焕庸(1901—1998)在当时《地理学报》上发表的《中国人口之分布》中,用等值线的方法所绘制的"中国人口密度图"(图 7-8)。自古以来,中国东南地狭人稠、西北地广人稀似乎早成事实,但没有人对这种模糊的认识加以有力的佐证。从"中国人口密度图"上,可以看出一条天然地划分我国人口密度的对比分界线,这条线从黑龙江省瑷珲(1956 年改称爱辉,1983 年改称黑河市)到云南省腾冲,大致为倾斜 45°基本直线。最初称"瑷珲—腾冲—线",后因地名变迁,先后改称"爱辉—腾冲—线"、"黑河—腾冲—线"。这条线清楚地分出了我国东南部和西北部人口密度悬殊的情况。根据作者当时的分析,此线东南方人口密度很高,不到 4成的国土居住着全国 96%的人口,以平原、水网、丘陵、喀斯特和丹霞地貌为主要地理结构,自古以农耕为经济基础;此线西北方人口密度很低,超过 6 成的土地居住着全国 4%的人口,是草原、沙漠和雪域高原的世界,自古游牧民族的天下。这一线界划分情况从此成为数十年来相关研究和决策的重要参考依据,一直为国内外人口学者和地理学者所承认和引用,并简称为"胡焕庸线"。胡焕庸的"中国人口密度图"是刻画中国人口空间形态的一个最为简洁的方式,他也因此开创了中国人口地理学科。

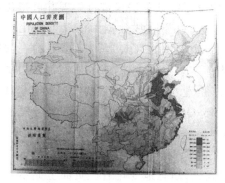
(a) 上色图

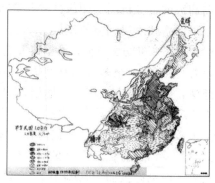
(b) 原始稿

图 7-8　胡焕庸线(1935 年)

20 世纪 30 年代时,中国还未曾组织过正式的大规模人口普查,胡焕庸费时数月,通过多种途径广泛地收集当时的人口数据(精确到县级),包括获取部分省县人口数据、在各种公报杂志搜取各省各县最近的人口信息等,获得了全国各区县人口数据,然后以 1 点表示 2 万人,按照较高的地理学精度要求进行绘点工作,将 2 万多个点子纯手工地落实到地图上,再以等值线画出人口密度图。前几年曾有媒体试图借助计算机重做一张当年的点子图,却发现此举需耗时两三个月。20 世纪 80 年代,中国实施了人口普查,将得到的数据放在地图上比较,发现胡焕庸线还是稳定存在,没有显著变化,这实际上说明人口分布受到很强的环境制约,难以轻易改变。多年来,很多学者又给胡焕庸线赋予了新的意义,提出这不仅仅是一条人口线,它的存在也被逐渐证明有着自然的基础、经济的基础及社会的基础。2000 年第 5 次人口普查发现,"胡焕庸线"两侧的人口分布比例,与 70 年前被提出时相差不到 2%。进入 21 世纪,胡焕庸所揭示的规律目前仍旧未被打破。

介绍到这里,上述内容都是发生在以计算机技术为典型代表的自动化、信息化时代之前的经典或者典型的例子。总的来说,20 世纪的前 50 年对于可视化是一个缺乏创新的、相对低潮的时期。前人在其现有的绘图技术和设备之下,已经创造了丰富的数据表现方式,足以应付日常工作之用,所以以主题图为代表的可视化技术发展也止步不前了。

20 世纪 50 年代后,随着早期计算机技术的迅速发展,科学研究及重要应用开始逐步引入计算机作为重要辅助手段,以往主要基于手工的数据统计研究方式发生了革命性变革,此时计算机图形学这门基于计算机的新兴学科也从萌芽期开始发展,人们开始利用计算机来存储、管理数据信息并据此创建各类图形图表。随着计算机存储能力、运算处理能力的迅速提升,人们逐渐有能力建立起规模越来越大、复杂程度越来越高的各种数值模型,随之形成了各种用途领域体量巨大的数据集。同时,借助日趋先进的电子科技,人们得以利用图像拍摄/扫描、视频采集、传感信号(声、光、电、压力、温湿度、红外、射频等)采集、网络挖掘、在线统计等方式收集数据信息以积累形成大型数据集,且能够利用各种大型数据库(通常可以保存文本、数值、多媒体等多种类型数据)来长期保存所收集到的数据集。面对当今动辄规模庞大的数据集,为了更充分地将其利用起来,尽可能地发挥大数据集的潜在价值,将庞大数据所蕴含的精要信息简洁、明确、易懂地展示出来,要比以往更加迫切需要高级的计算机图形图像技术与高效的分析统计算法来进行处理并可视化表达。

在互联网络技术得到空前发展和普及的今天,基于在线数据的信息可视化作为一种新的实时数据可视化方式,越来越受到人们的重视。例如,QQ 是腾讯出品的一款即时通信软件,用户量庞大。很多人都有过想知道当前有多少人正在在线、他们都在祖国的什么地方的想法,为了满足广大用户的愿望,也为了企业自己的某些目的,2012 年 6 月 21 日,腾讯在 IM QQ 官网网站首页上线了"中国区域 QQ 同时在线分布图",实时提供 QQ 同时在线的人数和分布,并配文"我们将在线用户拟成星辰,形成一片时刻变幻的璀璨星云。可以看到,每一秒,都有亿万颗星星陪着你。找找看,属于你的那颗星在哪里。"

在这个实时动态页面中,QQ 在线者熠熠闪光,动态地变化着。页面上显示了 QQ 历史最高在线人数,这个数字在 2014 年 4 月 11 日晚间突破了 2 亿,目前是 219558992 人。点击图片左下角播放按钮,可以查看过去 24h 内 QQ 在线人数变化。同时在线 2 亿的 QQ 同时在线分布图还印证了前面提到的一条非常重要的中国人口地理分界线——胡焕庸线。值得回味的是,当年胡焕庸先生用的也是 2 亿多人的人口样本(1 万点子乘以 2 万人)体现出了这条分界线。80 年后,腾讯根据 2 亿用户用手机、Pad、PC 在线的方式,重新划出了这条东南和西北人口密度对比线。

7.1.3 数据可视化的功能

作为对数据信息的处理手段,可视化不可能是无源之水、无本之木,必须根植在某种类型的数据信息之上,因而可以用数据可视化这个概念来包揽古今中外曾经出现过的以及正在借助当今科技发展着的所有的可视化形式。总体来讲,数据可视化包含了以下 4 个方面的功能。

1. 对信息进行记录保存

与文字数据相比,图形图像的内容更容易被更多人类群体理解记忆,因而用画图的形式进行可视化交流始终是最原始的信息沟通和传递方式。远古时期人们用岩画的形式来描述和记录日常的生活,古代时期人们仍然愿意用图画来记录生活中发生的事件,以让各个阶层、各个文化层次的人们所理解记忆,例如图 7-9(a)描述丰收场景的古埃及壁画。我们的汉语最早也是起源于远古的象形文字,而流传到今天的东巴文字(图 7-9(b))也是一个用图画来实现表意加强的象形文字的例子。因此,将被认为是值得保存的信息记录下来有效保留,并易于被后来人理解的最佳方式,就是以图形图像的形式将信息进行可视化表达。还可以借助绘制各种类型的原理图将一些自然现象或事物的原理可视化地记录下来,借助在地图上分类标示将自然地理事件的数据信息定期地记录下来,借助草图这种可视化形式将脑中一瞬即过的思路及时地抓取并记录下来,以供自己或他人进一步理解、思考、对照分析和验证,实现自然探索及人类智力的可持续性。图 7-10 所示为美国地质勘探局(United States Geological Survey,USGS)根据收集积累的数据所绘制的全球地震带分布图,直观地记录并呈现了地球上有据可查的地震发生地的特性及分布情况。

(a) 古埃及壁画　　　　　　(b) 东巴象形文字

图 7-9　古老的信息图形化记录保存

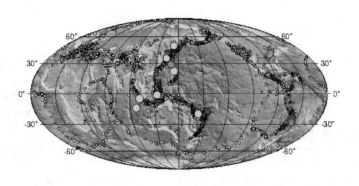

美国地质勘探局　国家地震信息中心

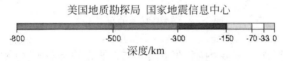

-800　　-500　　　-300　　-150　-70 -33 0
深度/km

图 7-10　现代信息图形化记录

2. 帮助对知识原理的理解学习

将人们在日常生活、科学研究中所获取的知识、原理以一种可视化的方式呈现出来，有助于深化人们对这些知识、原理的理解和记忆程度,提升人们的认知学习效率。例如图 7-11(a)通过图示巧妙地向人们揭示了勾股定理的原理之一,即以直角三角形斜边为边长的正方形 C 的面积等于分别以另两条边为边长的正方形的面积之和,而正方形的面积正好是边长的平方,而图 7-11(b)则用曲线标示出了锂电池充电时各个关键参量的变化情况,当设计制作锂电池的充电器时,就可以依照这张描述参数电规律的曲线图进行硬件器件参数的设定及充电控制程序的编制。图 7-12(a)呈现了空气动力学的基本原理,将颇为深奥的专业科学原理剥去复杂的公式,转化为非专业的大众人士也能理解的原理图,形象地向人们说明了飞机的机翼产生升力的道理,图 7-12(b)描绘的是蒸汽机的工作原理,再辅以生动的文字描述,也比不上这种直观的图示来得通俗易懂,观者即使不具备较强的基础知识也能基本领会蒸汽机工作的原理。

3. 引导读者对数据的推理分析

将数据以一种可视化的方式表达出来,可以极大地降低数据理解的复杂度,还有助于

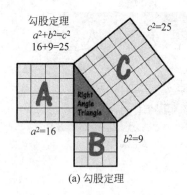

勾股定理
$a^2+b^2=c^2$
$16+9=25$

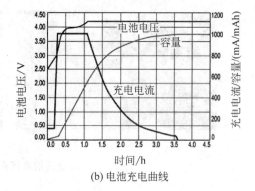

(a) 勾股定理

(b) 电池充电曲线

图 7-11　知识原理的可视化 1

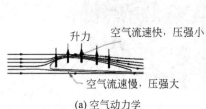

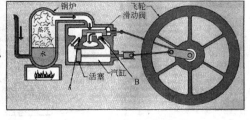

(a) 空气动力学

(b) 蒸汽机工作原理

图 7-12　知识原理的可视化 2

进一步揭示数据中所蕴含的重要内容,发挥上下文理解的支持作用及数据推理的辅助作用,扩充人脑的记忆能力,从而能够帮助人们对数据内容进行形象的理解和分析,从可视化结果中分析或推理出有效信息。图 7-13(a)所示是某型汽车发动机的工况曲线,体现出了该型发动机的扭矩、转速与功率之间的动态关系(其中实线表示功率,虚线表示扭矩),人们通过这样的曲线图可以较为直观地了解发动机的综合特性,并由此推断针对该款发动机的最佳驾驶策略,以尽可能地维持发动机最佳状态,延长发动机寿命。图 7-13(b)所示为股票的实时涨跌曲线,股民可以通过观察这条曲线,判断其走向趋势来做出自己的买入卖出或等待观望等决定,并不断从判断结果的正确与失误中总结经验,这远比从一系列的数据中判读变动趋势要更直观容易、更迅速及时。现实中,有很多基于可视化数据的推理分析的基础都是先前被记录保存的数据可视化视图。

将数据以各种方式进行可视化呈现的意图,很多时候并不一定具有指导或指示读者的明确目的性,而只是将事实数据可视化地陈列出来,图表中所蕴含的深意需要读者自己领会,不同理解力、不同认知角度的读者对可视化结果的关注点或关注的抽象层次会有所不同,得到的结论也会互有差异,但都是对应于各自的观察目的。

4. 推动信息的传播

在进行有关信息传播普及的任务中,如果仅仅采用书本、宣传手册、标语等以文字为主的形式,就会在无形中要求受众具有一定的文化基础知识(例如最基本的要求:文字的

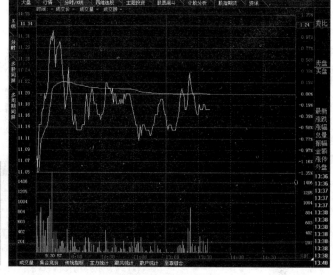

(a) 汽车发动机工况曲线　　　　　　　(b) 股票的实时涨跌曲线

图 7-13　引导读者推理

认知),而且欠缺直观性,传播普及效果会大打折扣。因此,很多信息传播普及任务中,除了文字材料外,还普遍采用了一些以图形图像绘制为基础的可视化形式,将信息以宣传图片、图表、示意图、步骤图解等形式呈现出来加以宣传,这样就能够降低对受众基础知识的要求门槛,而且还能够使信息更形象、更容易地被理解和记忆,从而惠及更广大的目标群体,达到更好的传播、普及效果。

图 7-14(a)所示为被誉为世界上第一部关于农业和手工业生产的综合性著作的、我国明末清初科学家宋应星所著《天工开物》中的冶铁图,以生动的绘图解说方式向读者讲解了当时中国的冶炼铁的方法,图 7-14(b)所示为地球上生命进化的螺旋式时间表,即使作为非专业的普通读者,大多数人对于地球上生物进化的地质年代划分、先后顺序及对应各时期的生物种类和地质特点也能够一目了然。

7.1.4　移动便携设备系统的可视化

虽然同属基于计算机技术的可视化,但是由于应用目的、环境及设计限制(如显示尺寸、功耗、操作方式等)不同,基于移动便携设备系统的数据可视化与通用计算机系统相比,必然有其特殊性。移动便携设备系统对于数据可视化的限定条件主要包括以下内容。

(1) 显示空间有限。一般要求移动便携设备系统的整体尺寸要适于放在掌上,这就对系统用于信息交互显示的屏幕空间做出了限定,因而如何巧妙利用数据可视化技术在极其有限的显示空间呈现更多信息成为一个必须要面对的首要问题之一。

(2) 移动性强。作为移动便携设备系统,移动性是其必然要求,在设备的移动使用过程中,用户的注意力难以始终停留在有限的屏幕上,要保证在有限的用户注意力下,可视化信息能够清晰、适时、扼要地反映到用户头脑中,首先需要想办法提高可视化信息的易理解程度,还要突出信息重点。

(a)《天工开物》冶铁图

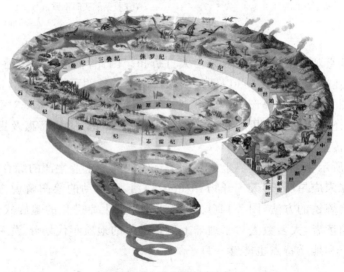

(b) 地球生命进化螺旋时间表

图 7-14　信息的可视化传播

（3）获取信息以数值型为主。对于移动便携设备系统，其所处理的数据基本以视频、音频、生物信息、环境信息、地理信息等各种类型的传感器采集的数据为主，这些数据通常都是数值型数据，需要在可视化实现方式上予以针对性对待。

（4）要求反馈的实时性。移动便携设备系统的动态应用情境决定了数据信息的可视化呈现应当是及时适应动态变化的，为了达到这样的目的，就需要适当降低数据可视化呈现的处理负荷及难度，并对数据预处理的相关算法进行优化，以提高处理速度。

（5）特定的物理交互手段。由于物理尺寸的限制，移动便携设备系统的人机交互接口不会像通用计算机系统或某些类型的嵌入式系统那样，以键盘、鼠标等常见 I/O 设备为主，除了有限的显示空间外，移动便携设备系统通常以触屏、电磁感应手写屏、摄像头

（可用于手势识别等）、微型麦克（可用于语音识别）、简单按键等 I/O 交互手段为主,但有时也提供额外的外接键盘鼠标接口。

（6）追求低功耗。为了达到移动便携设备系统对于低功耗的普遍要求,就需要从减少内部嵌入式微处理器的处理负荷,以及对存储器的访问频度入手来考虑,设计或优化更低操作负荷的数据可视化呈现方式,并尽量降低相关算法的复杂度。

（7）易受外部环境的影响。由于其典型的移动特性,不同于通用计算机系统,移动便携设备系统的应用环境可能是千差万别的,必须考虑到其中的各种极端情况。当在户外应用时,可能会受到强烈光照的影响,而使屏幕显示变得晦暗不清,这就需要考虑到可视化图示的醒目配色方案等设计问题;在移动中应用时,可能会由于晃动而影响屏幕观察的清晰性,这就要求数据信息的可视化呈现方式及内容应避免过于精细化,要尽可能概括化地突出重点信息;有些情况下,设备系统的握持方式可能会受到限制,而使得用户只能实现单手握持操作,如果在系统设计时就预料到在预定应用情境下存在发生这种情况的可能性,并且根据需求说明,需要实现基于交互的动态数据可视化呈现,就要事先设计简洁有效的交互操作手段和方式,以实现数据信息及可视化呈现类型的实时变换管理;当用户在应用移动便携设备系统的同时还要处理其他多项事务时,会分散对设备系统呈现内容的注意力,这就要求进行中的系统应用在关键时刻（如被统计显示的数据指标接近或达到了预设的某个警戒值时）能够采取某种提醒措施,以引起用户注意,如声音、LED 指示灯闪烁、屏幕闪烁等;在复杂电磁环境下,各种形式的无线数据传输的稳定性会受到干扰,导致接收数据的频次、可靠性、准确率等的降低,这就需要在可视化的数据预处理阶段设计差错过滤、容错控制等措施。

7.2　数据准备

7.2.1　数据可视化一般步骤

移动便携设备系统上的大部分应用离不开与各类数据信息打交道,将通过各种手段（传感器采集、网络获取、手工输入等）收集到的庞杂的、形式繁多的原始数据,通过合适的可视化技术清晰地表达出来,发挥其应有的价值,是移动便携设备系统为了提高自身可用性、易用性,并吸引用户目光而应当尽力实现的一项重要任务。

要在移动便携设备系统平台上完成数据的可视化呈现,不会是利用了某种可视化技术就能一蹴而就的工作,移动便携设备的特点注定了更加原始的主要初级数据来源,因而要想实现对所关注数据的良好可视化表达,更清晰地向用户揭示出抽象的数据背后所隐含的真正意义,往往还需要一系列数据处理技术阶段的准备。总的来说,从数据准备到最终可视化的实现通常要经过下面几个步骤。

（1）数据获取。简单地说,就是得到初级数据。

（2）数据整理。将所获取到的数字化信息,进行分类、排序整理,并去除冗余内容。

（3）数据挖掘。可选步骤,从经过整理的大量数据中提取有价值的信息。

（4）数据组织。将数据按照一定的对应或顺序关系组织为直接支持表达的数据表结构。

（5）数据表述。选定一个与所要表达的数据类型及其目的相适合的基本视图模型。

（6）修饰。根据可视化表达的具体对象和目标，进一步细化和改进选定的视图模型。

（7）交互。设计便捷有效的交互措施，以实现对后台数据的操作及其可见特性的控制。

以上步骤囊括了数据可视化实施中可能涉及的几乎全部任务，但对于所开发的某个具体项目而言未必全部用到。

7.2.2　移动应用的常见数据输入

注意到移动便携设备系统的应用特点，要在这类系统上实现的各种移动用途的可视化应用中，通常可能会要求输入或收集下列类型的数据之一。

1. 数值型数据

数值型数据是类型最为广泛的数据，是量化表征自然界化学、物理等现象的变化，以被计算系统识别、存储和处理的重要基础，也是对事物进行度量比照的基础。对于移动便携设备应用领域而言，所面对的初始数据对象主要是机载各类传感器所采集的第一手原始数据，或者通过无线传感网络收集上来的原始数据，这些数据大都是基础量值数据，依据所采集对象的不同，这些数据的类型可能是以下几种。

（1）描述距离/长度信息、以米/毫米等为单位的长度数据，代表输入为激光测距数据。

（2）描述角度信息的、以度分秒或弧度为单位的角度数据，代表输入是测角仪数据。

（3）描述时间点或时间段的、以时分秒为单位的时间数据，代表输入是计时器数据。

（4）描述地理位置的、以度分秒为单位的经度、纬度数据，代表输入是 GPS 数据。

（5）描述二维/三维相对位置的、以坐标轴为基准的方位数据，代表输入是触屏信号。

上述各类型数据有的是以整型数值形式提供，有的则以浮点型数值形式提供，但无论何种形式，通常都会附以精度限定。

2. 描述型数据

随着嵌入式智能设备性能的不断提高，以及人们对这类设备日益高涨的应用需求，主要针对移动式数据采集处理的嵌入式应用已逐渐让位于功能更加丰富强大的通用型嵌入式应用，这也要求系统的人机交互能力及信息处理范围应给予较大的提升，这种提升意味着系统要能够接受更广泛形式的数据信息输入并予以良好处理。因而较为单一的数值型数据接收明显不足以胜任多样化的任务需求，必须补充以其他形式的数据接收，尤其是文字型数据的接收。对于移动便携设备应用领域而言，文字型数据的输入来源可包括用户通过虚拟/实体键盘或触屏的手动输入、语音识别输入、光学扫描识别输入或网络搜索收集输入等，大体来讲，这些输入主要分为下述数据形式。

（1）对事物属性、特点进行描述的描述型数据，大都是以自然语言形式存在。如果这些描述数据来源于用户通过键盘或触屏的手工输入，这需要逐字识别接收，然后整句或整段整理保存;如果描述数据来源于更自动化的收集输入手段,如语音、光学扫描识别或取自网络,则通常经这些手段初级处理得来的数据即是完整的描述数据。

(2)用代号、简称或定长数字码对事物进行简化标记、分类的代码型数据,这类数据有的是以单字符或短字符串形式存在,有的则是以自然语言词组短语形式存在,也有少数以形状标记形式存在,这种数据通常是以对信息分类管理的简化或标准化为方针,为了便于依据某种准则对事物进行分类或对应匹配而采取的措施,通常会建立起一种多数据集的对应关系(如空间坐标信息与非空间数据信息之间的联系),代表性数据如我国的邮政编码或 EPC(产品电子代码)等。

一般来说,自然语言的描述能够传递比数值丰富得多的信息,只是目前囿于自然语言的人工智能分析理解技术的不成熟,未能充分发掘出描述性数据应有的信息量以丰富可视化的呈现,未来随着人工智能技术的进一步发展,描述型数据信息将不再仅仅被作为只能原封不动或略加修改地引用的辅助呈现元素,从文字中获取到的更加充足的信息定能帮助当前的可视化技术实现更加丰富、易理解的呈现内容,或进一步催生新型的信息可视化呈现形式。

3. 关系型数据

除了文字型数据,关系型数据也是移动便携设备系统信息输入的一种必要补充。关系型数据的作用是描述事物之间的内在联系或等级关系,表明全局连通形势或结构局面。由于具有一定的抽象复杂度,关系型数据的输入手段通常不是基于直接人工/自动输入,而是依靠一定程度上的人机交互过程,基于触屏或方向杆、按键,通过选择性或指示性操作完成,或者应用系统依据坐标、时间等信息进一步分析计算来完成。常见的关系如下。

(1)方位关系。描述事物在二维或三维空间的相互位置关系,常基于一个统一的坐标系来描述。根据应用要求,可能是以具体的方位角度数值来表述,也可能以自然语言表述粗略的相对方位。

(2)顺序关系。描述事物在某一维空间内的先后次序关系,以时间为单位的形式居多。

(3)组织关系。描述事物在一个整体的组织结构框架下各自所处的层级位置,通常用来表现一个机构或系统全局的静态结构框架或构造和管理机制。

(4)其他逻辑关系。描述事物之间更加抽象的相对关系,如大小、多少、新旧等的比较关系,范围、内容之间的包含关系,人员、等级、类别等的从属关系,事物的是非关系、复杂的数理逻辑关系等。对这些关系的可视化表达通常会更加复杂、困难,需要更多、更好的创意和技术。

在可视化应用任务中,为了设计一个理想的、能够直观、充分地表达基础数据信息含义的图形或图表,除了要参考基础数据的具体类型,还要考虑数据的维度问题,单值数据不是唯一的存在形式。在很多实际应用中,为了更全面且深入地表示被描述的事物对象,数据往往是以多属性复合形式出现的。如表示平面位置的数据就是以二维坐标数组形式出现的。相应地,表示立体空间位置的数据会以三维坐标数组形式展现,而像描述一款笔记本计算机配置的数据则普遍以更多元属性的混合数组(而且可能既包括数值型元素又包括描述型元素)形式出现。鉴于上述情况,就需要在可视化设计时充分地思考具有多元属性的基础数据集在有限的平面空间呈现的问题。

7.2.3 数据的获取

对于通用计算机上的应用而言,数据获取的来源主要是磁盘上的现成文件或来自网络上的源文件,这些文件大都包含的是经过初步整理的数据(如数值、文字等信息),但是对于移动便携设备来说,其移动性的目的往往就是要便于随时随地采集获取各类传感信息(如声音、图像、运动参数、环境参数等),而且大多数情况下,所获取的这些数据是与设备所处位置(由北斗或 GPS 等导航定位模块获取)紧密关联的。

不同目的、不同用途的移动便携设备系统的数据获取手段也是多种多样的。最确定的数据获取来源就是移动便携设备系统内所搭载的各式传感器(图 7-15)所直接采集的各类数据,主要包括以下内容。

(1) 环境数据。通过温湿度、光照、气体含量等传感器采集。

(2) 运动数据。通过惯性、加速度、倾斜度等传感器采集。

(3) 状态数据。通过导航定位模块、重量传感器等采集。

(4) 现场多媒体数据。通过音频、视频等传感器采集。

(5) 人体生理信息。指纹扫描、虹膜识别、面部特征识别、血压/心率采集等信息。

(a) GPS模块　　(b) ZigBee无线传感模块　　(c) 重力加速度传感模块　　(d) 视频模块

图 7-15　各种数据采集模块

上述内容是根据移动便携设备系统所各自针对的应用目的而量身定制的必备数据采集手段和目的。作为绝对必要的补充,用户通过各种输入介质手工输入的信息也是一个重要的数据来源(图 7-16),这些输入介质包括以下几个。

(a) 触摸屏　　　　(b) 轨迹球　　　　(c) 按键　　　　(d) 手写笔

图 7-16　各种数据输入设备

（1）传统的键盘输入。其主要为文字或数值信息，由于移动便携设备系统留给物理键盘的空间是有限的，一些按键往往被设计成多功能的，但是考虑到便携设备用户操作键盘不甚方便，一般不会设计类似于台式设备上的多键同时按下、组合使用的形式。另外，设备系统可能需要输入法工具软件的协助以转换输入不同语言，有时设备系统呈现给用户的方式可能是触摸屏幕上显示的虚拟键盘。

（2）通过手写或触摸屏幕实现的输入。可能是确定选项的信息，也可能是文字或数值信息，这往往需要手写体识别工具软件的协助，早期为了简化识别困难度，有的设备还要求用户使用特定的简单屏幕笔画进行输入，如 Palm 的 Graffiti 输入法。更复杂地，某些设备采用了电磁笔的技术，不仅能够识别用户输入的笔画，还能够进一步感知这些笔画的力度（即压感，存在不同敏感程度等级的技术选项），从而实现对输入的手写信息的更加逼真的记录和呈现，这对于注重用笔力度启承、宽窄间架结构、走笔意境等书写艺术的汉字等形意语言的完整信息保存，以及绘画方面信息的保存尤其有利，但对于英文等更注重线条花式的字母符号语言文字则显得没那么重要。

（3）通过语音输入。目前这种方式又可进一步分为两种不同获取目标，且各自对应的技术层次也有所不同。一种目标是记录说话对象的原始音频，以保留作凭证或有意义的历史记录。这其实属于前述的数据采集方式，只需要通过声音采集硬件模块获取并以适当的格式予以保存即可。另一种目标则主要关心被记录对象所说话语的内容获取，而不关心是哪个具体地说出来的，这就需要基于软件系统所承载的语音识别技术工具的辅助，以获取转化为文字或符号等数据形式的命令或信息，目前语音识别技术的主要焦点一是在于多语言识别算法的准确度，二是在于语音识别的速度，在两者不能兼备的情况下，就要对识别速度及准确度进行平衡取舍。

（4）通过文件输入。这主要是通过由 U 盘、TF 卡或 USB 传输等手段复制到移动便携设备系统的数据文件实现数据导入，通常这些文件所包含的数据都是经过整理的、规整的、可直接使用的现成数据，可能涉及的预处理工作通常就是将可能不匹配的文件数据格式进行转换匹配。

近年来随着信息技术的快速发展，大多数移动便携设备系统都将各种无线及网络通信能力作为一种标准配置，因而通过无线及网络通信手段搜索和收集各类数据也成为一种越发流行的数据获取手段，这也进一步丰富了移动便携设备系统所能获取的数据种类。

对于采集到的数字化信息（通常是数值数据），首先需要对其进行特定的验证校验，以确保数据安全性和正确性，然后可以将其以适当的方式存储起来，或者实时地进入下一步处理环节；对于采集到的模拟信息，还需要预先转化为二进制数字信息再进行下一步处理；对于用户通过键盘、按键或触摸屏等手工录入的信息，也要预先确定好适当的记录及存储格式，以备数据可视化实现环节的无障碍引用；对于通过网络或其他途径获取的数字化信息，则由于常常是现成可用的二手甚或多手信息，而更为易于整理储存及利用。

7.2.4 数据的整理

被获取到移动便携设备系统中的各种类型的数据必须要予以适当整理，才能被后续的数据可视化步骤作为基础数据所直接采用。数据整理是对移动便携设备在应用中采用各种方式所收集到的资料,采用科学的方法进行检验、归类和编码组织等初级加工,使之条理化、系统化的过程,是存储有效数据资料的客观要求,是数据统计分析及可视化的基础。数据整理能够起到全面检查所收集数据的质量及保证数据有用性的作用。数据整理应遵循以下几项原则。

(1) 有效性原则。一方面要认真审核原始数据的有效性,另一方面应注意在整理的各个环节,合理地选择整理方法和技术,保障原始数据的有效性不受损害。

(2) 一致性原则。数据整理前、后所基于的条件要一致,如此所作的数据整理和比较才有意义。

(3) 准确性原则。首先要保证所收集的原始数据是正常工作条件下的具有准确性的数据;其次数据在被整理后不应被降低其准确性,要保证一个合适的精度。

(4) 科学性原则。数据整理过程中所可能涉及的各类处理任务应当采用能够被证明的、科学的方法。

数据整理的一般过程包括检验、转换、分类、对应组合及编码。

1. 检验阶段

为了保证后续的整理、分析及可视化呈现是建立在正确信息的基础之上,要对从各种途径收集到的原始数据进行有针对性的校验及筛选。校验是为了防止数据在被通过有线或无线手段传输到设备系统的过程中由于外界干扰或侵入而产生错误,校验更多地是针对数值型数据,手段包括常见的奇/偶校验及密码校验等。筛选通常包含两方面内容:一方面是剔除,即清除经校验有错误的、重复冗余的或者不符合请求数据的对应应用的范围边界要求的数据信息;另一方面是过滤,即进一步将符合对应应用针对当前任务情况所设定的某种特定条件要求的数据信息选取出来。

2. 转换阶段

由于数据获取的渠道、手段不同,通过检验的原始数据的状态也是不同的,有些数据可以直接被应用,但有些数据需要做进一步的转换处理才能符合数据可视化应用的要求。根据具体情况的不同,转换的目的及形式也是各有不同,常见转换包括:

(1) 度量单位转换。对于数值型数据,无论从何种渠道得来,通常都会带有特定的度量单位,而对应的数据可视化应用也会指定统一的数值单位,很多情况下,原始数据单位与应用所指定的单位是不匹配的,需要进行对应转换。特别地,有的复杂转换还需要设置转换参数以达到目的。

(2) 数据格式转换。对于一些由移动便携设备系统自身控制获取的数据信息(如用户通过键盘、触摸屏等进行的输入),其格式是可控的,能够理想地适应目标应用的要求,但是由于各种传感器输出的数据通常具有不可预变更的固定格式,而从网络等非设备自主的数据源渠道自动获取的数据也会具有多样化的原始格式,这就需要对上述数据进行必要的格式转换,使之满足后续的处理及可视化任务的需要。特别地,由于某些源数据还可能是以压缩编码形式获取的(如 BCD 码、JPEG 压缩格式、HDF 格式等),因此这种情况时通常还要参照目标应用的要求决定是否进行对应的解码工作。

（3）映射转换。某些应用中,系统从外界获取的数据信息仅仅被作为一种间接数据,而非最终要被可视化呈现的内容。这些间接数据的作用主要是用来对应支持那些预先确定的、最终将要被呈现的数据信息选项之一。这往往是一个映射转换的过程,即将所获取的每条数据信息根据目标应用所定义的属性关系,映射到相应的某个最终数据信息选项上。例如,将某个具体地址对应到行政区划参数中去(如某区县有多少栋住宅楼、多少户商服,或者求该地址商户属于哪个区县等),或者根据某件金属的成分数据将其对应到金、银、铜、铁或钢的类目上。

3. 分类排序阶段

该阶段的任务是将经过前述处理工作的各类数据依照特定的规则进行分类或排序组织,并予以格式化存储。其中分类主要是针对不同可视化参数项的操作:某些目标可视化应用需要实现多属性或多参数的呈现,这就需要从多种数据源获取不同类别的数据,在经过前述步骤的筛选、转换等准备工作后,这些数据应当被正确地格式化分类,并经排序后加以存储;有时为了提高数据传送效率,对于单一来源的原始数据,其每一项本身就是包含了多属性或参数的数据组合(这有可能是数值型数据,也可能是描述型等其他类型数据),这种情况下,需要将数据信息从组合中逐一分解出来,再重新按应用规则进行格式化分类及排序存储。排序主要是针对每个特定的属性或参数项,对所获取的一系列该项数据进行的操作:排序需要按照某种有利于后续可视化呈现任务的规则进行,大多数应用是按照时间顺序进行排序的,但这不表示必须按照数据信息到达设备系统的顺序进行排序,有时还会按照位置、文字笔画、首字母顺序、取值范围、年代日期等规则进行排序,由于这可能会具有一定的不可预测性,因而应以动态排序的策略方式解决。

4. 对应组合阶段

某些数据可视化应用需要基于多元数据组序列,这些数据组内所包含的多个属性或参数应当是具有对应关系的,如“时间—地理位置”数据组、“光照—温度—时间”数据组等,这种情况下需要进入当前阶段的处理,最简单的情况是获取的单路数据中即含有相互对应的各属性值(如获取冷藏车载无线传感器定时发送的“温度—位置”数据组序列),于是即使在上述分类步骤中可能会被分解存储,重新将它们对应起来提供给可视化应用也是较为容易的(它们存储的先后顺序号会是一致的)。若需要进行对应组合的各属性或参数来源于不同的获取渠道(尤其是各类数据的获取频率或时机不一致时情况会更为复杂),则需要针对具体情况认真研究处理对策,设计有效的控制算法及设立合适的参照量,以保证同一数据组内属性之间对应关系的一致正确性。

5. 编码阶段

编码是将特定的、繁杂的数据信息,尤其是描述类别、区划等的信息转化为便于计算机自动识别处理的数字或符号的过程。编码的实现方式除了按照正常顺序,在数据被初步整理时进行的事后编码,还有一种事前编码,即可以在数据被收集之时就进行编码,例如在要求用户通过键盘、触摸屏等手动输入信息时,以选择列表中的备选项的形式进行交互收集,并赋予每个列表选项以特定编码,或者数据信息被收集时就已经是依照某种内部或外部国内国际标准的编码,如图 7-17 所示。常见的编码方法有:①顺序编码,基于某个标准对数据进行分类,并按一定的顺序用连续数字或字母进行编码;②分组编码,根据数据的属性或归属等特点,将具有一定位数的代码单元分成若干组段,且组段的数字具有一定代表意义;③信息组码编码,将数据信息按照某种规则(如类型等)分开为不同组别,并赋予每组以唯一组码;④表义式文字编码,用数字符号等表明编码对象属性(如区划、种类),并依此方式对数据信息进行编码;⑤标准编码,参照某个内部或国内、国际标准对数据信息进行统一编码。

(a) 中国邮政编码

(b) 各种条码

图 7-17　编码的例子

当然,根据具体可视化应用目标及数据源渠道的不同,有时可能只需执行上述步骤的子集(即无须遍历全部步骤),即可完成数据整理工作。

7.2.5　数据挖掘

数据挖掘(Data Mining)属于计算机科学领域的一门技术,是统计分析方法学的延伸和扩展,是采用数学的、统计的、人工智能和神经网络等领域的科学方法(如推理、聚类分析、关联分析、决策树、神经网络、基因算法、机器学习及模式识别等技术),从大量数据中挖掘出隐含的、过去未知的有价值潜在信息,并用这些知识和规则建立用于决策支持的模型,提供预测性决策支持的方法、工具和过程。

一般来说,数据挖掘技术涉及数据准备、挖掘算法及建立模型 3 个主要部分,在完成了数据准备工作后,数据挖掘的一般步骤包括建立模型和假设(Model and Hypothesis Development)、进行实际数据挖掘工作(Data Mining)、测试和验证挖掘结果(Testing and Verification)及解释和应用(Interpretation and Use)。根据应用领域的不同,更具体的步骤也会随之有所变化,而每一种数据挖掘技术也会有各自的特性和特定步骤,针对不同问题和需求所制定的数据挖掘过程也会存在差异。

1. 数据挖掘方法

数据挖掘常用的方法有分类、回归分析、聚类、关联规则、神经网络方法、Web 数据挖掘等,这些方法分别针对不同的角度实现对数据的挖掘。

1) 分类

分类就是找出数据库中一组数据对象的共同特点,并按照预设分类模式进行多类划分。分类的目的是通过分类模型,将数据库中的数据项映射到某个给定的类别中。分类的方法可应用到涉及应用分类或趋势预测等任务中,如淘宝商铺将用户在一段时间内的购买情况划分成不同的类,根据情况向用户推荐关联类的商品,从而增加商铺的销售量。

2) 回归分析

回归分析能够反映数据库中数据属性值所具有的特性,并通过函数表达数据映射的关系,以此发现属性值之间的依赖关系。回归分析可以应用到对数据序列的预测及相关关系的研究中。在市场营销中,回归分析可以被应用到各个方面。如通过对本季度销售的回归分析,对下一季度的销售趋势作出预测并做出针对性的营销改变。

3) 聚类

聚类类似于分类,但与分类的目的不同,是针对数据的相似性和差异性将一组数据分为几个类别。实施聚类后,属于同一类别的数据间的相似性很大,而分属不同类别的数据之间的相似性则很小,且跨类的数据关联性很低。

4) 关联规则

关联规则是隐藏在数据项之间的关联或相互关系,即可以根据一个数据项的出现推导出其他数据项的出现。发现规则的任务就是从数据库中发现那些确信度和支持度都大于给定值的强壮规则。关联规则的挖掘过程主要包括两个阶段:①从大量原始数据中找出所有的高频项目组;②从这些高频项目组产生关联规则。关于关联规则的应用,有一个著名的真实案例,即发生在美国沃尔玛连锁店超市的"尿布与啤酒"的故事:为了能够准确了解顾客在其门店的购买习惯,沃尔玛对其顾客的购物行为进行购物篮分析(Market Basket Analysis,即 Apriori Algorithm),想知道顾客经常一起购买的商品有哪些。在沃尔玛数据仓库里所保存的原始交易数据的基础上,利用数据挖掘方法进行分析和挖掘,发现了一个意外的关联:尿布→啤酒,即跟尿布一起购买最多的商品竟是啤酒!经过大量实际调查和分析,揭示了一个隐藏在"尿布与啤酒"背后的美国人的一种行为模式:一些年轻的父亲下班后经常要到超市去买婴儿尿布,而他们中有 30%～40% 的人同时也为自己买一些啤酒。于是沃尔玛把婴儿尿布和啤酒放在同一个购物区,以方便顾客进行购物。

5) 神经网络方法

神经网络作为一种先进的人工智能技术,因其自身自行处理、分布存储和高度容错等特性非常适合处理非线性的,或者那些模糊、不完整、不严密的知识或数据的处理问题。这一特点适合解决数据挖掘的问题。典型神经网络模型主要分为三大类:①以用于分类预测和模式识别的前馈式神经网络模型,主要代表为函数型网络、感知机;②用于联想记忆和优化算法的反馈式神经网络模型,以 Hopfield 离散模型和连续模型为代表;③用于聚类的自组织映射方法,以 ART 模型为代表。虽然神经网络有多种模型及算法,但在特定领域的数据挖掘中使用何种模型及算法并没有统一的规则,而且人们很难理解网络的学习及决策过程。

6）Web 数据挖掘

Web 数据挖掘是一项综合性技术，指 Web 从文档结构和使用的集合 C 中发现隐含的模式 P，如果将 C 看作是输入，P 看作是输出，那么 Web 挖掘过程就可以看作是从输入到输出的一个映射过程。当前越来越多的 Web 数据都是以数据流形式出现的，因此对 Web 数据流挖掘就具有很重要的意义。目前 Web 数据挖掘仍旧面临着一些问题。例如，①用户的分类问题；②网站内容时效性问题；③用户在页面停留时间问题；④页面的链入与链出数问题等。

2. 数据挖掘分析算法

多年来，人们提出了许多支持数据挖掘的分析算法，现对其中得以付诸实践应用的最常用分析算法做简要介绍。

1）C4.5 算法

C4.5 算法是机器学习算法中的一种分类决策树算法，是从 ID3 算法改进而来。C4.5 算法继承了 ID3 算法的优点，并对 ID3 算法进行了多项改进。C4.5 算法的优点是产生的分类规则易于理解，准确率较高，缺点是在构造树的过程中，需要对数据集进行多次的顺序扫描和排序，因而导致算法的低效。

2）K-Means 算法

K-Means 算法属于聚类算法，它针对所接受的输入量 k，将 n 个数据对象划分为 k 个聚类，以使所获得的聚类满足以下条件：同一聚类中的对象相似度较高，而不同聚类中的对象相似度较小。其中聚类相似度是利用各聚类中对象的均值而确定的一个"中心对象"（也称引力中心）来进行计算的。

3）支持向量机

支持向量机（Support Vector Machine，SVM）是一种监督式学习的方法，广泛地应用于统计分类及回归分析中。支持向量机将向量映射到一个更高维的空间里，在该空间里建立具有一个最大间隔的超平面。在分开数据的超平面的两边建有两个互相平行的超平面。分隔超平面使两个平行超平面的距离最大化。假定平行超平面间的距离或差距越大，分类器的总误差越小。

4）Apriori 算法

Apriori 算法是由 Rakesh Agrawal 和 Ramakrishnan Srikant 两位博士在 1994 年提出的关联规则挖掘算法，是关联规则里一项基本算法。作为一种最有影响的挖掘布尔关联规则频繁项集的算法，其核心是基于两阶段频集（所有支持度大于最小支持度的项集称为频繁项集，简称频集）思想的递推算法，在分类上属于单维、单层、布尔关联规则。

5）最大期望（EM）算法

最大期望（Expectation Maximization，EM）算法是一种统计学算法，它在概率模型中寻找参数最大似然估计的算法，其中概率模型依赖于无法观测的隐藏变量。最大期望经常用在机器学习和计算机视觉的数据集聚（Data Clustering）领域。

6）Page Rank 算法

Page Rank 是 Google 算法的重要内容。2001 年 9 月被授予美国专利，专利人是

Google 创始人之一拉里·佩奇(Larry Page,因此 Page Rank 里的 page 不是指网页,而是指佩奇)。Page Rank 根据网站的外部链接、内部链接的数量、质量来衡量网站的价值。Page Rank 的理念是,每个到页面的链接都是对该页面的一次投票,被链接的越多,就意味着被其他网站投票越多。这个就是"链接流行度"——衡量多少人愿意将他们的网站和你的网站挂钩。Page Rank 这个概念引自学术中一篇论文的被引述的频度,即被别人引述的次数越多,一般判断这篇论文的权威性就越高。

7) Ada-Boost 算法

Ada-Boost 是一种迭代算法,其核心思想是针对同一个训练集训练不同的分类器(弱分类器),然后把这些弱分类器集合起来,构成一个更强的最终分类器(强分类器)。该算法本身通过改变数据分布来实现。它根据每次训练集中每个样本的分类是否正确,以及上次的总体分类的准确率来确定每个样本的权值。将修改过权值的新数据集送给下层分类器进行训练,最后将每次训练得到的分类器最后融合起来,作为最后的决策分类器。

8) k 最近邻分类算法

k 最近邻分类算法(k-Nearest Neighbor Classification,kNNC)是一个理论上比较成熟的方法,也是最简单的机器学习算法之一。该方法的思路是:如果一个样本在特征空间中的 k 个最相似(即特征空间中最邻近)的样本中的大多数属于某一个类别,则该样本也属于这个类别。

9) 朴素贝叶斯模型

朴素贝叶斯模型(Naive Bayesian Model,NBC)是在众多分类模型中应用最为广泛的两种分类模型之一(另一种是决策树模型(Decision Tree Model)),其发源于古典数学理论,有着坚实的数学基础以及稳定的分类效率。同时,NBC 模型所需估计的参数很少,对缺失数据不太敏感,算法也比较简单。理论上,NBC 模型与其他分类方法相比具有最小的误差率。但是实际上并非总是如此,这是因为 NBC 模型假设属性之间相互独立,这个假设在实际应用中往往是不成立的,这给 NBC 模型的正确分类带来了一定影响。在属性个数比较多或者属性之间相关性较大时,NBC 模型的分类效率比不上决策树模型。而在属性相关性较小时,NBC 模型的性能较好。

10) 分类回归树

分类回归树(Classification And Regression Trees,CART)属于一种决策树,最早由 Breman 等人提出,如图 7-18 所示。它是一棵二叉树,且每个非叶子节点都有两个孩子,所以对于第一棵子树其叶子节点数比非叶子节点数多 1。CART 描述给定预测向量值 X 后变量 Y 条件分布的一个灵活方法。该模型将预测空间递归划分为若干子集,Y 在这些子集的分布是连续均匀的。树中的叶节点对应着划分的不同区域,划分是由与每个内部节点相关的分支规则(Spitting Rules)确定的。通过从树根到叶节点移动,一个预测样本被赋予一个唯一的叶节点,Y 在该节点上的条件分布也被确定。

很多数据挖掘任务的执行往往需要调动大量的计算资源和空间,尤其在实施挖掘阶段,视数据源的规模,可能会耗费可观的时间资源。由于强调便捷灵活特性的移动便携设备系统仅能提供相对有限的系统性能,负担不了全面的数据挖掘,但对于移动便携设备系统上的数据可视化任务而言,由于有可资利用却相对有限的源数据基础,又时常有进一步

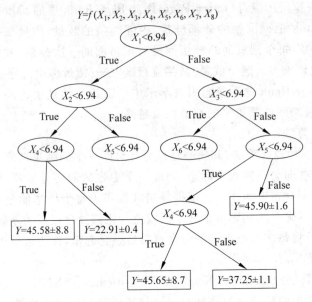

图 7-18　分类回归树

发掘数据间潜在联系以呈现更多有意义的可视内容的需要,可适当借助数据挖掘领域中相对简单可行的相关算法技术,进行不耗费过多处理资源的挖掘探索(有限的源数据也降低了挖掘算法的处理时间,但这也要求选择不需基于更大规模数据的挖掘算法),求得源数据中隐含未知的有意义的知识,以用于补充数据可视化的呈现内容。

7.3　可视化呈现

　　所有上述准备工作都是为了"数据可视化呈现"这一核心目标的达成。在掌握了所有基础数据后,呈现数据的最终关键步骤就是选择一种合适的数据呈现形式,即能够将基础数据所包含的内容(形势、关系或意义)以尽可能易于更多人理解记忆的方式表达出来。如果呈现形式不当,即使前面的数据预处理工作很出色,也极有可能避免不了失败的结果。由于各种数据可视化图表是数据可视化呈现的方法基础,下面首先简要介绍一些常见的数据可视化图表。

7.3.1　常见数据可视化图表

　　几乎所有类型数据的可视化呈现与表达都离不开人们逐渐发明积累起来的各种类型的图表。图表(Chart)也称统计图表,是数据的图像化表示,经常以所利用的图形来命名,例如主要使用圆形符号的图称为饼图,主要使用长方形符号的图称为长条图或直方图,使用线条符号的图称为折线图。

　　图表通常的作用是用来辅助快速理解大量数据及数据之间的关系。如今图表已经被广泛用于各种领域,并从过去在坐标纸或方格纸上手绘的方式,逐渐转变为利用计算机软件产生。特定类型的图表都对应着其特意适配的数据类型。例如当目的是要呈现不同类目集合的百分占比时,采用饼图或水平状条形图就是很适合的,但当需要呈现以时间规律相关联的数据时,折线图或直方图,而非饼图,成为推荐的选择。

现实中,人们依据不同的目的应用着各种不同呈现形式的图表,有些图表非常庞大,而有些图表则非常复杂,虽然如此,为了更加突出数据的意义,并尽可能提高其被解读能力,图表基本上都具有下列共性特点。

(1) 以图像为主,文字占比很低。显而易见,图表意味着通常不会像文章写作一样,以文字描述为主体。只有需要对数据进行诠释或标注时才会附加文字。

(2) 都会有标题。通常要求图表要有标题,标题通常会显示在主图形的上方,标题是对图表信息的简洁描述,起到使读者对图表大意了然于胸的目的。

(3) 都会有坐标标签。在图表中通常会用较小的文字来表示水平轴(X 轴)或垂直轴(Y 轴)上的数据或分类,这些文字经常被称为坐标标签,且经常带有单位。

(4) 都会有数据标签。对于图表中所显示的数据,不论是以点状、线状还是其他形式在平面坐标系统里呈现的,通常都也会有附加的文字标示,这称为数据标签,它方便读者解读和比对数据基于两坐标轴的位置和关系。

(5) 若图表中包括两组以上的数据,则往往还需要图例(Legend)来标示或解释不同组别的含义,并会配合使用不同的颜色或线形来区分组别。

下面将较为常见的图表类型进行逐一介绍。

1. 常见的图表类型

(1) 直方图(Histogram)。直方图又称质量分布图,是表示数据数值变化情况的一种主要统计工具,如图 7-19 所示。这种统计报告图利用一系列高度不等的纵向条带作为数据表示元素,其图形坐标系中一般横轴表示数据类型,纵轴表示数据量值,从而综合表示出数据分布情况。利用直方图可以直观地为读者解析出数据信息的规则性,使得读者对于数据对象的总体分布状况一目了然。直方图的制作通常会涉及统计学的相关概念,要决定对被统计的数据对象进行合理分组的策略,然后再根据具体情况进行统计制图。例如确定按组距相等原则进行分组时,要根据实际情况设定好分组数和组距这两个关键数值,然后才绘制成以组

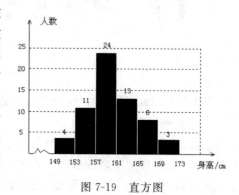

图 7-19　直方图

距为底边、以频数为高度的一系列连接起来的直方型矩形图。

(2) 条形图(Bar Chart)。条形图也称条形统计图,也是表示数据数值变化情况的主要统计工具之一,如图 7-20 所示。其做法是首先确定一个单位长度,用以表示一定的数据对象数值数量,然后根据数量的多少画成长短不同的竖直条带,再把这些竖直条带在图形坐标系中按一定的顺序排列起来。通常以坐标系的横轴表示数据对象的类别,而纵轴则表示以单位长度为度量所表示的数据对象的数量。从条形图中很容易看出各种数量的多少。条形图还可进一步分为单式条形统计图(只表示单个数据对象的信

息)和复式条形统计图(同时表示多个数据对象的信息)。条形图主要用于表示离散型数据资料,如可计数的数据。条形图与直方图的区别在于,直方图是用面积而非高度来表示数量。

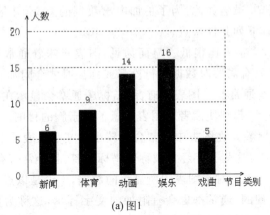

(a) 图1

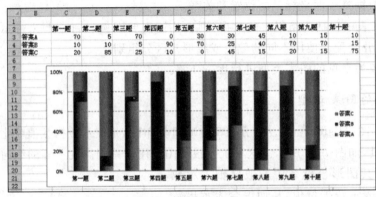

(b) 图2

图 7-20　条形图

(3) 饼图(Pie Chart)。饼图是一种划分为几个扇形的圆形统计图表,这些扇区拼成了一个切开的饼形图案,如图 7-21 所示。饼图用于描述数据对象序列的量值、频率或百分比之间的相对关系。在饼图中,每个扇区的弧长以及圆心角和面积大小为其所表示的数量的比例,并且这些扇区合在一起刚好是一个表示 100％ 的完整圆形。对于同属一个数据系列,即构成一个完整数据对象的多个类目的数据集(或者也可直观地形容为列在工作表格的同一列或一行中的数据)适于以饼图来可视化描述。饼图能够显示数据对象中各个子类目的大小与各项总和的比例。饼图中的数据标注显示为整个饼图的百分比。使用饼图的注意事项包括:①仅有一个要绘制的数据系列;②要绘制的数值没有负值;③要绘制的数值几乎没有零值;④类别数目没有限制;⑤每个类目代表整个饼图的一部分;⑥各个扇区需

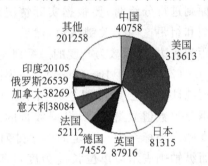

图 7-21　饼图

要标注百分比。在一些特定情况下,饼图可以很有效地对信息进行展示,特别是在想要表示某个大扇区在整体中所占比例,而不是对不同扇区进行比较时,这一方法十分有效。但是由于圆饼图用面积取代了长度,因而加大了对各个数据进行比较的难度:在饼图中很难对不同的扇区大小进行比较,或对不同饼图之间数据进行比较。饼图还存在有多种变形的形式,如三维饼图、复合饼图、分离型饼图等。另外,饼图还有一个比较特别的子集,即图 7-5 所示的玫瑰图或称极区图,这种图表有着类似于饼图的基本形式,也可以看作为一种圆形的直方图,其各个扇区代表不同的数据序列,且角度跨度是相同的,但每个扇区从圆心延伸出来的半径各不相同,代表着本扇区数据序列总值的多寡。在每个扇区上,可以用多种不同的颜色表示不同的序列内数据元素占比情况。

(4) 折线图(Line Graph)。折线图用于显示随时间或有序类别而变化的连续趋势,尤其适用于显示在相等时间间隔下数据的连续变化趋势,如图 7-22 所示。在有很多数据点并且它们的显示顺序很重要时,折线图是很有用的,而当需要呈现多个数据系列时,使用折线图也是非常适合的。在折线图中,数据类别沿水平轴均匀分布,而所有数据值则沿垂直轴均匀分布。在标注上,根据具体情况,可能显示数据点以表示单个数据值,也可能不显示这些数据点。如果有很多类别或者数值是近似的,则应该使用不带数据标记的折线图。

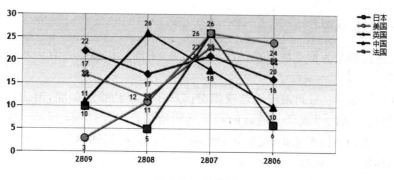

图 7-22　折线图

(5) 散点图(Scatter Diagram)。散点图表示因变量随自变量而变化的大致趋势,据此可以选择合适的函数对数据点进行拟合,因而这种图通常用于显示和比较跨类别的聚合数据值,常用于科学数据、统计数据和工程数据,如图 7-23 所示。通常散点图的做法是首先将数据序列显示为坐标系中的一组点集,每一点的值由其在图表中的坐标位置表示,而其类别由图表中的不同标记表示,然后考察坐标点的分布,判断数据序列之间是否存在某种关联,或者对坐标点的分布模式进行总结。当要在不考虑时间的情况下比较大量数据点时,使用散点图是理想的选项,且散点图中包含的数据越多,比较的效果就越好。一般情况下,散点图会以圆圈表示数据点,但是当要在散点图中显示多个序列时,可能会造成混乱的视觉效果,这种情况下,或者考虑以方形、三角形、菱形等不同形状区分标记不同类型的点,或者转为考虑使用折线图。

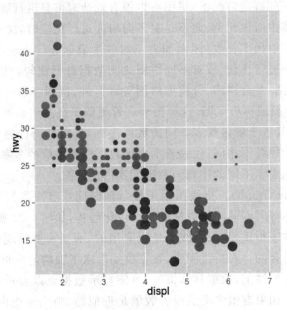

图 7-23　用灰度与尺寸进行区分的散点图

2. 其他图表类型

除了上述几种最为常见的可视化表示图形外,不同工作领域还有一些比较有针对性的图表类型。

(1) 时间轴图表。时间轴图表是依据时间顺序把事物排序串联,形成相对完整的记录体系,再运用图文的形式以最适合的形态展示给用户,如图 7-24 所示。这种图表的主要作用是把过去的事物系统化、完整化、精确化。目前,时间轴图表的主要形式包括直线型、折叠型、螺旋型、映射型、三维型等。

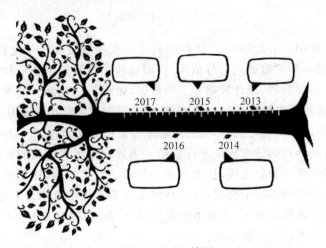

图 7-24　时间轴图

（2）流程图。流程图是一种应用广泛的过程描述图表，它是以特定的图形符号加上说明来表示算法的思路或者某个工艺的过程，直观地描述了一个工作过程的具体步骤，如图 7-25 所示。流程图中将意图描述的过程的各个阶段均用图形块表示，不同图形块之间以箭头相连，代表它们在系统内的流动方向。下一步何去何从，要取决于上一步的结果，典型做法是用"是"或"否"的逻辑分支加以判断。特别地，流程图在软件程序设计中也得到了广泛的应用。借助流程图，可以使读者直观地考虑一些问题，例如，①过程中是否存在某些环节，删掉它们后能够降低成本或减少时间？②还有其他更有效的方式构造流程图吗？③整个过程是否因为过时而需要重新设计？④应当将其完全废弃吗？。流程图的优点是形象直观，便于理解，各种操作一目了然，容易发现设计错误，基本消灭了"歧义性"；缺点是所占篇幅较大，流程线路设计过于灵活，不受约束，不利于结构化程序的设计。

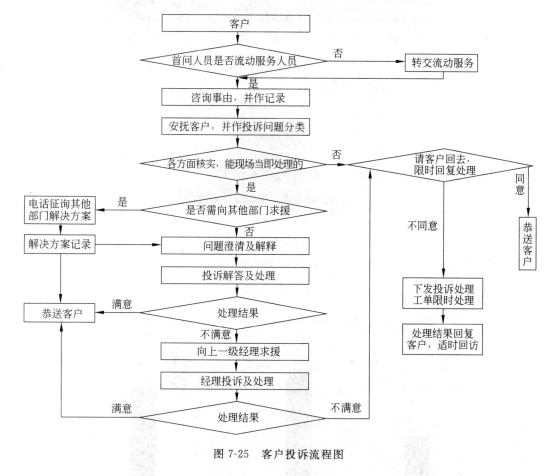

图 7-25　客户投诉流程图

（3）面积图（Area Chart）。如图 7-26 所示，面积图又称区域图，强调数量随时间推移的变化趋势，也可用于引起人们对总值趋势的注意。例如，表示随时间而变化的利润的数据可以绘制在面积图中以强调总利润。

（4）瀑布图（Waterfall Chart）。如图 7-27 所示，瀑布图是一种帮助理解顺次引入的正值或负值所形成的积累效应的数据可视化形式，由麦肯锡顾问公司所创，因为形似瀑布

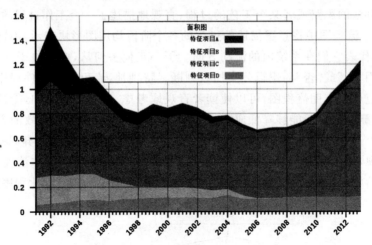

(a) 面积图1

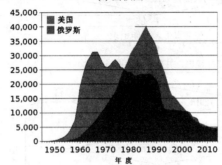

(b) 面积图2

图 7-26　面积图

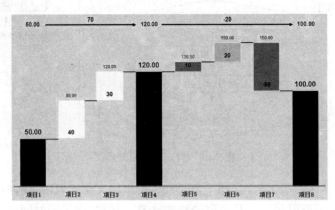

(a) 瀑布图1

图 7-27　瀑布图

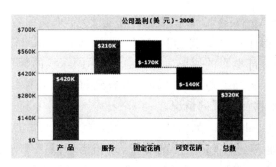

(b) 瀑布图2

图 7-27(续)

流水而得名,但也因为悬在坐标系的半空中的矩形式样而被形象地称为飞砖图或玛利奥图。此种图表采用绝对值与相对值结合的方式,适用于表达数个特定数值之间的数量变化关系。通常该类图表中的初始值以及最终值表示为完整的矩形柱,而中间增减变化的值则表示为半空悬浮的矩形柱,并以颜色编码来区分正、负值趋势。当用户想表达两个数据点之间连续的数量加减演变过程时,即可使用瀑布图。

(5)量化波形图(Stream Graph)。量化波形图是一种堆叠面积图,该图中数据基于一个中心轴不对称移位,从而形成一个流动趋势的、有机的形状。量化波形图最著名的应用是图 7-28 所示的纽约时报旗下的 NYTime.com 的信息图表作品"电影票房信息图表

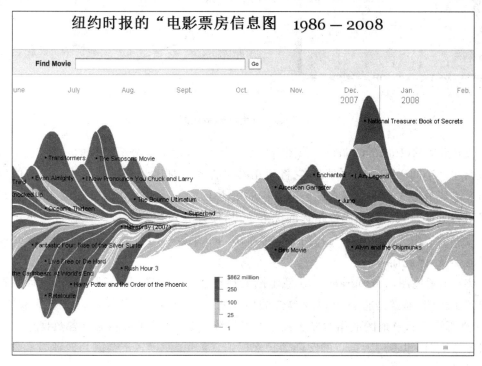

图 7-28 纽约时报旗下 NYTime.com 的信息图表"电影票房信息图表
(The Ebb and Flow of Movies)"

(The Ebb and Flow of Movies)"。该图表描述了近20年来美国各电影的票房收入情况，并曾于2008年摘得彼得·沙利文奖（The Peter Sullivan Award）。在该图中，横向坐标为时间轴，纵向坐标为每部电影的周票房收入总和，不同深浅的颜色代表总票房收入的高低，颜色越深则票房收入越高。通过时间轴可以看到每部电影持续放映的时间以及电影票房随着放映时间的推移而增减的情况。

（6）气泡图（Bubble Chart）。如图7-29（a）所示，气泡图与散点图相似，区别在于气泡图允许在图表中额外加入一个表示大小的变量，这相当于以二维方式绘制包含3个变量的图表，达到的效果是对成组的3个数值而非两个数值进行比较，图中气泡的大小由第三个数值（指示相对重要程度）确定。然而，这种图表类型也可以显示不同的形状，如方形和菱形。

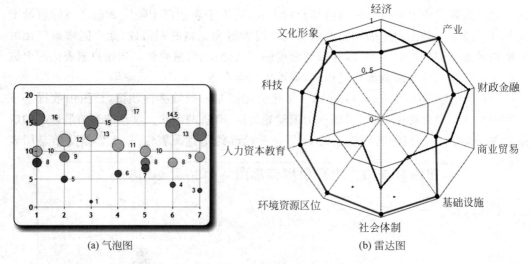

(a) 气泡图 (b) 雷达图

图 7-29　气泡图和雷达图

（7）雷达图（Radar Chart）。如图7-29（b）所示，雷达图是分析报表的一种，它是由一组坐标和多个同心圆组成的图表，它将相互关联的多个对比对象的多种重要属性值以不规则多边形的形式集中呈现在同心圆坐标的图表上，从而可以在同一坐标系内综合、直观地展示各对比对象的多项属性指标的优劣情况，使读者可以对比较对象各自的不足及优势一目了然。由于代表多个对比对象的多个多边形组合在同心圆上的样子很像雷达或蜘蛛网的形状，因此而得名。

（8）示意地图（Cartogram）。示意地图又称比较统计地图，是将地图根据统计数据变形得到示意图，通常是将各个地理单位的面积扩大或缩小，来表示有关数据的数值，如图7-30所示。示意地图的用途在于视觉上展示统计数据，在尽可能保持各数据点之间的相对位置之时，也透过数据点的实际面积来标识其数值，使读者不会因为地理因素影响以产生错觉。

（9）矩形式树状结构绘图法（Tree Mapping）。矩形式树状结构绘图法，又称为矩形式树状结构图绘制法、树状结构矩形图绘制法，或者甚至称为树状结构映射，指的是一种

(a) 景点示意地图

(b) 世界人口示意地图

图 7-30 示意地图

利用嵌套式矩形来显示树状结构数据的方法,如图 7-31 所示。

(10) 甘特图(Gantt Chart)。甘特图又叫横道图、条状图,以提出者亨利·L·甘特先生的名字命名,如图 7-32(a)所示。甘特图内在思想简单,即以图示的方式通过活动列表和时间刻度形象地表示出任何特定项目的活动顺序与持续时间。基本甘特图是线条图,横轴表示时间,纵轴表示活动或项目,线条表示在整个期间上计划和实际的活动完成情况。它直观地表明任务计划在什么时候进行及实际进展与计划要求的对比。管理者由此可便利地弄清一项任务的进度情况。由于甘特图主要关注进程管理,因而其仅仅部分地反映了项目管理的三重约束,即时间、成本和范围。

(11) PERT 图。PERT 图也称"计划评审技术",它采用网络图来描述一个项目的任

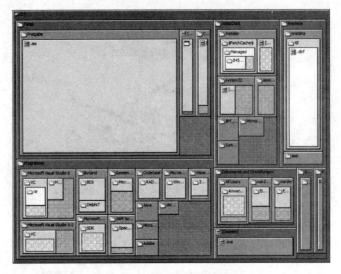

图 7-31　矩形式树状结构

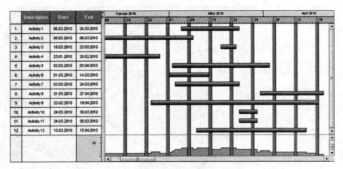

(a) 甘特图

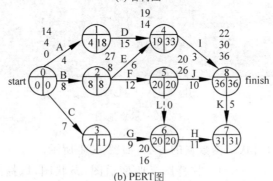

(b) PERT图

图 7-32　甘特图和 PERT 图

务网络,如图 7-32(b)所示。它不仅可以表达子任务的计划安排,还可以在任务计划执行过程中估计任务完成的情况,分析某些子任务完成情况对全局的影响,找出影响全局的区域和关键子任务,以便及时采取措施,确保整个项目的完成。PERT 图是一个有向图,图中的有向弧表示任务,它可以标上完成该任务所需的时间;图中的节点表示流入节点的任务的结束,并开始流出节点的任务,这里把节点称为事件。只有当流入该节点的所有任务都结束时,节点所表示的事件才出现,流出节点的任务才可以开始。事件本身不消耗时间和资源,它仅表示某个时间点。每个事件有一个事件号和出现该事件的最早时刻和最迟时刻。每个任务还有一个松弛时间,表示在不影响整个工期的前提下,完成该任务有多少机动余地。松弛时间为 0 的任务构成了完成整个工程的关键路径。

(12) 组织图(Organizational Chart)。如图 7-33(a)所示,顾名思义,组织图常用于描述各类事物、机构的组织结构,它能够展示出组织结构中各从属部分的划分以及划分出的各单元之间的相互关联关系、层次关系等。

(13) 系统树图(Dendrogram)。系统树图亦称树枝状图,如图 7-33(b)所示,是数据树的图形表示形式,以父子层次结构来组织对象,是枚举法的一种表达方式。为了用图表示亲缘关系,把分类单位摆在图上树枝顶部,根据分枝可以表示其相互关系,具有二次元和三次元。

(14) 谱系图(Pedigree Chart)。也称系谱图、族谱图等,图 7-34(a)所示为一种描绘家族关系的树状结构图,每个树中的成员可以找到与其他相关树中的同一个人连接起来,共同构成一个巨大的网络家谱。谱系图常应用于医学、系谱学和社会工作等任务中。

(15) 鱼骨图(Fishbone Diagram)。鱼骨图又名因果图,如图 7-34(b)所示,由日本管理大师石川馨先生所发明,故也称石川图。鱼骨图是一种发现问题"根本原因"的分析方法,又可划分为问题型、原因型及对策型鱼骨图等几类,其特点是简捷实用、深入直观。它看上去有些像鱼骨,问题或缺陷(即后果)标在"鱼头"外。在鱼骨上长出鱼刺,上面按出现机会多寡列出产生问题的可能原因,有助于说明各个原因之间是如何相互影响的。

(16) 文氏图(Venn Diagram)。也叫维恩图或欧拉图,用于显示元素集合重叠区域的图示,图 7-34(c)所示为在集合论(或者类的理论)的数学分支中,在不太严格的意义下用以表示集合(或类别)的一种草图。它们用于展示在不同的事物群组(数学上称为集合)之间的数学或逻辑联系,尤其适合用来表示集合或类别之间的模糊关系,也常常被用来帮助推导关于集合运算的一些规律。

7.3.2　数据解析转化

虽然在数据准备阶段,原始的数据已经被整理加工,大都可以直接供可视化应用使用,但由于数据存储形式的原因,在某些应用情况下,数据信息被选定后仍然需要进一步即时解析为最终的可视化内容,这是一个数据解析转化的终期过程。

最常见的转化就是从具有特定格式的数据文件中将所需要的那部分数据解析出来加以呈现,例如一个应用需要对所选中的一批图像依据图像面积的大小进行排序列举,则需要依次读取每个被选中的图像文件,将通常位于图像文件开头处的图像尺寸信息提取出来以获取当前图像面积,最终依据这些面积值对图像文件进行排序并列举其尺寸。除了图像文件外,如矢量数据文件 3DS、计算机辅助设计文件 CAD 及数据表格文件 Excel 等也都是较为常见的要即时从中解析提取数据的文件类型。需要注意的是,视文件格式的不同及所要从文件中提取的数据内容的不同,数据解析提取的难易程度也各有差别。

对于那些通常由各种数据库所存储的数据,在某些特别的应用中,也往往不能被直接使用,而是要在单项或多项数据提取出来后,经过算法即时计算得到所需要的结果,这种

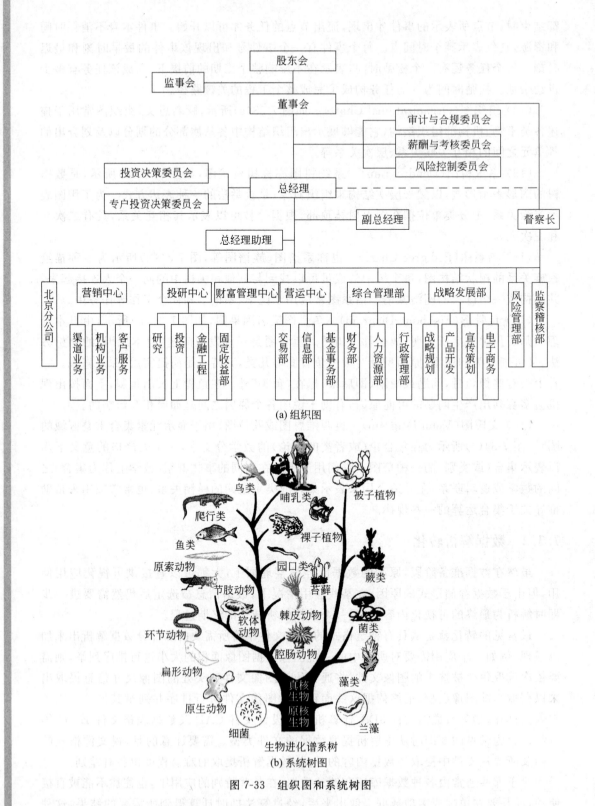

(a) 组织图

生物进化谱系树
(b) 系统树图

图 7-33　组织图和系统树图

(a) 谱系图

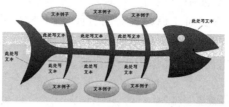

(b) 鱼骨图

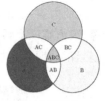

(c) 文氏图

图 7-34　谱系图、鱼骨图和文氏图

做法虽然一定程度上降低了可视化呈现的处理速度,但是却能够更灵活地适用于多种应用需求:不同可视化应用所需数据可能会需要通用的基础数据库中不同数据项经算法计算得到,而且还有可能随时加入新的可视化需求,上述做法有利于系统中多个相近类型的可视化应用的数据共享,而采取事前计算并将最终结果存储于数据库的方法会限制基础数据库的通用性,不利于满足新入可视化应用的数据需求(需要修改或添加数据库中的数据项)。

从优化移动便携设备上有限存储空间的角度考虑,如果系统上的可视化应用有随时扩展的可能,建议将各项原始数据直接予以存储,这有利于存储空间的缩减优化,尤其是当基于这些基础数据项的可视化应用的数量大于基础数据项的数目时;如果系统上的可视化应用很固定(尤其是封闭系统),而存储空间又极其有限,则建议各项原始数据经算法计算之后再存储以供可视化应用直接使用,这会有利于缩减存储内容(如由 3 项原始数值经算法计算后得到一项被予以存储的结果)。

在一些数据可视化应用中,基础数据只是作为最终显示信息的取值参照,在这种情况下,将要显示的信息通常是已事先确定的显示选项(如 12 个月份、量值范围区间、色彩或优良中差评价描述等),可视化处理需要执行的是对基础数据与显示选项之间映射关系的确定,即根据当前所取得的基础数据值,通过比较、计算等手段确定其所应当对应的某个显示选项,并予以统计或标注呈现。例如,一个统计某段时间内全国各地平均温度分布的可视化应用会将所收集的所有近期温度记录根据其采集地点与其所属地区相对应,并将该温度计入对应地区的统计,继而在可视化呈现上将不同的温度范围区间与不同的色彩相对应,最终呈现出一张温度伪彩色地图,使观者对温度分布一目了然。

7.3.3　可视化的空间局限

供给各类可视化应用进行呈现的数据信息量往往是较为庞大甚至海量的,但可用来显示的空间却总是有限的,无论采取何种常规方法也无法将数据信息全盘、详细地同时呈现出来,这种情况对于移动便携设备系统来说尤其严重,因而解决可视化空间的有限性问题成为移动便携设备系统实现有效可视化呈现的首要任务。

当文件或页面尺寸大于屏幕可显示区域时,首先能够想到的最简单方法就是采用滚动显示的方式,用户可以通过操纵滚动条对页面进行上下或左右滚动,以将当前想要查看的内容呈现在可显示区域中进行浏览,如图 7-35 所示。滚动的解决方式对于浏览其长宽尺寸一般不超过显示区域 2 倍的、范围不大的页面是比较有效的,因为在这种情况下的滚动操作中,仍有未移出显示区域的部分滚动前的显示内容,这些内容可以起到定位参考作用,即帮助定位当前页面中心相对于滚动前的初始中心位置,有助于用户快捷地反复定位关注的内容,但滚动方式对于篇幅较大的页面,例如较长的连续文本图像或者大幅面地图等,因为难以重新定位某个曾经浏览过的内容区域(缺乏有效的全局参照手段,可能需要频繁滚动搜索查找),而使得其作用十分有限。

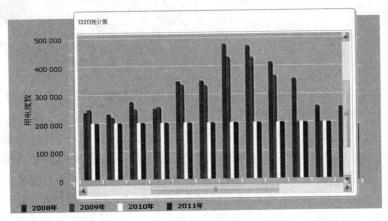

图 7-35　滚动视图

鉴于滚动显示方式的缺陷,人们提出了一种"全局＋细节"的显示方式,即在移动便携设备系统可显示区域中划分出一个相对较小的子窗口来显示全局页面的缩略图,并在上面用矩形框框出当前感兴趣的区域,该区域的细节则显示在另一个相对更大的子窗口中,以全局图中矩形框限定的边界为显示边界,如图 7-36 所示,这就解决了全局参照手段的

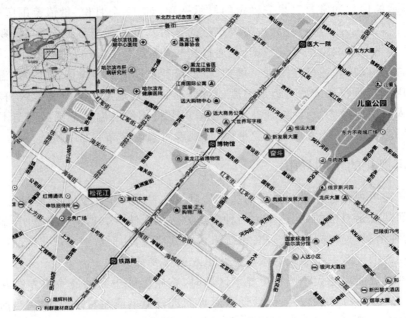

图 7-36　"全局＋细节"显示

问题。另外对于"全局＋细节"的实现,还有一种多分辨率的方案:由于某些情况下,页面所要呈现的数据在不同尺度层级上可以不同的结构形态呈现,此时采用多分辨率的可视化表达,以提供多个概览层次是很好的选择。

"全局＋细节"显示方式的不足之一在于用户在不同窗口间来回移动注视的焦点会增加交互延时,影响用户体验。与"全局＋细节"相类似的一种显示方式是"焦点＋上下文",这种方式淡化了全局的观念,而更加强调当前感兴趣焦点与其周围上下文之间的关联关系,目的是为用户提供一种更加自然的、随着交互动态变化的视觉表达方式,其实现涉及多种变形技术,即通过对生成的可视化图表或者可视化结构,在统一的显示窗口内对可视化呈现页面进行局部变形,达到视图局部细节尺度不同的效果,在实际应用中被广泛使用。典型的变形技术包括双焦视图(Bifocal Views,在平面上采用变形或者抽象方式,压缩显示空间以突出关注重点,同时保持上下文信息的技术)、鱼眼视图(Fisheye Views,模仿摄影器材中广角(水平 360°、垂直 180°)鱼眼镜头的呈现效果,图像呈现径向扭曲,从而在突出了中心重点区的同时又兼顾了周边上下文)、将鱼眼技术应用到二维表框架结构的(针对二维表的)表透镜变形技术(Table Lens,表格中焦点单元格的面积被放大,详细显示其内含信息,而其余单元格则占据相对狭小的屏幕空间,仅显示简单的整体数据统计信息),以及进一步扩展的日期透镜技术(Date Lens,尤其适于屏幕尺寸有限的移动便携设备系统)。

其他应对窄小屏幕的显示方式技术还包括折叠、堆叠、缩放、过滤等技术。折叠的方式将显示内容按照某种顺序关系分为若干页面或者表格列,相对于当前被显示页面或行列,其顺序关系上的前导和后继页面或行列被以前后索引项的方式折叠显示在页面上下(或左右),以便于读者定位当前页面在总体内容上的相对位置,就像只打开一页的小折子。但如果内容分页过多,则不适合这种显示方式,因为虽然单个索引所占行或列空间可被处理得极其狭窄,但页面上下(或左右)两边大量的索引行或列仍旧会强烈挤占有限的显示空间。另外一种类似的方式是堆叠,即把不同类别的窗口按横向或竖向,及开启的先后顺序进行叠放,通常会做成看似立体的效果,用户通过上下或左右拖动、选择操作来挑选需要呈现在前台的窗口,图 7-37 所示为安卓系统采用的应用窗口堆叠方式。

缩放的显示方式意在满足可视化的读者对所呈现内容的宏观或细节层次、清晰程度的要求,读者能够通过方向杆、轨迹球、实体或虚拟按键等方式,缩放调整可视化呈现内容到自己所需的尺度上。关于缩放显示方式,有两个方面的问题需要考虑。

(1)关于分辨率的问题。对于矢量形式的可视化呈现图而言,缩放操作对其显示精细度基本没有影响,然而对于非矢量形式的可视化呈现图(如遥感地图等)

图 7-37　安卓系统采用的应用
窗口堆叠方式

而言,因其具有固定的分辨率,为满足清晰度要求,对其进行缩放的级别相当有限,因而如果应用所要可视化表达的内容范围尺度区间较大的话,可采用的解决方法是准备多幅同一主题区间、不同分辨率的可视化呈现图,并对应读者调整设定的尺度,选择合适分辨率的图定位呈现到屏幕界面。

(2)关于定位的问题。当可视化呈现图被放大时,有限的屏幕界面只能显示出读者感兴趣的局部区域内容,这就又带来了区域位置相对定位的问题,因而缩放的显示方式常与前述"全局+细节"显示方式相结合使用。

为解决狭小屏幕空间的内容呈现问题,基于过滤的显示方式的思路是突出数据信息的重点属性,而缩略或剔除非重点属性,即仅仅显示读者当前正感兴趣的属性,而将其他属性缩略或不予列出,为了满足读者不断变化的属性兴趣点,通常应将这种过滤式呈现实现为一个动态呈现的形式,即随着用户属性兴趣点的变化(依据读者的交互选择)而动态改变并呈现新的突出显示的属性,同时把读者不再感兴趣的、旧的突出属性的显示予以缩略。

7.3.4 空间数据的可视化

此处空间数据定义为描述空间方位的数据,较为常见的空间包括二维平面空间以及三维立体空间等,描述这些空间的数据也相应地是多维的数据,而对于多属性数据单元,若其主属性是表示空间方位的,则也可以将其作为空间数据来处理显示。由于空间中物体的相对方向或位置坐标是人们描述事物属性、状态的重要手段及方式之一,空间数据的可视化应用颇为广泛,归纳起来,主要有以下几种类型的空间数据及对应可视化类型。

(1)描述地理空间的坐标数据。这指的是描述地球地理空间中实际地点的位置坐标的数据,这类数据通常是基于某个大地坐标系(Geodetic Coordinate System)或者地理坐标系(Geographic Coordinate System)给出,常以经纬度为单位。地理坐标系是使用三维球面来定义地球表面位置,以实现通过经纬度对地球表面点位引用的坐标系。而大地坐标系是大地测量中以参考椭球面为基准面建立起来的坐标系,地面点的位置用大地经度、大地纬度和大地高度表示,地理坐标转换到大地坐标的过程可理解为投影。国际国内常见的大地坐标系如 WGS-84 坐标系(World Geodetic System-1984 Coordinate System,美国国防部研制确定,GPS 广播星历的基础)、北京 54 坐标系(BJZ54,参心大地坐标系)、1980 西安坐标系、PZ-90 坐标系(俄罗斯 GLONASS 导航系统在 1993 年采用的地心坐标系)、2000 中国大地坐标系(China Geodetic Coordinate System 2000,CGCS2000)等。有时为了满足实际工程的需要,还会建立一种地方独立坐标系,这是一种高斯平面坐标系。地理空间数据通常作为要被呈现的目标事物的附属属性之一,用以指明该目标事物的分布位置。对于地理空间数据的可视化呈现,自然主要是基于各种类型的地图作为背景,按照数据内容(经纬度坐标),在地图背景中对应坐标位置上以特定符号、图形或目标事物其他属性值进行表示。如果目标事物属性是以有限、固定的选项定义,则常常采取以不同符号或图标表示不同属性的方式进行区别标注。对于表述地理区域范围的数据则可以伪彩色的形式涂绘。最常见的地理空间数据维度是二维空间数据,传统做法是在平面地图上标示目标事物位置及属性,为了能够在移动便携设备有限的显示空间上有效地呈现,通常会采用手动/自动"滚动"方式、"全局＋细节"方式或两者的结合等,有时为了使各个标示的位置在地图全局上更加醒目突出,还可以在平面地图上,以悬在上方的三维的静态或动态图标作为位置标示呈现。在地图形式上,根据定位精度及应用的不同需要,可以提供普通的电子地图、传统的纸质地图扫描图片、卫星拍摄并经过校正的遥感图片,甚至精心绘制的非实景三维地图。对于表述地理区域范围的数据,如果不要求地理的精确性而只是要呈现宏观的属性分布,还可以使用"示意地图"的形式呈现。如今这些技术已经开始在各种电子地图上得到广泛应用。需要注意到的是,目前基于三维形式的空间数据进行事物属性呈现的应用要求逐渐增多,相对于二维形式来说,三维形式地理空间数据多出一个高程(高度信息)的维度,能够更加精确地指示位置,当然这也需要借助带有高程的地图来呈现,如传统的等高线地图或者三维的地形图等,其在有限屏幕上的显示操作方式与上述二维的方式基本相同。

(2) 描述相对位置的坐标数据。这类坐标数据通常所依赖的坐标系是具有实际对应关系参照的相对位置坐标系,一般是采取笛卡儿坐标系(平面或三维)。这类数据应用的主要目的是展现事物之间的相对位置关系,对精度的要求往往不甚严格,有时需要呈现的数据甚至是以简单的上下左右、东南西北等关系来描述,当然也不能排除需要精确方位关系的应用可能。在这类数据的提供形式上,主要是以作为事物属性之一的二元/三元数组(即二维/三维坐标值)的形式出现,对于某些应用中以文字描述的方位关系信息,则需要定义某种规则以将其规范化地转换为相应坐标值。对于这类数据的呈现,首先需要考虑的是呈现区域尺寸的问题,因为一方面所要呈现的有关事物位置关系的视图必定应当囊括所有事物的位置,这个囊括了所有事物位置的视图的尺寸往往不能像某一分辨率的地图一样预先确定;另一方面,移动便携设备的屏幕显示空间是极其有限的,但要提高用户浏览操作的便利程度,应当尽可能使得预期的全局呈现区域尺寸在清晰可辨的前提下接近设备平面尺寸。对于上述问题,需要事先通过对各事物的相对坐标数据的预分析计算得到将要呈现的视图的全局尺寸,并根据显示区域尺寸、预期可分辨程度、人机交互知识等因素确定合理的最终视图呈现比例(相对于计算出的原始尺寸)。与地理空间坐标数据通常基于若干固定分辨率的地图(偶尔也有不基于具体地图的例外情况)不同,通常相对位置坐标数据的呈现由于不依赖特定比例尺度的背景图,而不受背景呈现清晰度的限制,且对纵横比例尺一致性要求较低,因而易于采取基于矢量图的呈现形式,矢量图是可由代码生成的分辨率无关的、放缩不失真的图像,将相对位置坐标数据标示到精心设计的矢量背景图上,可达到更加丰富、易于理解的呈现效果,也更易于灵活地适配到移动便携设备狭小的屏幕空间。图 7-33 是一个利用双目立体视觉技术进行交通事故现场勘查的软件的某个处理结果,其中左侧是所拍摄的事故现场的相片对之一,右侧是根据算法计算所得数据(包括相对位置坐标、对象类型等属性信息)自动生成的事故现场图,由于事故现场的范围通常是不固定的,因而为了将现场情况全部纳入有限的现场图中,采取了矢量图的形式以适当放缩位置关系及对象图形而不影响整体呈现效果。

(3) 描述抽象关系的坐标数据。此处抽象坐标数据指的是与物理世界没有实际对应关系的、虚拟坐标系下的坐标数据,一般基于笛卡儿坐标系、极坐标系等形式表达。这类坐标数据通常用于描述抽象信息,如数值/属性分布、数据范围、二元/三元数据关系等。

对于具有二元数据元素的数据单元集（如由不同的多个区域内的温度传感器采集上传的"温度—海拔"数值的数据集合）来说，可以直接将其视作为抽象坐标数据，其中各元素值分别定义为 X、Y 坐标，从而便于将信息呈现出来，在呈现形式上可以采取曲线图、折线图、散点图等；对于具有三元数据元素的数据单元集（如某一时期内不同区域块内的"区块位置—总降雨量"数据集合）而言，可以参照二元的情况将三元数据信息对应呈现到三维坐标系中，还可以采用气泡图或其他类似的可视化图表形式呈现，即将数据单元其中的两个元素分别对应 X、Y 坐标，而将剩余的一个元素作为额外内容标注在由前两个元素定义的相应坐标点上；对于包含更多元素的数据单元集来说，同样可以在数据单元中选择两个或 3 个数据元素作为二维或三维坐标量，而其他元素作为对应坐标下的目标属性在呈现视图的相应坐标位置上直接列出，或者当屏幕光标划过时动态地列表显示出来，这种情况下为了提高信息呈现的灵活性，还可以将数据单元中数据元素到二维或三维坐标的对应选择交给用户决定，如图 7-38 所示。有时多元的数据集单元中会直接包含给定的二维或三维抽象坐标子集，这就省去了选择确定与坐标轴对应的数据元素的步骤。

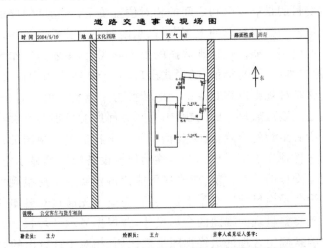

(a) 现场照片对之一　　　　　　　　(b) 根据立体视觉处理相关算法得到的最终的事故现场图

图 7-38　自动绘制的交通事故现场查勘图

7.3.5　顺序数据的可视化

很多情况下，人们在对数据集进行整理时，习惯于将数据按照某种顺序规则安排存储，以利于更有效地进行各种应用目的下数据的选择提取和对比分析，此处将这些被以某种顺序规则排列的数据称为顺序数据。对于数据可视化呈现而言，顺序数据也有利于展现给读者更易被理解的数据事实。在数据可视化呈现任务中，作为呈现基础的数据信息有时是被组织为多元数据单元集合的，此时只要数据集中每个数据单元的某个属性元素是按照一个确定的顺序规则进行排列的，且这个属性元素是当前应用中需要被呈现的主要属性之一，则该数据集同样可视为顺序数据集。为了展现特定的顺序关系，大多数顺序数据的可视化呈现需要应用各种单维坐标系（偶尔也有二维）的形式来表示顺序量，有时为了呈现更加优良的效果，会应用经过精心变形的上述坐标系呈现。

　　根据顺序规则的不同,顺序数据又可以进一步划分为随时间顺序的时变顺序数据及其他不包含时间顺序关系的非时变顺序数据。我们生活在一个三维的物理空间中,并且按照另一个时间维的正方向前进发展着,即人们常说的时光流逝,无疑生活中最普遍的顺序量就是时间,此处将按时间顺序排列的数据信息简称为时间顺序数据。

　　现实工作中,有些数据的收集整理是按照周期性的时间顺序循环进行的,对应地,在进行可视化呈现时就要按照应用的特定要求以周期性的时间顺序对数据进行统计及显示(例如通过对历年降水量数据的统计,将历年中每个月的平均降水量以直方图或饼图的形式呈现出来),将这种类型的数据称为周期性的时间顺序数据,周期性时间顺序数据的特点是时间范围固定,时间点上的数据内容周期性累积,因而具有确定的、有限的呈现区间,这也有利于对呈现形式进行提前规划设计,从而能够更好地利用有限的屏幕显示交互空间。对周期性时间顺序数据的呈现可选择使用一维时间坐标、直方图、条形图、折线图、时间轴图、面积图等坐标图表形式,由于呈现区间是有限确定的,也可采用饼图、玫瑰图(极区图)等非坐标轴的图表形式来呈现。

　　相对地,是其他非周期性的时间顺序数据。对于非周期性时间顺序数据的可视化呈现,如果需要呈现的是描述型信息,通常可采用一维时间轴坐标形式,如果需要呈现的是数值型信息,则可以采用其中一个轴设定为时间轴的二维笛卡儿坐标系,具体可采用直方图、条形图、折线图、面积图等图表形式。不同于周期性时间顺序数据的区间有限性,由于时间顺序的无周期对应的向前延伸性,非周期性时间顺序数据的可视化呈现需要占用更长的坐标区间,这个长度最终需要根据数据信息量来确定。

　　对于静态呈现的应用而言,需要呈现的总时间跨度(或总时间数据量)是确定的,如果该跨度(或数量)不是很大的话,可以采用曲折显示(如蛇形回旋或螺旋向外的)的方式,如图 7-39 所示,将沿时间轴分布排列的所有数据尽量全部、同时呈现在屏幕上的可视区域内;如果该跨度(或数量)较大的话,时间轴将会延伸得很长,此时对于时间数据的呈现有以下几种常见做法。

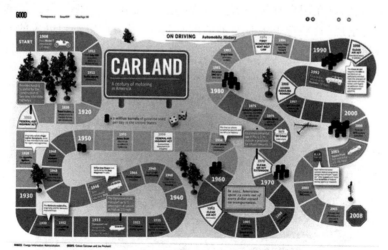

图 7-39　曲折时间轴展示

（1）采用滚动条或触摸滚动的方式，如图 7-40 所示。这是最简单、传统的一种方式，有限的屏幕空间只能显示时间坐标轴的一个片段，需要通过控制对应的滚动条来调整屏幕上所显示的内容区段，其缺点是缺乏对全部待呈现数据的变化趋势情况的全局视角。

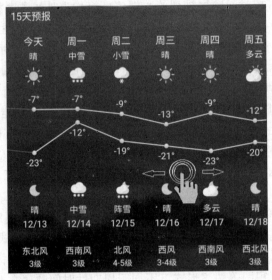

图 7-40　触摸滚动的方式

（2）采用压缩时间轴的方式，如图 7-41 所示。如果相应的可视化应用更关注全局的趋势而较少或不必关注细节，则可以采取这种压缩时间轴的方式，即只在时间轴上标记那些对于当前可视化应用来说关键的、重要的时间节点信息，忽略其他的一般化细节（对于需要以二维呈现的、随时间变化的、需要连续接线的数值信息，在时间节点值各点连线时，视情况需要可以直接忽略掉不重要的时间点值，也可以只画出压缩了时间轴向长度的简略线形）。为了给用户更多的信息呈现，并提高用户交互效果，更细致的做法是仍旧保留大量一般细节信息，以在用户有额外需要时想办法呈现出来，一种比较合适的做法是设置一个或多个动态出现的、平行于主时间轴的副时间轴，当用户想看到更多的非关键时间点信息时，通过设计适当的交互方式，显现副时间轴并于其上显示两个选中关键时间节点之

图 7-41　压缩时间轴的方式

间更细致的、以时间顺序排列的数据信息,如果数据信息过多,则可以进一步采取多层副时间轴的方式,将两个选中关键时间节点之间的数据根据其重要程度,或者用户通过交互指定的关注属性,并行分层排列呈现。

(3) 采用缩放的方式,如图 7-42 所示。在这种方式下,首先呈现一个缩略的全局视图,用户按其自身需要通过放大、缩小操作得到跨度适中的感兴趣区间详细视图,为提高交互便利性,一般需要结合前述滚动方式,但仍旧不甚方便。

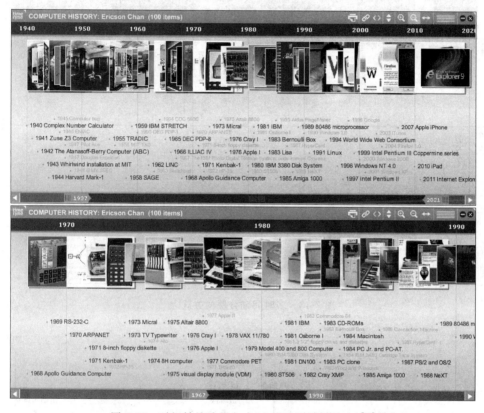

图 7-42　时间轴缩放的方式(上图缩短下图放大)[11]

(4) 采用关联多时间轴分层的方式,如图 7-43 所示。这种方式可以采用双时间轴形式来实现整体导航局部的效果,即一个较短的全局时间轴(有时带有滑动窗口)和另一个长度适中的局部时间轴,用于显示用户在全局时间轴所选定的时间单位或滑动窗口内时间段上的具体时间轴内容,有时如果时间跨度相当长或者定义了多层次长度区段(如世纪、年代、月份等层次),则还可以用更多的时间轴来实现。

(5) 采用折叠时间轴的方式,如图 7-44 所示。这种方式相当于一个局部缩放的方式,做法是将时间轴按照某种分段规则分为若干适合有限屏幕空间的页面(就像一个屏风的每一扇折叠面),在初始视图呈现时只显示各分段点的信息(就像屏风被全部折叠起来的样子,只能看到屏风的每个折叠接合柱),当用户点击某个分段点时,则展开相应的时间轴分段,呈现该分段内的细节信息(就像只展开屏风的某一扇折叠面一样),而当用户变换选择其他分段时,则折叠收起当前展开的内容,而代之以展开新的被选分段。

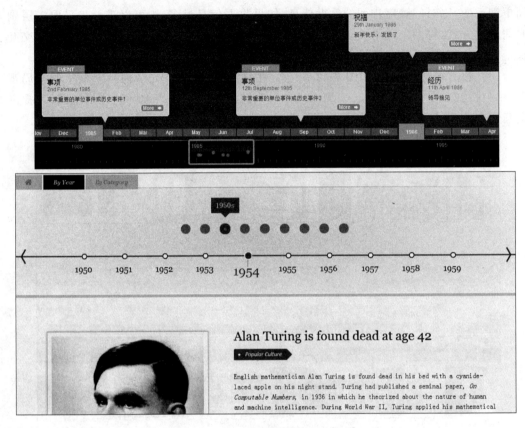

图 7-43　多时间轴分层的方式[12,13]

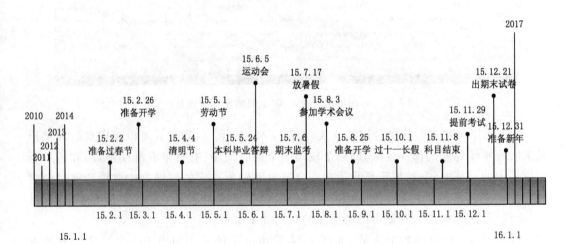

图 7-44　折叠时间轴的方式

　　对于动态呈现的应用而言,需要呈现的非周期性时间顺序数据是随应用时间不断刷新递增的,这种情况下对于数据信息总量而言存在着不确定性,鉴于移动便携设备有限的硬件配置空间,应当对可视化应用在存储深度(即可用存储容量)上设限,以合理利用有限的存储空间。非周期性时间顺序数据的动态呈现往往包含一个定时刷新呈现的过程,每一次更新最新数据信息后,将暂时保持在一个新的数据总量状态,于是对数据信息的呈现可以参照上述各种静态呈现的方法(但要考虑好系统处理能力与刷新频率的匹配问题)。实际应用中,动态呈现的当前显示内容通常应当定位在处于追加新数据信息状态的末尾内容区段,以方便观察数据的最新动态趋势,如某只股票的价格波动曲线的变化呈现。

为便于各种不同目的应用,时间不是一定要遵循的顺序量,时变顺序数据类型之外还有其他更广大的非时变顺序数据类型,如首字母顺序、编号顺序、区域顺序、数量(大/小)顺序、色彩顺序、距离顺序等,如图 7-45 所示。对于这些顺序数据类型的排列呈现,最容易想到的做法便是将上述时间顺序数据呈现方式中的时间坐标轴转变为所需的特定顺序量。

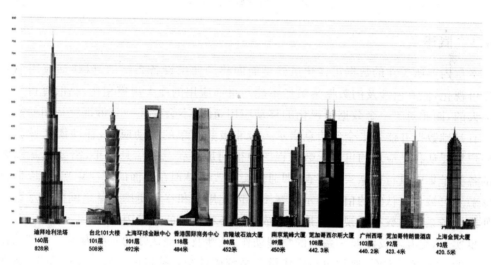

图 7-45　摩天大厦的高低顺序排列

7.3.6　描述型数据的可视化

描述型数据信息是对目标事物多方面属性进行集中描述的数据信息,描述型数据信息的存在形式通常是特定语言的文本信息,偶尔也有利用编号或编码形式表达的、表面上是数值形式的情况,此外由于图形图像形式的信息可看作对事物的视觉角度上的描述,本书将这类信息也暂归为描述型的数据信息。实现描述型数据信息的可视化,就是要解决描述转化为图表呈现的问题,可行的办法是首先把描述分解,并将分解得到的词语元素对应格式化为多个以标准描述表达的预定义属性信息,然后将这些属性信息组合成一个多元信息集合作为可视化基础数据集的一条完整数据信息(有时移动便携设备系统所获取的源数据本身已经是被整理好的多元数据集),最后利用各种图表技术将描述型数据信息呈现出来。

很多描述型数据集的数据信息单元之间都暗含着如包含、从属、并列、继承、依赖、因果等逻辑关系,这也包括图形图像集,即同一集合内的图形图像单元之间也往往具有某种关联关系。在设计最终的可视化呈现时,可以针对各种类型的关联关系线索考虑合适的图形图表方案,以将所要描述的内容尽可能清楚地呈现出来。例如,对于库存的桌椅板凳的配件的类型、数量及装配等描述信息,可应用精心设计的系统树图来表达呈现,如图7-33(b)所示;有关家族谱系、机构组织框架的信息,可用个性化设计的组织图或谱系图来表达呈现,如图7-33(a)或图7-34(a)所示;对于某数据指标始终不达标问题的多原因列举及分析描述,可以应用鱼骨图(因果图)的形式来表达呈现,如图7-34(b)所示;对于有待重组复原的重要事物(化石、器物或文字图画载体等)的各个已获碎片的图形图像描述信息,则可以根据可视化呈现目的,创意性地采用某种二维或三维图形图像拼图的形式(可借鉴一些平面拼图或立体拼接游戏的呈现形式),或者基于坐标的网格填充的形式等。

7.4　可视化交互

7.4.1　概述

本章内容所关注的数据可视化虽然是面向移动便携设备系统的、以移动应用为主的数据可视化,但其所涉及的数据集虽然不能与桌面应用的庞大规模相比,仍旧算得上是较为庞大的,因此对于一个数据可视化的移动应用,往往不会仅凭一个可视化视图就能包括到所有基础数据并能带来全部信息启示。若非极其简单的移动应用,移动便携设备系统的用户想要从移动应用的可视化数据视图中得到足够满意的信息结果,需要在基础数据集的各类子集中进行交互式的探查,即通过交互改变呈现在界面的可视化视图,以期获得能够触发可被自己认知的信息启示的视图。因此用户和移动便携设备之间的交互也是移动便携设备系统的数据可视化应用得以成功的必不可少的关键因素之一。

事实上,交互不仅涉及一系列的物理动作,还涉及心理认知的一些内容。物理动作属于交互的一个直观方面,通常包括操作设备系统硬件交互接口的一些主动的动作,例如用辅助书写笔或若干指头在屏幕上有目的地滑动或划过、按下设备上提供的各种功能按钮、用手指操作设备上可能提供的方向杆,甚至用语音命令或对着摄像头移动视线等,各种类型、目的的可视化应用都能从这些五花八门的交互操作方式中找到最适合的那一个。

作为一个在可视化交互开发中不得不考虑的问题,心理认知这个主题属于交互的一个非直观方面。只有用户懂得了正确的交互操作方法才能采取正确的交互物理动作。无论何种交互方法都是应用开发者的设计产物,是从其本人对交互便利性的认识出发的观点思路,所设计的交互操作方法能够在多大程度上被广大用户所理解,以及用户对操作便利性的满意度,最终都需要承受实践的检验,但如果打算仅仅依赖实践的检验,那么在可视化应用发布后,即使真的发现设计上的预想确实与实际情况存在较大偏差也为时已晚,很难再有重新设计修正的回旋余地。事实上,那些贴近大多数用户对移动便携设备上应用程序的操作理解及应用习惯的交互方法更易被接受,同时也意味着对应的可视化应用的成功。

为了尽量减小设计上失败的可能性,同时尽可能提供更好的用户应用体验,以此提高用于移动便携设备系统的可视化应用产品的竞争力,目前在设计交互方法及方式时,首先应当对人类认知特点、人机工程学等与人机交互有关的理论进行认真的学习和研究,交互方法的设计必须考虑到最广大用户的心理认知习惯以及操作的便利、舒适程度,在发挥自己创意的同时应当注意尽量避免设计那些与对象用户群的心理认知习惯相差甚大的、用户使用起来甚为不便的交互方法。如果遇到需要在有限的交互物理措施下实现大量、复杂的交互操作而不得不削弱用户易用性限定时,有必要通过编制帮助文件或界面上的初次使用引导来协助用户熟悉使用所设计的交互方法方式,对于某些更加专业化的应用(可能涉及一些专业相关的知识和操作规程),还需要对用户进行使用前的培训,以使其尽快熟悉较为专业的交互方法步骤和可能的快速操作技巧。其次,在设计交互方法及方式时还建议充分借鉴前人成败的经验,搜集并参照某些可适用于移动便携设备系统交互设计的经验法则,以提高交互设计方法方式的实践成功率。

7.4.2　常见交互方式

总的来说,服务于数据可视化应用的交互方式按照各自的特点可有单页面与多页面、主动与被动、智能与非智能、控件交互与视图上交互等不同对比之分,此处按照操作方法将常见的交互方式归纳为以下几种类型,即逐步深入式交互、即时反馈式交互及融合上述多种类型的混合型交互。

1. 逐步深入式交互

这是一种适合较小显示屏幕的(因而尤其适合移动便携设备系统)、分页探索式的、具有一定被动性(必须对既定选项做出选择)的交互方式。有时为了实现更具针对性的、更精准定位的信息的可视化呈现,可视化应用要求用户在最终视图呈现之前即时、逐项给出多个具体化过滤条件,此时这些用于筛选过滤的条件可看作为一条主线,逐步深入式的交互就是沿着这条主线进行交互的方式,因而可以看得出,这种交互方式更多地是用在完整的可视化视图最终呈现之前,为确定用户最终需求而进行的可视化数据信息筛选的交互阶段。对应地,这种交互方式的应用通常要设计一系列引导页面的序列,其中每个页面的内容都有关于特定的过滤条件设置,而用户在操作时需要跟随既定的页面顺序(即主线顺序),渐次设定每个页面上的条件过滤选项,以逐步深入细化满足自己需求条件的可视化数据选择,直至最终得到适合自身需求的视图结果。另外,在这种渐进的、逐步深入的交互方式进行时,还可以在各个条件过滤页面中,利用尺度合适的可视化图表将截至当前页面所选过滤条件限定下的中间结果可视化地呈现出来以供用户参考。逐步深入式的交互方式其实可以看作为具有自动辅助引导用户进行关键控制条件设置功能的一种傻瓜式的交互方式,帮助可视化应用用户,尤其是初入门用户解决了对控制条件进行设置的选项、顺序、范围等原则问题,但是这种交互方式在设计时应避免设计过多的设置引导页面而耽误太多的开发资源,且还要避免引起用户的交互疲劳(就像拆了若干个盒子,里面总是又有另一个盒子,感觉怎么也拆不到头)而影响交互的综合效果。

2. 即时反馈式交互

在即时反馈式的交互方式下,可视化应用的数据可视化在应用开始就以某种默认的初始状态呈现在屏幕上,尤其对于移动便携设备系统有限的屏幕范围,这种默认的初始状态往往是一种信息被压缩隐藏的概览状态,在这个初始可视化视图的基础上,允许用户根据对可视化显示内容的观察,通过对各种界面控件元素的操作来即时地调整在单一的当前页面上所呈现的可视化的内容,因而较之逐步深入式的交互,反馈式交互的主动性更强一些。这种交互方式的一般界面样式是将各种已定义的操作选择项,表现为滑动条、单选框、复选框、列表框等类型的控件摆布在可视化窗口周围区域,或在可视化窗口内设置指针敏感区。利用这种交互方式,用户可以根据自己的想法,在单一的当前页面显示空间内,通过调整个性化选项或定位选项等控件手段,去调整可视化的显示内容甚至呈现方式(如滚动放缩式、折叠式等),并能够即时获得由自己的操作选择所引起的数据变动而导致的可视化呈现结果的动态反馈,从而经过若干次调整最终达到自己的可视化目的。即时反馈式交互适用于那些专业化、实时化或者灵活化的可视化应用,这些应用中控制条件参数项的设置往往更为灵活多变,有时要设置所有控制参数项,有时仅设置其中的某几个或一个控制参数项即可,但大都要求对控制参数项所做的设置改变能够即时地反映到可视化呈现结果上,且大部分情况下,对于控制参数项量值的选择往往没有确定的范围或可选项,只能通过连续调整对应量值并观察对应导出的可视化结果才能得到满意结果,这就不能用某种简单的引导设置路线囊括所有可能的筛选过滤操作需求,且引导设置的方式也明显无法满足实时反馈修正的需求,此时最合适的方法就是从设置到最终数据可视化结果呈现方式皆由操作者主动操作完成,而没有任何辅助导引的参与,但由此也使得可视化内容的动态反馈成为可能。当然,考虑另一个极端,即如果可视化应用简单到控制条件参数寥寥无几,则此时使用这种方式也是比较合适的做法。

3. 混合型交互

这是上述几种交互方式的相互综合,因而具体形式不一而足,能否在设计上将多于一种的交互方式灵活地结合并获得易于用户理解的、较为理想的呈现效果,取决于对上述各种交互方式及其他未予归纳的、可能的交互方式的理解和创意发挥。

7.4.3 新兴交互方式

除了以上传统概念上的交互方式外,近年来随着音频、视频等传感器技术的普及和发展,基于语音、手势动作等的新兴交互方式成为服务于移动便携设备系统数据可视化的用户交互技术的有力补充。由于采用非直接、非接触的信息传递手段,这些新兴交互方式的普遍特征是需要内嵌具有适当精度的音频或视频等高级传感器、需要能够对语音或图像等进行精确处理分析的智能算法的支持,因此在软硬件成本上会有一定的提高,目前通常用在高质高成本解决方案中,当然也不排除使用低档音/视频传感器及粗糙算法的低成本劣质解决方案的存在。

在音频交互方面,研究目标主要体现在更具复杂度和挑战性的语音指令技术上,即在语音接收就绪状态下,用户说出操作指令(需要遵照指令的用语规范),可视化应用程序接收到指令语音后对其进行算法解析,得到对应的指令文字(正确程度取决于算法识别率),然后根据指令文字执行对应的数据可视化操作指令(如放大、缩小、左移、右移、展开等),从而将按照语音指令而获得的可视化结果呈现在界面上,或者对当前屏幕呈现内容依照指令执行结果进行动态改变。在提高语音识别率的基础上,语音识别技术领域的最新发展前景更加具有高级人工智能的色彩,即对于说话人的分辨识别、对于说话人语气语境的辨识分析以及对于所识别出来的语句进行的自然语义理解,而更高的要求则是要基于语气语境进行非字面意义上的真实语义理解。目前在这种结合人工智能的语音交互技术的应用上,微软近年来在机器学习和人工智能领域方面做得比较成功,在其 Windows Phone 8.1 操作系统上推出了全球第一款基于人工智能语音交互的个人智能助理"Cortana"(微软小娜),与其他系统上的语音助手相比,"Cortana"不是简单地基于存储式的问答,而是采取对话的形式,除了日常事务的跨应用的协调安排,还可以让她唱歌、模仿或者讲笑话、问随便想到的问题等,她不是单纯强调效率和用途的工具型人工智能,而更强调情感连接,希望以此重新定义人与人、人与机器间的关系。图 7-46 展示了一个与"Cortana"进行随机对话的场景。

图 7-46 与"Cortana"进行随机对话

用户说:你认识比尔·盖茨吗?

语音回答并显示:认识啊,几乎天天见。

用户说:Google now 和你相比谁更好?

语音回答并显示:我很少花时间和别人比较,而是专注于如何让自己变得更好。

在视频交互方面,研究目标主要体现在非接触的手势识别、目光焦点跟踪等技术方面。由于数字图像实时采集及处理技术受硬件技术水平的制约而发展较晚,且数字图像数据属于二维数据,处理算法需要面对大量数据和即时处理的要求(交互操作要求尽可能高的实时性),相较于基于音频的交互技术,基于视频的交互技术在硬件资源、性能都十分有限的实际移动便携设备系统产品应用上还显得较为初级。在基于视频交互的典型场景中,用户为了定位浏览想了解的可视化信息,就要在靠近屏幕的地方、在用于识别的摄像头的视野范围内,按照自己的操作意愿(如放大、缩小、左移、右移、展开等),参照预定义的手势规范,做出手势动作,摄像头捕捉到手势动作后由图像处理算法进行尽可能快速的识别,并与预定义的手势动作进行匹配,确定相符合的手势及所代表的可视化操作,然后执行这个操作并将最新的可视化操作结果动态地呈现在屏幕上反馈给用户,以供其判断是否得到了满意的结果,如果不满意,则再次进行上述过程直至屏幕呈现满意结果为止。值得指出的是,在相同识别率情况下,实际上基于视频交互的速度如果令人满意的话,其控制精度和灵活程度要优于基于语音的交互方式,只不过视频交互在软硬件成本上要更高。图 7-47(a)所示为一些常见的手势的例子。手势识别技术之外,目光焦点跟踪技术属于更高端的基于视频的交互技术,即通过确定实时采集的图像中操作人的目光焦点并实现持续跟踪,来判断他的操作企图,从而完成可视化交互操作。可以看得出,目光焦点跟踪技术的算法中包含了更多的人工智能成分。令人鼓舞的是,这种技术不再是想象中的东西,2013 年丹麦哥本哈根信息技术大学的博士生创立了 Eye Tribe,并在 CES 2013 上展示了其面向开发人员的眼球追踪/控制技术,即通过跟踪用户的眼球运动来对设备进行控制,并可以达到一根手指的精度。图 7-47(b)显示了利用这个技术玩经典切水果游戏的画面以及 Eye Tribe 对人眼目光的定位展示。

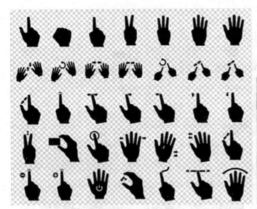

(a) 常见的手势

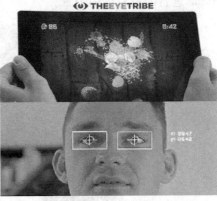

(b) Eye Tribe眼球追踪/控制

图 7-47　基于视频的高级交互技术

7.5　未来数据可视化技术展望

展望未来,随着科学技术的日益进步,新理论、新材料、新工艺的发展,会有很多梦想中的或意想不到的新型显示技术被探索、开发直至走出实验室,大量应用到数据可视化应用中,使我们的生活更加丰富和便捷。本节试列举几种人们目前能够想象得到的技术,这些技术中有的已经初见成果并即将实用化,有的还只是在概念研究中初见端倪。

(1) 无线网络化智能数据收集。目前对于移动便携设备系统上数据可视化应用的基础数据收集,主流的思路还是以各类传感器的采集以及数据文件的导入为主,这就需要设备系统在工作时处于采集现场,如果采集点众多并分布广泛,虽然目前普遍使用 RFID 等非接触数传技术,但仍需要设备系统对各采集点进行到场遍历,而更好的解决办法是将各采集点的终端采集设备组网(如 ZigBee 网络),然后设备通过网络统一收集各采集点所采集的数据,但与台式计算机不同,移动便携设备系统的应用环境决定了其链接各种数据网络的最佳方式是无线接入,这种情况下数据传输的带宽与稳定性相比于有线接入在某些不利情景下会大打折扣,因此往往还要从算法和协议上研究解决稳定性、正确率等问题。

另外,某些统计应用背景下,可基于人工智能技术对网络上的有关信息进行过滤收集及可靠度检验,并以收集的信息为基础进行可视化呈现。

(2) 裸眼 3D 技术。普通的 3D 显示技术大都是在图像上做文章,需要人们佩戴特殊的眼镜来观看,因而难以想象用户会佩戴着特殊的眼镜操作便携设备并浏览可视化结果。因此能够摆脱眼镜束缚的裸眼 3D 技术将会更易于应用到移动便携设备上。目前已经有多家技术部门在研究开发如图 7-48 所示的裸眼 3D 技术,该技术的研发主要分化为两条路线,一条是从硬件设备入手研发,一条是从显示内容的处理入手研发。主要的技术方案包括光屏障式技术、柱状透镜技术、指向光源技术、直接成像技术等。当前对裸眼 3D 技术的研究大都还处于研发阶段,尚未完全成熟,在分辨率、可视角度和可视距离等方面还有待提高。

(a) 手机裸眼3D　　　　　　　　(b) 平板设备裸眼3D

图 7-48　裸眼 3D 技术

(3) 影像投射技术。即移动便携设备上的投影技术,如图 7-49 所示。传统的投影技术发展起来后,人们逐渐萌生了摆脱移动便携设备上有限的显示空间束缚,将显示内容投影到大屏幕上的想法。这对于移动便携设备系统上的数字可视化呈现空间的问题而言,是一个最接近现实的良好的解决方案。但由于原理上的限制,投影设备在兼顾亮度、清晰度、分辨率等的良好指标与功耗、散热等问题下,很难做到模块化,因而目前普遍的解决方法是将移动便携设备与独立的外部投影设备通过有线或无线的方式相连接,借助外部投影设备将所要呈现的内容放大投射出来。这种方式的缺点是必须得到具有特定接口的外部投影设备支持,限制了应用的移动性,虽然目前出现了很多口袋式的移动便携系统专用投影设备,但仍然不甚方便。经过不懈的探索努力,近几年一些厂商已陆续推出了几种投影模块并集成在移动便携设备上,在投影集成化方面迈出了关键的一步,但在体积、分辨率、功耗等方面仍然存在很多不足之处,导致较低的选用率,这些问题尚待基础科技的发展来最终解决。

(a) 手机投影　　　　　(b) 腕式虚拟投影　　　　　(c) 手机投影效果

图 7-49　影像投射技术

（4）激光全息 3D 技术。这是一种最具科幻感的技术，在很多科幻电影中都曾有过不同形式的展现，尤其是大多数看过电影《星球大战》系列的观众都对这种技术有着深刻的印象（图 7-50）。科学地讲，激光全息 3D 技术是一种在三维空间中投射三维立体影像（注：此处的影像为物理上的"立体"而非单纯个人视觉感官上的"立体"）的未来显示技术。不同于裸眼 3D 技术的有在很小的观看视角区间内才能看到 3D 立体效果的特点，全息影像允许观察者四处走动，从任何一个角度都能看到 3D 立体效果。图 7-51 所示是一种典型的激光全息 3D 技术应用设想。在图 7-51(a) 中，医生能够对面前的心脏全息图像进行全方位观察及自如的触碰，来对投射的 3D 心脏结构进行操作，以全面了解和探寻患者心脏的三维空间解剖；在图 7-51(b) 中，将要共同讨论的信息以全息 3D 的形式投射到有目共睹的合适空间，有利于交流与理解。目前激光全息 3D 技术，尤其是小型化、模块化技术仍然走在探索的道路上。近来，还出现了一种简易变通的思路，即"个人全息"技术，该技术通过追踪人眼的视角位置，基于全息图像数据模型计算出实际的全息图像，再通过特殊的指向性显示屏幕将左右眼的立体图像精准投射到人眼视网膜中，从而使人眼产生和实际环境感觉一样的视觉效果，如图 7-51(c) 所示。这种全息技术形成的全息图像是基于人眼视角位置而成像的，只适合于一个人观看，而并非是真正严格的、物理意义上的全息成像技术。

(a) 手持全息影像设备

(b) 全息影像记录回放

图 7-50　《星球大战》中的激光全息 3D 技术

(a) 虚拟全息心脏　　　　(b) 交互式全系投射　　　　(c) "个人全息" 技术

图 7-51　激光全息 3D 技术

7.6　本章小结

- 数据可视化的核心任务是帮助计算机用户更快捷、有效地从大量数据中提取出有用信息。

- 数据可视化对移动便携设备在有限的掌上交互空间发挥信息呈现及挖掘作用很重要。
- 可视化就是创建那些以直观方式传达抽象信息的手段和方法。
- 数据可视化包含了对信息进行记录保存、帮助对知识原理的理解学习、引导读者对数据的推理分析、推动信息的传播等功能。
- 移动便携设备系统对于数据可视化的限制包括显示空间有限、移动性强、获取信息以数值型为主、高反馈实时性、特定物理交互手段、低功耗、易受外部环境影响等。
- 从数据准备到最终可视化的实现通常要经过数据获取、数据整理、数据挖掘、数据组织、数据表述、修饰、交互等几个步骤。
- 移动应用的常见数据输入包括数值型数据、描述型数据及关系型数据。
- 数据可视化呈现就是选择一种合适的数据呈现形式,将基础数据所包含的内容以尽可能易于更多人理解记忆的方式表达出来。
- 移动便携设备系统的用户需要通过交互改变呈现在界面的可视化视图,以期获得能够触发可被自己认知的信息启示的视图。
- 那些贴近大多数用户对移动便携设备上应用程序的操作理解及应用习惯的交互方法更易被接受,同时也意味着对应的可视化应用的成功。
- 常见的交互方式可归纳为逐步深入式交互、即时反馈式交互及融合上述多种类型的混合型交互等几种。
- 基于语音、手势动作等的新兴交互方式成为用户交互技术的有力补充。

思　考　题

[问题 7-1]　信息可视化的处理对象通常都有哪些?
[问题 7-2]　试举一个广义的可视化形式的例子。
[问题 7-3]　用于可视化的基础数据的类型及获取途径有哪些?
[问题 7-4]　数据挖掘的一般步骤和常用方法都有什么?
[问题 7-5]　如何解决可视化的呈现空间有限性问题?
[问题 7-6]　为什么需要可视化交互?

移动便携设备系统的测试

本章学习目标
- 掌握关于测试的基础知识；
- 熟悉移动便携设备系统测试的一般过程；
- 熟悉测试的基本技术；
- 熟悉软件系统测试的相关内容；
- 熟悉硬件系统测试的相关内容。

第4.6节提到了在移动便携设备系统的设计开发中进行测试的重要性，本章将进一步全面地、系统地讲解移动便携设备系统测试的相关内容。首先对有关测试的一些基础性知识进行了介绍，然后叙述了针对移动便携设备系统设计开发的测试工程过程的一般流程和内容，接下来，更具体地对移动便携设备系统通常包含的两大子系统：硬件系统和软件系统的测试内容和方法分别加以讲解。在这些技术性的内容阐述之后，对系统测试过程的管理也给予了简要介绍。

8.1 测 试 基 础

8.1.1 测试的目的

首先列举几个有关测试的说法。

(1) 测试是为了发现错误而执行操作的过程。

(2) 测试是为了证明设计有错，而不是证明设计无错误。

(3) 一个好的测试用例是在于它能发现至今未发现的错误。

(4) 一个成功的测试是发现了"至今未发现的错误"的测试。

……

上面这些说法从各个角度扼要地阐述了测试的含义，虽然大都是针对软件测试的，但实际上同样适用于以软件系统为应用主导的移动便携设备系统的测试。

对移动便携设备系统进行测试的主要目的是为了防止软、硬件缺陷所造成的系统失败，系统失败的后果可能只是给用户带来不便，例如错误的硬件设计或软件故障导致移动便携设备的音频播放功能失效，但也可能会造成灾难性的、可能导致人员伤亡的后果，例如 GPS 定位给出错误信号或无法工作，造成导航至错误的危险地带或人员迷路，因此必须从最坏方面考虑,对测试工作给予足够的重视。

缺陷总是无处不在,从立项到需求分析、设计、开发、测试再到公开使用的过程中,都有可能发现设备系统的软硬件缺陷。大量现实案例证明,修复缺陷的费用随着系统开发和发布进程的向后推移而呈指数级增长。在设备系统开发阶段修复或改正软、硬件缺陷通常花费有限,但当设备系统发布后在最终用户手中发生系统失败,对解决方案的实施却可能需要花费甚巨,甚至耗尽整个产品的利润。

对于每个具体开发项目,如何组织适合该项目的测试取决于需要借助测试达到何种目的。如果确定了测试的目的是为了尽可能多地找出错误,那么测试工作的重点就要直接针对系统中被设计得比较复杂的部分,或者之前的测试中出错比较多的位置;如果确定了测试目的只是为了给最终用户提供具有一定可信度的质量评价,则测试的重点就应该针对实际应用中会经常用到的场景假设。

8.1.2　测试的必要性及策略

所有的测试,不论是普通的软件测试还是作为嵌入式系统子类的移动便携设备系统的测试,它们的中心任务都是验证和确认其设计实现是否符合需求规格说明的要求,并在验证过程中找寻系统的缺陷。即使通过有效的测试仍然没有发现错误,这个测试也是有价值的,它使测试人员及设计开发人员对设备系统的质量"心里有底",且完整的测试是评定测试质量的一种方法。

另外,尽管大家都知道采取措施来预防缺陷会比事后发现并改正缺陷要好,但现实是目前还难以设计开发出理想的、无缺陷的系统。因而在目前的系统开发过程中,测试必须作为一个基本要素存在,以尽可能提高系统的品质。

对于每个测试过程,从系统的调试和可接受性方面来说,发现缺陷是最关键的部分,但对于测试人员来说,其目标应当不仅是要尽可能早地找出软硬件系统的缺陷,并且还要确保其得以修复,这才能更加体现出测试工作对于所设计的设备产品成功的重要价值。

设计良好的测试可以作为一种通用的度量方法,其重要作用在于系统产品质量的保证、功能的验证和确认以及产品可靠性的评估等。正确性和可靠性测试是产品测试的两个主要方面,目的在于验证和确认产品质量是否符合用户要求,这不但要验证产品所实现的功能是否是正确的,同时还要确认产品所实现的功能是否是用户所期望的。

客观地说,对设备系统进行完全测试通常是难以办到的。因为要想全面地对系统进行测试,首先所需的测试输入量往往是巨大的,尤其是涉及数字信息的输入(数字的输入范围很可能接近无穷);其次对应于输入的输出结果也会太多;另外软硬件的执行路径也很有可能数量繁多;最后,设备系统的规格说明书通常是主观的,从旁观者的角度来看可能会存在缺陷。上述这些因素夹杂在一起,就构成了一个巨大而难以进行的测试条件。因而必须做出取舍和让步,当然这与开发机构对系统测试的投入也有一定的关系。但是每个项目的测试都会有一个最优的测试量,测试量和发现的缺陷数量之间的关系如图 8-1 所示。

如果试图测试更多情况,费用将大幅增加,而缺陷漏掉(主要是软件缺陷)的数量在达到某一点后将没有显著变化。如果减少测试或者错误地确定测试对象,虽然费用会很低,

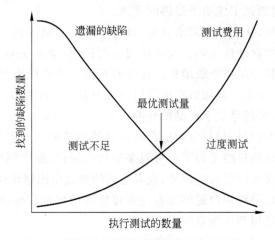

图 8-1 测试量和发现的缺陷数量之间的关系

但却会漏掉大量缺陷(主要是软件缺陷),因而设计和计划测试的理想目标是找到最优的测试量,尽量使测试不多不少,即如何把数量巨大的测试选项减少到可以控制的范围,以及如何针对风险做出明智的抉择,采纳重要的测试,忽略不重要的测试。

实际测试中,其实并非所有被发现的缺陷都必须修复,因为常常会存在一些难以避免的原因。

(1)缺乏足够的人力资源及时间。大多数项目中,测试人员的占比相对较低,且软硬件开发及完成时间后延,导致测试工作任务繁重、时间紧迫,只能被迫压缩测试内容。

(2)不好确定是否真正的软件缺陷。某些情况下被认为是缺陷的内容,可能经历随时的需求变更后,却成为正常功能,或被废弃不用,另外还有可能出现理解错误、测试错误等人为误差。

(3)修复的风险太大。所谓牵一发而动全身,尤其是对于集成测试、系统测试等后期阶段测试,修复一个不太紧要的缺陷却很有可能导致其他新的缺陷的衍生,在紧迫的产品发布进度压力下,这种修复所冒的危险将会很大,此时采取保守的做法,对所发现的非关键缺陷加以忽略,以避免造成新的、未知缺陷的做法反而是更安全的举措。

(4)出于成本价格因素考虑,不值得修复。出于商业风险决策的结果,很多时候不常出现的软件缺陷和在不常用的功能中出现的软件缺陷可能会被放过。

如何以最少的人财物资源投入,在最短的时间内尽可能多地发现并修复软硬件系统的缺陷以完成测试,保证设备系统的优良品质,始终是测试工作所探索和追求的目标。每个设备产品开发项目都需要一套有针对性的、优秀的测试方案和测试方法。影响设备系统测试的因素很多,如设备软硬件本身的复杂程度、开发人员(包括分析、设计、编程和测试的人员)的素质、测试方法和技术的运用等。这其中有些因素是客观存在的,无法避免,而有些因素则是易变动的、不稳定的,如项目组新老替换的人员流动因素,不但影响项目组的技术能力和持续性,还影响项目组人员的工作情绪,最终可能会降低完成质量。那么如何保障系统软硬件测试质量的稳定?答案是要提前制定充足有效的测试用例并加以备案。无论哪个测试员实施具体测试,都要求参照对应的测试用例实施,则可以尽量地减小人为因素的影响,从而保障测试的质量。即便最初制定的测试用例考虑不周全(这是不可避免的),但随着测试的进行、经验的积累,不断对测试用例库的版本进行更新,会使得测试用例日趋完善。

8.1.3　移动便携设备系统测试独特性

虽然从用户的角度看,都是在操作应用软件以达到自己的目的,只不过便携性与可观性有所区别,但从技术的角度而言,嵌入式移动便携设备系统(尤其是软件子系统)的开发,与普通的纯软件系统相比有着自身的一些独特性,因而对移动便携设备系统的测试必然要面临不同的条件要求。

(1) 编码开发环境与运行环境一般是分开的。移动便携设备系统作为最终的运行平台属于目标机,但是由于这个目标机平台环境是面向定制的最终应用的,必然要有种种存储及性能上的限制,更不用说就连可能会引入的嵌入式操作系统的定制都要作为开发内容,当然不会具备支持任何代码开发环境的能力,因此设备系统各个层级的代码开发不可能在自身进行,而是必须在对应的宿主机——通常是个人计算机上进行,在宿主机上完成各层级代码开发之后,再陆续将代码程序通过各种方式移植到目标机,即当前设计开发的移动便携设备硬件子系统上运行验证,因此设计测试方案时要全面考虑在两种环境(目标机与宿主机)下的测试协调。

(2) 开发平台更加复杂多样。由于大多数移动便携设备系统一个较为突出的特点就是其专用性,即每种设备系统产品都是为了某个特定目的而设计开发的,只完成服务于其应用目标的、特定的一项或几项工作,因而移动便携设备系统的硬件设计较通用的个人计算机而言,更加具有目的性,通常都会针对设备系统的需求规格进行定制设计,大量采用为进行这些工作而开发出来的专用硬件电路。于是对于不同应用目的,甚至相似目的但不同档次的设备系统产品,它们的体系结构、硬件电路,甚至所用到的元器件都是有差异的,在这样的前提下,支持各种移动便携设备系统的软件子系统运行的平台自然是复杂多样的。

(3) 硬件资源、时间等的严格限制。同样是由于移动便携设备系统的专用性,移动便携设备系统的硬件资源只为支持特定目的而设,冗余相当有限,受此影响,在其上运行应用的软件子系统也受到限制。另外,由于移动便携设备系统的实时性要求较高,也决定了设备系统的功能执行时限同样受到了严格限制。

(4) 移动便携设备系统较之桌面软件系统对各种环境下的可靠性、安全性要求通常会更高。由于其便携、移动的本质属性,难免会有振动、跌落、浸水等意外出现,且移动便携设备系统很难像通用台式计算机一样,能够保证始终在一个专门安排的、较为理想的环境下使用,其应用还可能涉及潮湿、炎热或严寒等场景,另外,在户外使用时,还要考虑某些类型的信息交互屏幕受光照影响的情形。考虑到上述问题,移动便携设备系统在各种环境条件下运行的可靠性要求必然更高,因而对这些可靠性等指标的测试要纳入测试计划范围,认真对待。此外,移动便携设备的移动性还牵涉到更严格的安全性问题,也需要测试人员认真对待。

8.2 测试工程流程

测试是一个信息收集、分析比较、进行验证和确认、评估设备系统开发所有工作的过程。不管采用何种系统开发模型,在设计开发中必须要有测试活动,并贯穿整个设计开发过程。

在某些草率的系统开发项目中,测试工作往往被统统搁置到整个开发过程的后期进行,即只在应用系统的构件开发工作基本完成时才会着手进行测试,这是应尽量避免的,这是由于以下几点原因。

(1) 对于复杂的应用系统,测试工作往往千头万绪,测试人员若难以组织科学、全面的测试用例,则会导致测试成本的大幅度提高,严重影响测试的全面性和有效性。

(2) 由于缺陷所涉及的模块从开发到测试之间的时间间隔较长,会使得开发人员对被找出的缺陷的修改和维护工作要付出更大的代价,因为很多时候一个缺陷会牵连很多与其有关联的其他组件,或者由于间隔时间较长而迫使设计开发人员要重新整理涉及缺陷部分在开发时曾经的思路。

(3) 由于受到最后发布期限的限制,留给测试工作的时间会被常常延期的设计开发工作压缩得很短,因而往往是在匆忙中终止测试,而非正式完成测试的,这就极有可能将大量的缺陷遗留给最终用户,于是就会造成一种很糟糕的局面,即真正的测试工作实际上交给了最终用户来完成。

综上,为了保证测试工作科学、精确、全面、有序地进行,采取一边开发一边测试的策略,使得开发工作与测试工作平行进行,才是最正确、最能保障目标设备产品质量的做法,即测试领域流行的说法:"越早测试越好"。

8.2.1 完整的测试阶段

从单纯的角度来看,一套完整的测试通常应由 4 个阶段组成。

1. 测试计划

根据描述功能要求和性能指标的需求规格说明书,定义相应的测试需求报告,即制定黑盒测试的最高标准,以后所有的测试工作都将围绕着测试需求来进行,符合测试需求的应用程序即是合格的;反之即是不合格的。同时,还要适当选择测试内容,合理安排测试人员、测试时间及测试资源等。

2. 测试设计

将测试计划阶段制订的测试需求分解、细化为若干个可执行的测试过程,并为每个测试过程选择适当的测试用例(测试用例选择的好坏将直接影响到测试结果的有效性)。

3. 测试开发

测试开发是建立可重复使用的自动测试过程。

4. 测试执行

执行测试开发阶段建立的测试用例,并对所发现的缺陷进行跟踪管理。测试执行一般由单元测试、组合测试、集成测试、系统联调及回归测试等步骤组成,测试人员应本着科学、客观态度,认真负责地进行测试。

在实际项目测试工作时,如前所述,测试应当始终伴随着项目设备产品的设计开发而进行,因而上述测试步骤需要加以适应性调整,以紧密地结合到项目系统设计开发的一般流程中。

可以通过一个模型来表示一般的移动便携设备系统设计开发及对应测试的流程,该模型借鉴一种将测试工作和开发工作并行安排的软件开发的 V 模型,这区别于将测试作为一种被动的事后检查行为的不适宜的做法。软件开发的 V 模型揭示的是软件测试活动分层、分阶段的本质,其中测试执行的顺序与开发活动是相反的,这使得测试工作可以按照不同的设计阶段安排执行。对于移动便携设备的设计、开发及测试,由于其包含硬件组件,因此必须把涉及硬件的工作以及软硬件综合的工作也相应考虑进去,于是就有了图 8-2 所示的改造后的流程模型。其中,虚线代表任务执行的阶段对应关系,实线代表流程主线。

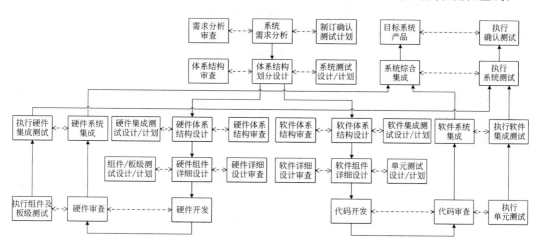

图 8-2　移动便携设备系统设计开发的对应测试流程框图

大部分复杂的移动便携设备系统的正式设计开发都是始于一个较高抽象层次的需求规格说明书,接下来的任务就是设计设备系统的全局体系结构,这个阶段将最终确定实现系统需要设计开发或复用、外购哪些组件以及这些组件的软硬件实现划分。

具体地,在系统需求分析阶段,主要工作是对目标用户提出的需求进行分析,其结果通常是需求规格说明书,将作为测试设计阶段的输入。此阶段,测试人员的主要工作一方面是对需求分析结果进行审查测试,另一方面是为将来的系统全局测试进行准备,包括设计系统测试方案及用例、创建系统测试计划等。在这一阶段中,测试执行人员要承担的任务包括测试需求分析文档、完成测试需求分析的测试报告、根据报告制定相应的测试策略和测试计划,而测试管理人员的任务包括明确测试任务(测试的委托人、承包人、范围、目标、前提条件、最后期限、进度、资源限制等)、确定测试资源、组织需求分析测试、制定测试策略、确认测试计划制定等。

在设备系统全局体系结构设计阶段，主要工作是根据需求分析阶段获取并格式化的、经过了测试的需求文档，对具体的移动便携设备目标系统进行初步的、抽象的、全局的设计，最终确定构成目标设备系统应具备的全部功能组件，并明确所有组件的软硬件构成，即哪些功能组件需要由硬件实现、哪些功能组件需要由软件实现，这应当是综合技术、成本、时间等因素得出的最优折中结果。测试人员在本阶段一方面要完成对软硬件系统进行联合测试的操作设计及对应测试用例，且还要制定相应的测试计划、确认必要的测试环境，另一方面，还要对所设计的设备系统全局体系结构进行认真审查测试。

接下来，设备系统的设计开发流程更深入地分化为软件子系统、硬件子系统两个并列的分支，它们的进程步骤也保持着对应并列关系。在软、硬件子系统各自的体系结构设计阶段，包括设计、测试等方面的主要任务仍然类同于全局体系结构设计阶段，只是各自的设计、测试对象发生了变化——一个面向软件子系统，一个面向硬件子系统。两者的体系结构设计更加具体化、针对化。软件子系统的体系结构设计仍然遵从传统的软件系统体系结构设计的方法技术，只不过需要格外注意：作为移动便携设备系统的软件子系统，其与对应的嵌入式硬件子系统具有不可避免的较大关联性，应当在设计的过程中始终与硬件子系统团队保持必要的沟通协调；硬件子系统的体系结构自然以更具体的硬件组件为主，但由于包含必需的嵌入式微控制器/微处理器，某些基本功能必然需要以底层程序代码来协助实现，因而通常来说，在移动便携设备系统的分层体系架构中，对于绝大多数基于嵌入式操作系统的设备系统而言，BSP以下的部分（即包含直接控制硬件的底层代码部分），可以统统划为硬件子系统的范畴。另外，在子系统体系结构设计阶段，测试人员除了要对子系统体系结构进行审查测试、对后期的集成测试进行设计和计划外，还有一个重要的任务就是要对各自集成测试的环境配置进行认真确认，并明确对应集成测试应在宿主机、仿真器还是目标机上进行。

在软、硬件子系统的组件详细设计阶段，两者的主要任务是对构成各自子系统体系结构的软、硬功能组件进行细化的单元/模块设计，一般要精细到每个变量或元器件。对于硬件子系统，该阶段要完成最终的、详细的电路原理图及对应PCB（Printed Circuit Board，印制电路板）设计。在此阶段，软件测试人员和硬件测试人员需要进行的工作包括划分组件模块/单元、组件模块/单元测试设计、构建测试用例及对应测试脚本、建立测试方案、定义测试对象及检查和配置测试基础。另外，仍旧不能忘记要对最终导出的组件详细设计文档进行审查测试。

上述需求和设计阶段，测试活动主要采用静态方式检查，通过正式的技术评审和风险分析来验证目标设备系统是否符合质量要求，提早发现尽可能多的不确定性因素和设计缺陷，降低项目后期风险。

接下来是软、硬件子系统结束设计阶段，进入开发阶段，要根据上一阶段所得出的子系统详细设计文档进行开发工作。对于软件子系统，如果未涉及嵌入式操作系统，则主要工作就是开发算法单元、功能实现单元及用户界面单元等，其调试及自我验证审查工作通常要基于仿真器及实验板（不一定是全状态的目标板）完成；如果涉及某种嵌入式操作系统，则主要工作会包括目标嵌入式操作系统的定制、基于选定嵌入式操作系统的算法及应用功能代码的开发、用户交互界面的定制开发等,其调试及自我验证审查工作如无特别需要,可以基于安装在宿主机上的、对应于选定嵌入式操作系统的模拟仿真器完成。对于硬件子系统,主要工作包括电路板上电路功能的实现(即按照原理图,在 PCB 上实现硬件电路),及嵌入式微控制器/微处理器内相关底层控制代码的实现,若对应软件子系统部分包含嵌入式操作系统,则可能需要进行 BSP 内相关内容的底层代码编制。硬件子系统的调试及自我验证审查工作通常借助示波器、逻辑分析仪等硬件调试仪器,或者通过 LED、LCD 等显示器件协助,直接在目标机上实现,但嵌入式微控制器/微处理器中底层代码的编制及写入则需要借助宿主机及编程下载器等完成。

上述工作完成后,就进入后续的集成及测试执行阶段。首要的任务是对硬件子系统上一阶段组件开发结果的逐项审查,以及对软件子系统实现代码的逐项审查,这项工作通常会基于静态白盒测试方法进行。实际上,早在上一开发阶段正在进行时就已启动上述静态测试工作,使得每当有硬件组件或代码单元完成时就及时地对其进行审查测试,以提高开发测试工作的效率,加快项目进度,并尽早、尽量地减小出错误的代价。当静态的审查测试工作告一段落后,下一步工作就是进行详细的单元测试,或者硬件组件/板级测试,这一级的测试通常会利用动态的白盒测试方法实施,而测试人员进行单元测试所借助的执行手段则同前面介绍的调试手段基本类似,具体的测试内容要参照先前在组件详细设计阶段所对应设计的测试用例、测试脚本及测试计划。

在软件子系统的集成测试阶段,主要工作是将各个通过了单元测试的功能代码单元集成在一起,进行子系统级的综合测试。软件子系统(尤其是有嵌入式操作系统支持的系统)的集成测试一般是通过软件仿真的方式在宿主机环境下进行的。在硬件子系统的集成测试阶段,主要工作则是将各个通过了组件/板级测试的硬件单元模块集成为子系统,然后进行综合测试。硬件子系统的集成测试一般是基于目标机实现的,但基本控制代码仍旧需要通过宿主机及编程下载器下载到目标机的嵌入式微控制器/微处理器中。总体来说,无论是软件子系统还是硬件子系统的集成测试,实际上都是对子系统中各组件模块/代码单元相互间的接口进行测试,测试所依据的是先前在体系结构设计阶段时所对应设计的测试用例和脚本以及测试计划。

接下来,分别通过各自集成测试的软、硬件子系统被联合到一起(通常需要进行定制操作系统到目标机的移植工作),并结合外设、网络等其他系统依赖元素,在实际运行环境下进行系统测试,以进一步发现软、硬件子系统间接口交互可能存在的问题,以及其他隐藏的、难以预料的缺陷,并通过与目标设备系统需求文档的比对,发现所开发的设备系统与用户需求不符或矛盾的地方,从而确保目标设备系统能够符合用户要求,并正常、稳定、无误地运行。这一阶段的测试由于是关于全系统能否独立、正确运行的测试,因而通常要脱离宿主机,直接针对目标机进行。

即使所开发的移动便携设备系统最终通过了系统测试,仍然还需要通过确认测试。确认测试阶段的主要任务是将成型的目标设备系统呈交给非专业测试人员的委托人或典型潜在用户使用,经受不可百分之百预测的真实应用情景的考验,这里不仅有对系统正确性、稳定性的考验,还有对用户界面友好性、易操作性等用户体验方面的考验,只有通过了这一关,才能更有把握地将最终移动便携设备系统产品发布出去。全面的确认测试还可细分为配置复查、验收测试、α 测试、β 测试等工作。

最后,有良好组织的、正规的开发测试团队还会进行对测试对象及测试过程的评估、对测试文档的整理保存等收尾工作。

8.2.2 其他测试相关内容

1. 测试报告

测试报告是测试阶段最后的文档产出物,就是把测试的过程和结果写成文档,对发现的问题和缺陷进行分析,为纠正软件存在的质量问题提供依据,同时为设备系统验收和交付打下基础。测试报告一般包含以下内容。

(1) 首页,包括报告名称、委托方、责任方、报告日期、版本变化历史、密级等。

(2) 引言,包括目的、背景、缩略语、参考文献等。

(3) 测试概要,包括测试方法、范围、测试环境、工具等。

(4) 测试结果、缺陷在功能、性能上的影响分析。

(5) 测试结论与建议,包括项目概况、测试时间、测试情况、结论性能汇总等。

(6) 附录,主要是缺陷统计。

2. 测试评估

测试评估就是结合量化的测试覆盖域及缺陷跟踪报告,对于应用软件的质量和开发团队的工作进度及工作效率进行综合评价。测试评估包括以下内容。

(1) 测试活动评估,总结经验教训,评估工作量。

(2) 测试对象评估,给出被测对象的客观评价。

(3) 测试设计评估,描述对测试设计的改进建议和理由。

3. 遗留问题

遗留问题是指测试过程中发生的并且在测试报告时仍没有得到解决的测试问题。很明显,编写测试报告时已经得到解决,并已经过回归验证的测试问题不记入其中。遗留问题的划分需要非常谨慎,必须是长时间无法重现的问题,或者由于某些特定的因素(成本等)影响,但并不严重的问题,才可以通过测试流程中各环节人员的认可被列为遗留问题。遗留问题需要定时跟踪清理,且对于一款产品需要制定一个遗留问题的数量限制。

另外,即使是作为遗留问题,也要明确跟踪的责任人。遗留问题是可以在后续被重新激活的,一旦问题重现或者条件允许,需要重新激活解决。

4. 测试覆盖率统计

测试覆盖是由测试需求和测试用例的覆盖或已执行代码的覆盖表示的,它是反映测试用例对被测目标覆盖程度的重要指标,也是衡量测试工作进展情况、对测试工作进行量化的重要指标之一。

对于软件测试来说,主要包括以下内容。

（1）行覆盖率度量，度量被测代码中每个可执行语句是否被执行到。

（2）分支覆盖率，度量程序中每一个判定的分支是否都被测试到。

（3）条件覆盖率，度量判定中的每个子表达式结果 true 和 false 是否被测试到。

对于硬件测试来说，介绍两种统计方法。

（1）根据信号统计，操作简单，易于统计，但是往往数值不准确，同实际数值偏差较大，不推荐作为主要的统计方法。

（2）根据器件统计，操作较为简单，原理科学，同实际情况最为接近，是常用的统计方法。

测试覆盖率能够告诉我们什么没有被测试，却回答不了软件是否经过了有效测试，但覆盖率能够帮助我们发现测试目标的一些问题，例如：

（1）被测软硬件目标中有没有存在未被当前的测试用例集所覆盖的代码或组件。

（2）找出冗余的部分，进一步提高系统开发质量。

（3）及时反馈当前系统的测试质量，并间接衡量测试的质量。

5. 测试规范制定

建立测试规范是必要的，现阶段而言，测试更多的是动手的过程，由于测试工程师的经验、水平参差不齐，为了确保测试的质量，就需要用制度和规范管理，而且各个测试环节均需要有流程和规范进行约束。作为必要的补充，各个阶段的输入、输出文档均必须有相应的模板。另外，对于相关测试人员的补充工作也最好加以规范，包括测试过程的记录、测试经验的总结、测试规范和测试用例的应用等。

需要建立的测试规范和模板包括《测试计划模板》、《测试用例模板》、《测试报告模板》、《设计审查报告模板》、《正规检视报告模板》、《信号质量和时序测试规范》等。

8.3　基本测试技术

基于不同的系统设计开发步骤阶段和测试目的，可以有多种测试方法和测试技术。本节重点介绍最基本的几种技术。

8.3.1　黑盒测试

图 8-3 所示的黑盒测试也称为"功能测试"，是通过测试来检测每个功能是否都能正常使用。在测试中，把测试对象形象地看作一个不透明的黑盒子，在完全不考虑程序或硬件模块内部逻辑结构和特性的情况下，基于程序接口进行测试，它只检查功能和性能是否符合需求规格说明书的要求，以及系统是否能适当地接收输入数据而产生正确的输出信息。黑盒测试着眼于程序或硬件模块的外部结构，而不考虑内部逻辑结构，主要针对系统界面和功能进行测试。黑盒测试是以用户的角度，从输入数据与输出数据的对应关系出发进行测试的，因而若外部特性本身设计有问题或规格说明的描述有误，无法用黑盒测试方法实现。

黑盒测试最容易想到的方式就是采用穷举输入测试，把所有可能的输入都作为测试情况考虑，来找出测试目标所有的错误。但实际测试情况往往数不胜数，人们不仅要测试

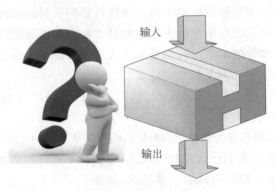

输入

输出

图 8-3　黑盒测试

所有合法的输入,而且还要对那些不合法但可能出现的输入进行测试,因而完全测试是不可能的,只有进行有针对性的测试,通过制定测试案例指导测试的实施,保证测试有组织、有计划、按步骤地进行。

黑盒测试行为必须能够加以量化,才能真正保证测试质量,这就需要测试用例来将测试行为具体量化。常见黑盒测试用例设计方法包括等价类划分法、边界值分析法、错误推测法、因果图法等。

1. 等价类划分法

等价类划分是一种重要的黑盒测试用例设计方法,这种方法把测试目标的输入域划分成若干子类,然后从每个部分中选取少数代表性量值用作测试用例,其中每一类的代表性量值在测试中的作用等价于这一类中的其他值。由其名称,该方法首先要进行等价类划分。等价类是指某个输入域的子集合。在该子集合中,各个输入量值对于暴露测试目标中错误的作用都是等效的,并合理地假定:测试某等价类的代表量就等于对这一类其他量值的测试,于是可以把全部输入参量合理划分为若干等价类,从每个等价类中取一个参量作为测试的输入条件,就可以用少量代表性的测试量来获取较好的测试结果。等价类划分包括两种不同的情况,即有效等价类和无效等价类。有效等价类是指由对于被测目标的规格说明来说是合理的、有意义的输入数据或动作所构成的集合。利用有效等价类可检验被测目标是否实现了规格说明中所规定的功能和性能。无效等价类与此恰好相反,是不合理、无意义的数据或动作集。设计测试用例时,要同时考虑这两种等价类,因为希望被测目标系统不仅要能够接收合理的数据,还要能够经受意外的不正常数据的输入考验,这样的测试才能确保被测目标具有更高的可靠性。那么如何来划分等价类呢,有 6 条确定等价类的原则。

(1) 在输入条件规定了取值范围或取值个数的情况下,则可以确立一个有效等价类和两个无效等价类。

(2) 在输入条件规定了输入量的集合或者规定了必要条件的情况下,可确立一个有效等价类和一个无效等价类。

(3) 在输入条件是一个布尔量或按键等动作的情况下,可确定一个有效等价类和一个无效等价类。

(4) 在规定了输入的一组参量(假定 n 个),并且了解被测目标会对每一个输入量分别处理的情况下,可确立 n 个有效等价类和一个无效等价类。

(5) 在规定了输入参量必须遵守的规则的情况下,可确立一个符合规则的有效等价类和若干个从不同角度违反规则的无效等价类。

(6) 在确知已划分的等价类中各元素在程序处理中的方式不同的情况下,则应再将该等价类进一步细分为更小的等价类。

确立等价类之后,应建立一个等价类表,格式可参照表 8-1。在表中列出所有划分出的等价类。然后从划分出的等价类中按以下几个原则设计测试用例。

表 8-1　等价类表

序号	输入条件	有效等价类	无效等价类
…	…	…	…

(1) 为每一个等价类规定一个唯一的编号。
(2) 设计一个新的测试用例,使其尽可能多地覆盖尚未被覆盖的有效等价类。
(3) 若仍有有效等价类未被覆盖,则返回步骤(2)。
(4) 设计一个新的测试用例,使其仅覆盖一个尚未被覆盖的无效等价类。
(5) 若仍有无效等价类未被覆盖,则返回步骤(4);否则结束。

2. 边界值分析法

长期的测试工作经验表明,大量的错误都发生在输入或输出范围的边界上,而不是发生在输入输出范围内部。因此,针对各种边界情况设计测试用例,可望查出更多的错误。边界值分析正是根据上述经验,通过选择等价类边界的测试用例来完成。边界值分析法不仅重视输入条件边界,而且也必须考虑输出域边界。它是对等价类划分方法的补充。

使用边界值分析方法设计测试用例,首先应确定边界情况。通常输入和输出等价类的边界,就是应该着重进行测试的边界情况。为此,应当选取等于、略大于或略小于边界的量值作为测试参量,而不是选取等价类中的典型值或任意值作为测试参量。基于边界值分析方法进行测试用例选择的原则如下。

(1) 如果输入条件规定了量值的范围,则应取刚达到这个范围的边界的量值,以及刚刚超过该范围边界的量值作为测试输入参量。

(2) 如果输入条件规定了量值的个数,则采用最大个数、最小个数、比最小个数少一、比最大个数多一的数作为测试参量。

(3) 根据规格说明的每个输出条件,使用前面的原则(1)。
(4) 根据规格说明的每个输出条件,应用前面的原则(2)。

(5) 如果被测目标的规格说明给出的输入域或输出域是有序集合,则应选取集合的第一个元素和最后一个元素作为测试用例。

(6) 如果软件程序中使用了一个内部数据结构,则应当选择这个内部数据结构的边界上的值作为测试用例。

(7) 分析规格说明，找出其他可能的边界条件。

3. 错误推测法

错误推测法是基于经验和直觉推测被测目标系统中所有可能存在的各种错误，从而有针对性地设计测试用例的方法。错误推测方法的基本思想就是列举出被测目标系统中所有可能有的错误和容易发生错误的特殊情况，从而根据这些列举出的项目选择测试用例。例如，在软件单元测试或硬件组件测试时曾列出的许多在模块中常出现的错误，或以前产品测试中曾经发现的错误等，这些都是经验的总结。另外，输入数据和输出数据为 0 的情况、输入表格为空格、输入表格只有一行等容易发生错误的情况也要考虑进去。选择这些情况下的例子作为测试用例都是可行且必要的。

4. 因果图法

等价类划分方法和边界值分析方法的特点均是以输入条件为考虑的重点，但却没能考虑输入条件之间的联系及相互组合等因素。要考虑输入条件之间的相互组合，则可能会产生一些新的情况，但要检查输入条件的组合并不是一件容易的事情，即使把所有输入条件划分成等价类，它们之间的组合情况也相当多，因而必须采用一种适合于描述对于多种条件的组合，相应产生多个动作的形式来考虑设计测试用例。这可以利用因果图逻辑模型来实现。因果图方法最终生成的结果是决策表（Decision Table），它可以把复杂的逻辑关系和多种条件组合的情况表达得既具体又明确，尤其适合于检查程序输入条件的各种组合情况。最主要的工作仍然是生成测试用例。

(1) 分析软件规格说明描述中，哪些是原因（即输入条件或输入条件的等价类），哪些是结果（即输出条件），并给每个原因和结果赋予一个标识符。

(2) 分析软件规格说明描述中的语义。找出原因与结果之间，原因与原因之间对应的关系，然后根据这些关系画出因果图。

(3) 由于语法或环境限制，有些原因与原因之间、原因与结果之间的组合情况不可能出现，为突出表明这些特殊情况，要在因果图上用一些记号标明约束或限制条件。

(4) 把因果图转换为决策表。

(5) 把决策表的每一列拿出来作为依据，设计测试用例。

从因果图生成的、局部组合关系下的测试用例，包括所有输入参量的取真值与取假值的情况，构成的测试用例的数目可达到最少，且测试用例数目随输入参量数目的增加而呈线性增加。

8.3.2 白盒测试

图 8-4 所示的白盒测试也称为"结构测试"或"逻辑驱动测试"，是把被测对象形象地看作透明的盒子，从而依赖于对被测对象细节的严密验证，针对特定条件设计测试用例，对逻辑执行路径进行测试。针对硬件的白盒测试根据硬件内部逻辑结构选择测试信号，通过在不同点检查信号状态，确定实际的信号波形或状态是否与预期的一致；针对软件的白盒测试通过检查软件内部的逻辑结构，对软件中的逻辑路径进行覆盖测试，并在程序不

同地方设立检查点,检查程序的状态,以确定实际运行状态与预期状态是否一致。白盒测试通常需要根据不同的测试需求,结合不同的测试对象,使用适合的方法进行测试。因为对于不同复杂度的执行逻辑,可以衍生出许多种执行路径,只有适当的测试方法才能达到更加理想的测试目标。

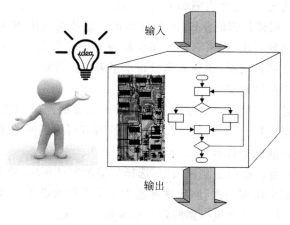

图 8-4　白盒测试

白盒测试的测试用例需要做到以下几点。

(1) 保证一个模块中的所有独立路径至少被使用一次。

(2) 对所有逻辑值均需测试真值和假值。

(3) 在上下边界及可操作范围内运行所有循环。

(4) 检查内部数据结构以确保其有效性。

由于其能够深入被测目标执行逻辑内部的特点,白盒测试具有以下优点。

(1) 迫使测试人员去仔细、认真地思考被测目标系统的实现。

(2) 可以检测被测目标执行逻辑的每条分支和路径。

(3) 揭示隐藏在被测目标执行逻辑中的错误。

(4) 对被测目标执行逻辑的测试比较彻底。

(5) 最优化效果。

白盒测试也存在着一些缺点。

(1) 人力、物力及时间资源投入较大。

(2) 对于被测目标系统的设计缺陷无能为力。

(3) 无法检测被测目标执行逻辑中遗漏的路径以及与数据相关的错误。

(4) 不能验证需求规格的正确性。

常用的软件白盒测试方法有 6 种,包括语句覆盖、判定覆盖、条件覆盖、判定条件覆盖、条件组合覆盖、路径覆盖。

(1) 语句覆盖。设计若干个(越少越好)测试用例,运行被测程序,使得每一可执行语句至少执行一次。语句覆盖率的公式可以表示为

语句覆盖率＝被评价到的语句数量/可执行的语句总数×100%

（2）判定覆盖。使设计的测试用例保证程序中每个判断的每个取值分支（真或假）至少经历一次。其优点是具有比语句覆盖更强的测试能力，而且具有和语句覆盖一样的简单性，无须细分每个判定就可以得到测试用例；其缺点是往往大部分的判定语句由多个逻辑条件组合而成（如判定语句中包含 AND、OR、CASE），若仅判断其整个最终结果，而忽略每个条件的取值情况，必然会遗漏部分测试路径。

（3）条件覆盖。选择足够的测试用例，使得运行这些测试用例时，判定中每个条件的所有可能结果至少出现一次，但未必能覆盖全部分支。条件覆盖要检查每个符合谓词的子表达式值为真和假两种情况，要独立衡量每个子表达式的结果，以确保每个子表达式的值为真和假两种情况都被测试到。

（4）判定条件覆盖。判定—条件覆盖就是设计足够的测试用例，使得判断中每个条件的所有可能取值至少执行一次，同时每个判断的所有可能判断结果至少执行一次，即要求各个判断的所有可能的条件取值组合至少执行一次。

（5）条件组合覆盖。在白盒测试法中，选择足够的测试用例，使所有判定中各条件判断结果的所有组合至少出现一次，满足这种覆盖标准即称为条件组合覆盖。

（6）路径覆盖。每条可能执行到的路径至少执行一次。

上述方法中，语句覆盖是最弱的覆盖，判定覆盖和条件覆盖比语句覆盖强，满足判定—条件覆盖标准的测试用例一定也满足判定覆盖、条件覆盖和语句覆盖，条件组合覆盖是除路径覆盖外最强的，路径覆盖也是一种比较强的覆盖，但未必考虑判定条件结果的组合，并不能代替条件覆盖和条件组合覆盖。

对于硬件白盒测试，目前少有固定方法可循，通常是根据实际情况，参照软件白盒测试方法加以融会贯通而进行。

8.3.3 静态测试与动态测试

从测试对象或方式的角度，还可将常用的软件测试方法分为两大类，即静态测试方法和动态测试方法。

静态测试并不真正实际运行或仿真运行被测目标系统，而只进行对被测目标的特性分析，即仅仅通过分析或检查被测目标的语法或电路原理、结构、过程、接口等来检查其正确性，如检查被测目标的表示和描述是否一致、是否存在冲突或者歧义等。它通过对需求规格说明书、体系结构设计书、源代码或原理图等设计资料做结构分析、流程图分析及符号执行等审查工作来发现可能存在的缺陷错误。它可以由人工进行，也可以借助软硬件辅助工具进行。静态测试结果可用于进一步的缺陷查找，并为测试用例的选取构建提供指导。在对被测系统的静态测试中，对程序代码的静态测试，即代码检查通常会更复杂些，这需要测试者按照相应的代码规范模板（没有行业统一的标准，开发机构内部一般都有自己的编码规范）来逐行检查程序代码，以发现错用局部变量和全局变量、未定义的变量、不匹配的参数、不适当的循环嵌套或分支嵌套、死循环、不允许的递归、调用不存在的子程序，遗漏标号或代码等编码错误，并找出从未使用过的变量、不会执行到的代码、从未使用过的标号、潜在的死循环等问题根源。虽然对代码的静态测试很复杂、耗时，但在实际使用中，代码检查能快速找到缺陷，发现 30%～70% 的逻辑设计和编码缺陷，且代码检查看到的往往是问题本身而非征兆。代码检查的缺点是非常耗费时间,且需要测试人员有足够的知识和经验积累。

动态测试与静态测试相反,需要将被测目标系统真正地运行或仿真运行起来,同时输入预先按照测试准则构造准备的测试用例,从而观察被测目标系统运行时的动作,并还可能视需要进行跟踪计时等操作,最后检查运行结果与预期结果之间的异同,分析运行效率和健壮性等性能,以发现被测目标所存在的缺陷错误。动态测试方法一般由三部分组成,包括构造测试用例、执行被测目标系统、分析目标输出结果。动态测试任务通常可包括功能确认与接口测试、覆盖率分析、性能分析及内存分析等。

静态测试与动态测试的区别体现在以下几个方面。

(1) 静态测试通常用于预防性测试,动态测试通常用于矫正性测试。

(2) 在效率和效益上,多次的静态测试比动态测试要高。

(3) 在较短时间内,静态测试的覆盖度可达 100%,而动态测试常常是只能达到 50% 左右,因为动态测试发现的缺陷基本上都是在测试中实际执行的那部分目标。

(4) 静态测试比动态测试耗费时间少。

(5) 静态测试比动态测试更能发现缺陷。

(6) 对于软件测试,静态测试执行可先于程序编译,动态测试只能在编译后执行。

(7) 静态测试发现的缺陷来源范围比动态测试更大。

8.3.4　相互关系

对于上述黑盒测试与白盒测试、静态测试与动态测试这两对基础测试方法,实际只是对于测试的不同分类角度而已。现实中,同一个测试既有可能属于黑盒测试,也有可能属于动态测试;既有可能属于静态测试,也有可能属于白盒测试。不同的测试方法,其各自的目标和侧重点也不一样,各有所长;每种方法都可设计出一组有用的例子,用这组测试用例可以比较容易地发现某种类型的错误,却不易发现另一种类型的错误。于是在实际工作中这两类测试方法往往不会单独应用,而通常是根据具体项目测试需要,将这两类测试方法交叉结合起来运用,以达到更完美的效果。

(1) 黑盒测试可能是动态测试。将被测目标系统运行起来,只能控制输入参量,观察到输出结果,也可能是静态测试:不运行被测目标系统,仅仅是查看软硬件界面。

(2) 白盒测试可能是动态测试。将被测目标系统运行起来,并分析组件或代码结构,也可能是静态测试:不运行被测目标系统,仅仅是静态地查看组件或代码。

(3) 动态测试可能是黑盒测试。将被测目标系统运行起来,只能控制输入参量,观察到输出结果,也可能是白盒测试:运行被测目标系统,并分析组件或代码结构。

(4) 静态测试有可能是黑盒测试。不运行被测目标系统,仅仅是查看软硬件界面,也有可能是白盒测试:不运行被测目标系统,仅仅是静态地查看组件或代码。

8.3.5　其他测试技术

这里列举一些比较常见的、典型的系统测试方法。

(1) 功能测试。目的是测试软硬件系统的功能是否正确,要依据产品特性、操作描述、"产品需求规格说明书"等需求文档和用户方案,测试一个产品的特性和可操作行为,以判断确定它们是否满足设计需求。由于正确性是系统最重要的质量因素,所以功能测试是必不可少的。

(2)健壮性测试。用于测试软硬件系统在异常或故障情况下维持正常运行的能力,即是否能够自动恢复或者忽略故障继续运行。为了使系统具有良好的健壮性,要求设计人员在做系统设计时必须周密细致,尤其要注意妥善地进行系统异常的处理。健壮性有两层含义,分别为容错能力和恢复能力。

(3)恢复测试。恢复测试作为一种系统测试,主要关注导致软硬件系统运行失败的各种条件,并验证其恢复过程能否正确执行。在特定情况下,系统需具备容错能力。另外,系统失效必须在规定时间段内被更正;否则将会导致严重的经济损失。

(4)安全测试。安全测试用来验证系统内部的保护机制,以防止非法侵入。在安全测试中,测试人员扮演试图侵入系统的角色,采用各种办法试图突破防线。因此,系统安全设计的准则是要想方设法使侵入系统所需的代价更加昂贵。

(5)压力测试。这是一种性能测试,通过自动化的测试工具模拟多种异常的访问量、频率或数据量等来对系统的各项性能指标进行测试。在压力测试中可执行以下测试。

① 若平均中断数量是每秒 1～2 次,则设计特殊的测试用例产生每秒 10 次中断。

② 输入数据量增加一个量级,确定输入功能将如何响应。

③ 在虚拟操作系统下,产生需要最大内存量或其他资源的测试用例,或产生需要过量磁盘存储的数据等。

8.4 软件子系统测试

8.4.1 概述

软件是逻辑产品,而人的逻辑思维总是存在不可避免的误差或缺陷,这就从源头上决定了软件错误是难以避免的,对于嵌入式软件而言也是如此。软件测试涵盖整个软件设计开发过程,包括需求分析、体系结构设计、编码开发、交付验收和安装维护等阶段,工作过程包括测试计划、测试设计、测试执行、测试报告和评估等内容。

为了避免测试员个人主观的错误判断,通常认为,只有至少满足以下 5 个规则之一,才称发生了一个软件缺陷。

(1)软件未实现规格说明书要求的功能。

(2)软件出现了规格说明书指明不应该出现的错误。

(3)软件实现了规格说明书未提到的功能。

(4)软件未实现规格说明书虽未明确提到但应该实现的目标。

(5)软件难以理解、不宜使用、运行缓慢或最终用户会认为不好(从测试员的角度)。

8.4.2 嵌入式软件测试的特点

嵌入式软件测试作为一种特殊的软件测试,其目的和原则同普通的软件测试基本相同,同样是为验证软件功能与需求文档的符合程度,及能否达到性能和可靠性要求而对软件进行的测试。但是与一般应用软件的测试相比,嵌入式软件测试另有自身的特点。

(1) 嵌入式软件与硬件关系非常紧密,需要在特定的硬件环境下才能运行。嵌入式软件测试最重要的目的就是保证嵌入式软件能在此特定的硬件环境下更可靠地运行。

(2) 嵌入式软件测试除了要保证嵌入式软件在特定硬件环境中运行的高可靠性,还要保证嵌入式软件的实时性。尤其在某些重要的或安全相关的应用中,若处于特定硬件环境的嵌入式软件不能保证实时响应能力,就可能造成巨大的财产甚至生命损失。

(3) 嵌入式软件产品为了满足高可靠性的要求,不允许内存在运行时有泄露等情况发生,因此嵌入式软件测试除了要对软件进行性能测试、GUI 测试、覆盖分析测试等不可或缺的测试之外,往往还需要对内存进行测试。

(4) 与一般的软件产品不同,完成对嵌入式软件自身测试及其与硬件集成后的系统测试之后,仍不代表测试全部完成,在第一件嵌入式产品生产出来之后,还需要对其进行产品的确认测试。

嵌入式软件测试的最终目的是使嵌入式产品能够在满足所有功能的同时安全可靠地运行。因此,嵌入式软件测试除了要遵循普通软件测试的原则外,还应该遵循以下原则。

(1) 嵌入式软件测试对软件在硬件平台的测试是必不可少的。

(2) 嵌入式软件测试需要额外进行在特定应用环境下的测试,例如对某些设备系统在工业强磁场干扰、高热高湿、低温等条件下的测试,这些都是为保证嵌入式系统软件可靠性所必须进行的测试。

(3) 还要对嵌入式软件进行必要的可靠性负载测试,例如测试某些嵌入式系统能否连续 1000h 不断电工作,或者能否经受频繁操作而不出错或死机。

(4) 除了要对嵌入式软件系统的功能进行测试之外,还需要对实时性进行测试。在判断系统是否失效方面,除了看它的输出结果是否正确,还应考虑其是否在规定时间里输出了结果。

(5) 对嵌入式软件产品进行测试时,需要对生产出来的第一批产品进行确认测试。

总之,嵌入式软件测试的目的和原则基本类似于普通软件测试的目的和原则,但也在某些方面需要高于普通软件测试的标准。

8.4.3 测试流程及平台

因为嵌入式软件开发和运行的环境是分开的,因此各个阶段测试的平台是不一样的。

在单元测试阶段,几乎所有测试都可以在宿主机环境下进行,只有个别情况下会特别指定测试要借助目标机环境来进行。应该最大化在宿主机环境进行软件测试的比例,通过尽可能小的目标单元访问其指定的目标单元界面,提高单元测试的有效性和针对性。由于嵌入式设备系统对硬件配置的限制,通常在宿主机平台上运行测试的速度会比在嵌入式设备系统目标机平台上快得多,因而当在宿主机平台上完成测试后,有条件的话可以在目标机环境下重复做一次简单的测试,确认在宿主机上的测试结果和目标机上的结果没有不同。在目标机环境下进行测试往往能够确定一些未知的、未预料到的、未说明的宿主机与目标机的不同之处。例如,目标机编译器可能有缺陷,但在宿主机编译器上没有。

在集成测试阶段,软件集成测试也可在宿主机环境下,借助软件模拟器,在宿主机平台上模拟目标环境运行,在此级别上的测试可确定一些与环境有关的问题,如内存定位和分配方面的一些错误。是否适合在宿主机环境下进行集成测试,往往还依赖于目标系统的具体功能数量。有些嵌入式软件系统与目标机环境耦合得非常紧密,这种情况下就不推荐在宿主机环境下实现集成测试。对于更大型的移动便携设备系统的开发而言,集成可以进一步细分为若干级别,低级别的软件集成在宿主机平台上完成有很大优势,而级别越高则集成越依赖于目标机环境。

在后期的系统测试和确认测试阶段,要求所有的系统测试和确认测试必须在目标机环境下执行。实际上更常见的做法是首先在宿主机上进行系统测试,测试无误后再移植到目标机环境重复执行,但对目标系统的依赖性会妨碍将宿主机上的系统测试移植到目标系统上,况且只有少数开发、测试人员会卷入系统测试,所以有时放弃在宿主机上执行系统测试可能更方便。确认测试最终必须在目标机环境中进行,因为系统的确认必须在真实系统下完成,而不能在宿主机环境下模拟,这关系到嵌入式软件的最终使用。

由于开发平台的多样性,使得嵌入式软件的测试从测试环境的建立到测试用例的编写也是复杂多样的。与不同的开发平台对应的嵌入式软件是肯定不相同的,然而与相同的开发平台对应的嵌入式软件也可能是不相同的。嵌入式软件测试在一定程度上并不只是对嵌入式软件的测试,很多情况下是对嵌入式软件在开发平台中同硬件的兼容性测试。因此对于任何一套嵌入式软件系统,都需要有其自己的测试,创建其自己的测试环境,编写其自己的测试用例。

8.4.4 性能测试

由于嵌入式软件在开发时受移动便携设备系统目标机的硬件资源限制,因此在测试时应当充分考虑到对软件子系统的性能进行测试,并且充分利用性能测试的数据来进一步优化软件。另外,嵌入式软件在测试时应该充分考虑系统实时响应的问题,很多嵌入式系统会要求系统的响应时间应在多少毫秒之内。在测试有严格响应时间要求的嵌入式系统时需要做负载测试。因为嵌入式软件对系统的可靠性和安全性要求比一般的软件系统高,所以还需要进行系统的可靠性测试。对于不同类型、用途的移动便携设备系统,需要制定相应的符合系统需求的可靠性级别(在软件开发的需求分析阶段完成),在进行可靠性测试时应该将系统的可靠性级别考虑进去。

8.5 硬件子系统测试

8.5.1 概述

很多时候,对于一个移动便携设备系统的测试,设计开发机构往往习惯于把重点都放在了软件子系统的测试上,而较为轻视或完全忽略了硬件子系统的测试工作。原因可能有多种。

(1) 目前硬件子系统的开发越来越多地采用现成的功能电路模块或专用集成电路,

这些组件的功能和性能都在出厂前经过了严格测试以确保达到了应遵循的行业标准,设计开发人员按器件数据手册规定的参数范围使用是有一定保障的。

(2)项目负责人或设计开发人员没有意识到对嵌入式硬件子系统进行测试的重要性,看到其正常运作就未深究系统的性能容限范围,也忽视了由于意外条件,如人为操作失误或附近有电子打火干扰,或者涉及高频线路时的布线失当等引起出错的可能性。

(3)工期太紧,以至于不得不减少或放弃对硬件子系统的测试工作安排。

(4)项目预算有限,无法负担对硬件子系统的测试任务等。

在上述原因下,对于所设计开发的硬件子系统,通常更多地是采用"冒烟测试"(新电路板焊好后,先通电检查,如果存在电路设计缺陷或焊接有误,很可能由于短路或过压过流等原因,造成元器件或芯片的过热而冒烟烧毁)等低级的直观方法(有失败代价),以及对电路单元及系统组件是否正常工作的判断来代替严格的系统测试,至于其他可能隐藏的错误,只能等到出现了问题才可能加以解决,因而只有等到产品投入市场并经过长期缺陷解决后,产品才可能达到稳定状态,这是以客户的损失为铺垫的。虽然上述未经严格测试的产品若凭借价格或创新因素,仍旧会有一定的市场,但是要想做到一个优秀的、高品质的产品,就需要更加认真对待,除了在器件、包装材质等的设计选择上要考究,还必须通过规范、严格的测试而确保硬件子系统的稳定性,以及在各种极端条件(误操作、恶劣环境、过电压等)下的耐受性,尽一切可能减少故障率。即使选择了高质量、高性能的电子器件模块或芯片,如果不能确保硬件线路设计及焊接操作没有任何失误,也有可能"运气不佳",避免不了在应用时出现严重错误。另外,一个移动便携设备系统产品的成功不能单单寄希望于软件子系统的设计及功能实现。软件是虚拟的、逻辑的,硬件是物理的,是承载软件并使其得以良好运行的坚实基础,即使软件做得再完美,没有底层硬件的良好支持配合,也是毫无用处。试想一下一个相当高档、多功能的移动便携设备,如果其硬件功耗不理想,有漏电器件,则其使用感受将大打折扣——可能每天要充电若干次。

随着质量的要求不断提高,硬件测试工作在产品研发阶段的投入比例已经向测试倾斜,许多知名的国际企业,硬件测试人员的数量要远大于开发人员。而且对于硬件测试人员的技术水平要求也要大于开发人员。硬件测试的目标同样在于降低产品缺陷率,而关注点在于产品规格功能的实现以及可靠性、可测试性、易用性等性能指标的满足。

8.5.2　常见测试类型

需要预先说明的是,硬件测试中,必不可少的要素就是测试信号,测试信号是为了实施测试而需要向被测系统提供的输入信号、操作或环境设置。测试信号能够用于控制硬件测试的执行过程,是对测试项目的进一步实例化。

1. 基础指标测试

1)对信号质量的测试

信号质量测试就是对电路板上各种模拟/数字信号的质量进行测试,根据信号种类的不同,需要用不同的指标来衡量信号质量的好坏,并通过对信号质量的分析,发现系统设计中的缺陷或不足。测试人员进行测试的依据一般是已有的关于信号质量和时序方面的调试和测试规范及指导手册,要在板级测试阶段完成对电路板信号质量的全面测试,并完整记录结果。该测试常用辅助仪器为示波器。

2) 对时序的测试

时序测试就是对电路板上的信号时序进行测试,验证板上有关信号的实际时序关系是否可靠并能够满足器件要求和设计要求,且要分析设计余量,评价电路板的工作可靠性。测试人员的测试依据仍旧是已有的关于信号质量和时序方面的调试和测试规范及指导手册,并且也要在板级测试阶段完成对电路板时序的全面调试和测试。该测试常用辅助仪器包括示波器和逻辑分析仪等。

2. 功能测试

功能测试是根据硬件详细设计报告中提及的功能规格进行测试,目的是验证设计是否满足要求。功能测试是系统功能实现的基本保证,需要严格保证测试通过率。被测对象与其规格说明、总体/详细设计文档之间存在的任何差异都必须给予详细描述。硬件的功能测试设计范围一般包含电源、CPU、逻辑、复位、倒换、监控、时钟、业务等。

3. 性能测试

性能测试此处也可称容限测试,指使系统正常工作的输入允许变化范围。容限测试的目的是通过测试明确知道所开发的设备系统在什么环境条件范围内能够保持正常工作,薄弱环节在哪里(在哪里先出现超限问题的概率最大)、能否发现和验证器件的问题以及系统在工作范围临界点上的性能。

4. 容错测试

容错测试指测试系统的冗余设计等手段,这些手段是用以避免或减小某些故障对系统造成的影响,以及在外部异常条件恢复后系统能够自动恢复正常的能力。容错测试的目的是要检验系统对异常情况是否有足够的保护,是否会由于某些异常条件造成故障不能自动恢复的严重后果。容错测试的一般方法就是采用故障插入的方式,模拟一些在产品使用过程中可能会产生的故障因素,进而考察产品的可靠性及故障处理能力的一种测试方法。容错测试一般允许出现一些功能异常,但是不能出现功能丧失或故障扩散等严重的安全隐患。常用的故障插入测试方法有时钟拉偏、误码插入、电源加扰等,常用测试工具有些是专用的,有些是内部开发的。通过容错测试,还可以确定在产品的实际应用过程中哪些错是易产生的,哪些错是可以避免的,以尽量减少损失。

5. 长时间验证测试

由于有些移动便携设备系统是需要长时间运行的,对这类设备系统进行长时间的验证测试是很有必要的。某些器件应用不当的设计,更容易在长时间的运行中才会显露出来,而系统的散热能力也只有在长时间的大功率运行时才容易暴露。长时间的运行才容易发生某些被忽略的偶然因素,容易发现某些潜在问题。另外,长时间测试不仅仅是针对于整体系统而言的,在进行板级测试或集成测试时,对于每一个功能模块均需要进行长时间的功能验证。对于长时间验证的具体时间把握,这同系统将要在其中应用的实际环境情况相关。例如,对于与通信有关的产品系统,一般建议测试时间要达到一星期,而对于每一个功能模块的时间要求,则一般要达到两天。

6. 一致性测试

一致性测试是指将不同批次的设备产品分别取样,进行测试验证,考察设备产品功能和性能方面一致性的测试。其目的是验证不同生产批次设备产品的质量及不同批次器件的质量是否具有较高的一致性,是否能够满足设备产品的功能和使用条件要求。一致性测试的测试要点如下。

（1）测试至少要包含 3 次或以上不同器件批次和生产批次的设备产品。

（2）测试项目要包含所有的功能测试项目以及重要的信号质量和时序等项目。

（3）重点需要验证长时间的稳定性是否一致。

（4）如果具备条件,需要验证在环境条件变化时（如高温环境）,各样品的一致性能。

7. 可靠性测试

可靠性测试一般包括以下内容。

1）EMC 电磁兼容性测试

其包括：电磁骚扰测试,即辐射骚扰测试、传导骚扰测试、谐波电流骚扰测试、电压波动与闪烁测试;电磁敏感度测试,即射频电磁场辐射抗扰度测试、传导骚扰抗扰度测试、电快速瞬变脉冲群抗扰度测试、静电放电抗扰度测试、电压跌落—短时中断抗扰度测试、工频磁场抗扰度测试、浪涌抗扰度测试、电力线感应测试、电力线接触测试等。

2）安全规范测试

其包括输入测试、温升测试、耐压测试、接触电流测试、接地连续性测试、异常温升测试、元件异常测试、激光辐射测试、TNV 电路和地的隔离测试、TNV 电路电压测试、电容放电测试、单板安规审查、TNV 电路和其他电路的隔离测试等。

3）环境试验

一般电子类设备产品涉及的环境测试有以下种类：气候类,包括低温储存、高温储存、低温工作、高温工作、热测试、温度循环、交变湿热、低温极限试验、高温极限试验、噪声测试等;机械振动类,包括包装随机振动试验、包装碰撞试验、包装跌落、包装冲击、模拟包装运输试验、实地跑车、随机振动、冲击试验、工作正弦振动、工作冲击试验、地震试验等。

对测试问题的定位方法如下。

（1）自动定位。系统通过自动检测等手段直接产生相关告警指示。

（2）人工定位。通过测试员的现场观察或借助一定的测试手段来定位。

（3）间接定位。在现场无法直接定位,需借助专用测试工具或专业知识才可定位。

8.5.3 测试过程

硬件子系统测试的层次一般包括板级测试、子系统测试及硬件平台系统测试,而各层次测试的一般流程均如图 8-5 所示。

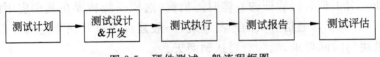

图 8-5 硬件测试一般流程框图

其中,测试计划阶段的主要任务是对测试方法和资源的分配进行计划;测试设计与开发阶段的主要任务是对各个测试阶段的测试方法,尤其是测试信号的方法进行更详细的设计和描述;测试执行阶段的主要任务是按照测试计划执行测试过程,并决定测试的项目是通过还是失败;测试报告阶段的主要任务是对测试结果和测试中出现的问题进行记录;测试评估阶段的主要任务是按照测试标准对所测试的目标系统进行评估。实际上,大多数颇具规模的开发机构都会有内部的测试计划及测试报告等文档的模板,以规范文档内容和格式。

测试计划叙述了对于将要进行的测试活动所准备采取的方法途径,典型的一个测试计划的内容可能会包括测试项目名称、标识代码、测试目标、角色和职责、测试进度表、测试人员安排及要求、测试结果评价准则、测试结束的交付件等。通常期望测试计划所应完成的任务如下。

(1) 标识出所有的测试需求,并制定可行的计划,包括每项测试活动的对象、范围、方法、进度和预期结果。

(2) 正确地估计测试的工作量,并完成人力、物力资源的合理分配。

(3) 基于工作量来估计可行的测试进度安排。

(4) 开发有效的测试模型,能正确地验证正在开发的软件系统。

(5) 标识出每个测试阶段的启动、停止准则,及测试成功与否的标准。

(6) 识别出测试活动中可能存在的各种风险,尽量消除这些风险,并降低由不可能消除的风险所带来的损失。

上述列举的任务目标可依据项目的实际要求而做适当调整。

硬件系统的板级测试就是对单块硬件电路板的测试,这相当于软件测试中的单元测试层次,该层次的测试安排是要在硬件子系统开发的详细设计阶段制定测试计划,在开发实现阶段利用硬件测试设备执行测试。

板级测试的任务是在下面几个方面进行检查。

(1) 板级结构测试。检测被测电路板的物理尺寸,包括形状、厚度、器件高度、器件位置、定位孔等,也称外观及尺寸审查。

(2) 电路原理图审查。包括基准电路、滤波电路、看门狗电路、缓冲驱动电路、键盘电路、差分放大电路、RS232 电路等的电路审查。

(3) PCB 审查。发现布局和布线的缺陷。

(4) 上电/掉电测试。检测被测电路板的上电/掉电时序、冲击电流峰值、电流泄放速率等。

(5) 时钟信号。检测时钟信号的精度和波形质量。

(6) 芯片间的接口信号。检测接口信号时序及波形质量。

(7) 芯片功能测试。检测芯片功能是否正常。

(8) 接口信号测试。检测接口信号是否正确。

(9) 功耗测试。检测最大功耗和平均功耗。

(10) 性能测试。检测设计性能。

(11) 电路计算。耦合、差分放大、电路功率等计算检验。

板级测试的方法主要采用以白盒测试为主、黑盒测试为辅的方法。

硬件系统的子系统测试的对象是由单个或多个电路板所构成的硬件模块或子系统，也称集成测试。该层次的测试安排是在硬件子系统开发的体系结构设计(或概要设计)阶段建立原始测试计划，接下来在详细设计阶段进一步根据更加详细的设计，对测试计划进行调整更新并确定下来，最后在开发实现阶段适时利用硬件测试设备执行测试。子系统测试的主要测试内容如下。

(1) 结构测试。检测被测系统的物理尺寸、形状。

(2) 上电/掉电测试。检测被测系统各电路板的上电/掉电时序、冲击电流峰值、电流泄放速率等。

(3) 时钟信号。检测板间时钟信号的精度和波形质量。

(4) 芯片间的接口信号。检测板间接口信号时序及波形质量。

(5) 系统功能测试。检测系统功能是否正常。

(6) 接口功能测试。检测接口功能是否正确。

(7) 功耗测试。检测最大功耗和平均功耗。

(8) 性能测试。检测设计性能。

(9) 配置变更测试。检测系统在各种配置下的功能及性能。

(10) 稳定性测试。检测系统稳定工作的能力。

硬件平台测试相当于移动便携设备的硬件子系统综合测试，其对象是集成了底层软件的硬件平台系统，目的是要验证系统是否具备了交付给高层软件使用的条件，是否满足系统需求和功能规格说明书中的要求，一般需要以下几方面的测试：功能测试、性能测试、强度测试、可靠性测试。按照该层次的测试安排，早在硬件子系统开发的需求分析阶段就要开始原始测试计划的建立，随后在体系结构设计(或概要设计)阶段，以及详细设计阶段根据更具体的设计信息对测试计划进行调整更新，接下来在开发实现阶段最终确定测试计划，并准备硬件测试设备，最终在总测试阶段实施硬件平台测试，并对测试结果进行评估。

另外，一般来说，对于开关电路，一般采用黑盒测试，设计的测试用例为：快速上、下电，频繁上、下电等；对于时钟电路、锁相环等的测试，就需要设计白盒测试用例，如锁相范围、静态相差、固有抖动、抖动容限等。

8.6 本章小结

- 缺陷总是无处不在，在系统设计开发的全过程中，都有可能发现系统的软硬件缺陷。

- 测试是一个分析比较、验证确认、缺陷发现及监督修改、评估工作的过程。

- 不管何种系统开发模型,在设计开发中必须包含贯穿整个设计开发过程的测试活动。
- 测试人员的目标是尽可能早地找出软硬件系统的缺陷,并且确保其得以修复。
- 移动便携设备系统测试的主要目的是为了防止软、硬件缺陷所造成的系统失败。
- 基于不同的系统设计开发步骤阶段和测试目的,可以有多种测试方法和测试技术。
- 基本测试方法包括黑盒测试、白盒测试、静态测试、动态测试及其组合。
- 软件是逻辑产品,软件错误是难以避免的,对于嵌入式软件而言也是如此。
- 嵌入式软件测试是一种特殊的软件测试,与一般软件测试相比,有其自身的特点。
- 一个移动便携设备系统产品的成功不仅依赖于对软件子系统的全面测试,更要依赖于对其硬件子系统严格的功能性、可靠性等方面的测试。

思　考　题

[问题 8-1]　为什么一定要对移动便携设备系统进行测试?

[问题 8-2]　测试工作被统统搁置到整个开发过程的后期进行会有什么后果?

[问题 8-3]　测试报告一般需要包含的内容有哪些?

[问题 8-4]　什么是黑盒测试? 常见黑盒测试用例设计方法都有哪些?

[问题 8-5]　什么是白盒测试? 其优、缺点有哪些?

[问题 8-6]　硬件子系统测试的常见类型有哪些?

参 考 文 献

[1] Marilyn Wolf. 嵌入式计算系统设计原理(原书第三版). 李仁发译. 北京：机械工业出版社，2014.

[2] Heath，Steve. Embedded systems design. EDN series for design engineers(2ed.). Newnes，2003.

[3] http://en. wikipedia. org/wiki/Embedded_system.

[4] Grady Booch，James Rumbaugh，Ivar Jacobson. UML 参考手册. 北京：人民邮电出版社，2006.

[5] Meliir Page-Jones. UML 面向对象设计基础. 包晓露译. 北京：人民邮电出版社，2012.

[6] Grady Booch，James Rumbaugh，Ivar Jacobson. UML 用户指南. 2 版. 邵维忠译. 北京：人民邮电出版社，2013.

[7] Grady Booch，Robert A. Maksimchuk，Michael W. Engle，Bobbi J. Young. 面向对象分析与设计. 3版. 王海鹏，潘加宇译. 北京：电子工业出版社，2012.

[8] Erich Gamma，Richard Helm，Ralph Johnson，John Vlissides. 设计模式：可复用面向对象软件的基础. 李英军译. 北京：机械工业出版社，2000.

[9] Pont Michael J. 时间触发嵌入式系统设计模式：使用 8051 系列微控制器开发可靠应用. 周敏译. 北京：中国电力出版社，2004.

[10] Powel Douglass. C 嵌入式编程设计模式. 刘旭东译. 北京：机械工业出版社，2012.

[11] http://www. timerime. com/en/event/962971/.

[12] http://www. tiki-toki. com/timeline/.

[13] http://www. computerhistory. org/timeline/1954/.

[14] http://www. umlchina. com/Tools/Newindex1. htm.

[15] Jeff Johnson. 认知与设计——理解 UI 设计准则. 张一宁，王军锋译. 北京：人民邮电出版社，2014.

[16] Robert Spence. 信息可视化——交互设计. 陈雅茜译. 北京：机械工业出版社，2012.